多天线无线系统中面向物理层安全通信的信号处理方法

Signal Processing Approaches to Secure Physical Layer Communications in Multi-Antenna Wireless Systems

[中国台湾] Y.-W. Peter Hong　Pang-Chang Lan　C.-C. Jay Kuo　著

杨炜伟　杨文东　管新荣　译

国防工业出版社

· 北京 ·

著作权合同登记 图字：军—2017—033 号

图书在版编目（CIP）数据

多天线无线系统中面向物理层安全通信的信号处理方法/（中国台湾）林乐文（Y.-W. Peter Hong）等著；杨炜伟，杨文东，管新荣译. —北京：国防工业出版社，2018.12

书名原文：Signal Processing Approaches to Secure Physical Layer Communications in Multi-Antenna Wireless Systems

ISBN 978-7-118-11705-9

Ⅰ. ①多… Ⅱ. ①林… ②杨… ③杨… ④管… Ⅲ. ①无线电通信—通信系统—信号处理—研究 Ⅳ. ①TN92

中国版本图书馆 CIP 数据核字（2018）第 250969 号

Translation from the English language edition:
Signal Processing Approaches to Secure Physical Layer Communications in Multi-Antenna Wireless Systems
by Y.-W. Peter Hong, Pang-Chang Lan and C.-C. Jay Kuo

※

国防工業出版社 出版发行
（北京市海淀区紫竹院南路 23 号 邮政编码 100048）
天津嘉恒印务有限公司印刷
新华书店经售

*

开本 710×1000 1/16 **印张** 8 **字数** 145 千字
2018 年 12 月第 1 版第 1 次印刷 **印数** 1—2000 册 **定价** 69.00 元

（本书如有印装错误，我社负责调换）

国防书店：（010）88540777 发行邮购：（010）88540776
发行传真：（010）88540755 发行业务：（010）88540717

译者前言

随着移动互联网和无线多媒体数据业务的飞速发展，无线移动通信已经深深地影响了人们的生活。然而，无线通信信道的空间开放特性使得信息传输的安全保证无法令人满意。传统的通信安全体制主要建立在信息加密的基础上，然而鉴于无线链路的开放性和无线网络的动态性，对称加密系统的密钥分发管理问题和非对称加密系统的高计算复杂度问题愈加突出。在许多应用中无线终端由于自身在体积、功率、计算能力等方面的限制，无法负担传统加解密算法的计算与成本开销，而且许多新型业务也对加解密实时性、复杂度和延时等提出了更加严格的要求。此外，随着拥有迅速执行巨量复杂因数分解能力的量子计算机的出现，很多传统的加密方法也将不再可靠。

电磁波的传播特性表现为直射、反射、衍射、散射、折射等多种效应的组合，其广播特性导致无线信道易受到随机噪声和各种干扰的影响，这些机理决定了无线信道具有天然的随机性和时变性。而且，不同位置的用户观测到的无线信道特性不同，表明通信双方无线信道具有空间唯一性，第三方难以测量、重构、复制。无线信道的这些特点可以用于保障无线通信中的信息安全传输。近年来，如何利用无线信道的本质特性实现无线通信中的内生安全得到了国内外的广泛关注。作为上层加密方法的一种补充或代替，物理层安全利用信道的随机性、互易性、空间唯一性等特征来提高无线通信系统的安全性，其本质就在于利用信道的噪声和多径传播的不确定性来加密发送信息，使得窃听者获得保密信号的信息量趋近于零。

物理层安全的理论基础是 Shannon 信息论。Shannon 从信息论角度指出，严格意义上的绝对（理想）安全，要求密文数据和明文数据相互独立，即加密密钥至少达到“一次一密”时才能够达到绝对安全。随后 Wyner 引入了 Wiretap 窃听信道的模型，表明当窃听者的信道是合法接收者的退化信道时，存在某种方法能够实现安全传输。在 Wyner 模型的启发下，很多文献提出了在先验信道状态信息辅助下设计预编码矩阵的无密钥安全方案，其主要出发点是利用无线信道以及噪声内在的随机性使得合法接收者的信道优于窃听者。其中，在多天线系统中通过合理的信号设计，有效利用空间自由度，能够显著增强无线通信系统的物理层安全性能，受到了人们的广泛关注。

本书着重介绍了多天线无线系统中常用于增强物理层安全的信号处理方法。在数据传输阶段，讨论了多天线系统和分布式多天线系统中的安全波束赋形、预编码和人工噪声设计问题；在信道估计阶段，介绍了两种差别化信道估计方案，并通过优化设计人工噪声辅助训练序列增强物理层安全性能。相关内容有助于引导有志于从事无线通信可靠性和安全性理论和应用研究的高年级本科生和研究生以及相关专业工程技术人员快速进入该研究领域。

本书第1章、第2章、第6章和第3章部分内容由杨炜伟翻译，第4章和第3章部分内容由管新荣翻译，第5章由杨文东翻译，全书由杨炜伟统稿。翻译过程中，牟卫峰、陈德川、陶丽伟、吴阳、马瑞谦、鲁兴波、丁宁等研究生做了许多工作，在此表示诚挚的感谢。

本书得到了国家自然科学基金项目(编号61471393,61771487,61501512)、江苏省自然科学基金项目（编号BK20150718）的支持。

由于译者水平有限，书中不当或错误之处恳请各位业内专家学者和广大读者不吝赐教。

译　者

2018年4月

前　言

随着数据通信的迅猛增长和对无缝连接的高度需求，近年来物理层安全受到了广泛关注，尤其是在无线通信领域。不同于传统加密方法应对无线安全问题的解决方案，物理层安全采用信道编码和信号处理技术在源节点和目的节点间交互安全信息，同时保证信息不被窃听节点窃听。这些研究起源于信息论文献，它们常常关注是否存在能够实现物理层安全通信的信道编码，或者研究在安全约束（如安全容量）下能够实现的最大编码速率的基本边界问题。特别地，信息论结果显示，安全容量随目的节点和窃听节点处接收信号质量差异的增大而增加。由此，信号处理技术可应用于数据传输和信道估计阶段以最大化目的节点和窃听节点处接收信号质量的差异。一般来说，为了达到安全容量，编码和信号处理必须同时考虑。然而，最优的联合设计尚未可知，信号处理技术也能被用来增加安全速率或降低信道编码复杂度。这些技术在多天线无线系统中受到重视，其中空间自由度可以被开发来进一步增强安全性。

本书介绍了多天线无线系统中常用于增强物理层安全的信号处理方法。特别地，在数据传输阶段，我们回顾了安全波束赋形和预编码技术，其不仅能增强目的节点处的信号质量，也能降低窃听节点处的信息泄漏。同时还介绍了在信息传输同时利用人工噪声进一步恶化窃听节点处的信号接收质量的方法。进一步拓展这些技术在分布式天线系统和中继系统中的应用，在这些系统中多天线可能没有被部署在单个终端上，额外的空间自由度可以提供更高的设计灵活性和性能增益。但由于分布式终端间需要额外的协同传输以及系统内节节点的可信度问题，这将导致增加更多的安全威胁。在信道估计阶段介绍了所谓的差别化信道估计方案，其优化设计人工噪声辅助训练序列信号，增大目的节点和窃听节点处有效接收信号质量的差异。此时，需要的信号质量差异在发送私密信息之前就得到了增强，并且只需要在每个相干时间间隔内（而不是每个符号周期）执行一次。

本书共分为 6 章。第 1 章介绍了无线系统中保障安全性的重要性和挑战，并给出了物理层安全概念的简要背景。第 2 章简要总结了信息论安全理论的基本结论。第 3 章介绍了安全波束赋形预编码以及人工噪声设计，这些技术被用来增强数据传输阶段需要的信号质量差异。在第 4 章中，这些信号处理技术被拓展应用到分布式天线系统和中继系统中。第5章介绍了差别化信道估计方案，用于实现在信道估计阶段的信号质量差异。最后，第6章进一步介绍了几种物理层安全应用场景和相应的研究方向。

本书的目的是强调信号处理在实现物理层安全中的重要作用，为有志于在该领域深入研究的研究生和科研人员提供当前的研究进展和该领域可能出现的挑战。应该指出的是，由于该领域研究成果众多，因此不太可能对文献资料进行详尽的梳理。但我们希望本文中涉及的材料能够覆盖相关基本结论，可以为研究生和科研人员在该领域的进一步研究提供有益的帮助。

新竹，中国台湾，2013年5月　　Y.-W. Peter Hong

洛杉矶，美国，2013年5月　　Pang-Chang Lan

C.-C. Jay Kuo

目　录

第1章　引言

摘要：本章简要介绍了无线通信系统中面临的安全问题，并指出物理层技术可以用于应对这些安全威胁。随后，介绍了物理层安全的不同技术方向，包括无密钥私密信息传输（这是本章的关注点），基于信道的安全密钥生成和低截获、低检测概率的信号传输。最后，给出了这些技术的相关背景和本书的内容安排。
关键词：安全；加密；物理层安全；安全密钥生成；低截获概率；低检测概率

1.1　无线通信系统中的安全问题

随着对移动性和无缝连接需求的增加，无线通信已经深入我们的日常生活中，对整个社会产生了深远的影响。大量私密的个人信息在无线介质上传输，如网上银行、电子商务和医疗信息。然而，由于无线传输的广播特性，无线通信信号常常会被非授权的接收者截获和窃听，如图 1.1 所示。因此，安全和隐私问题已经受到工业界和学术界的广泛关注，但许多问题仍然有待解决。

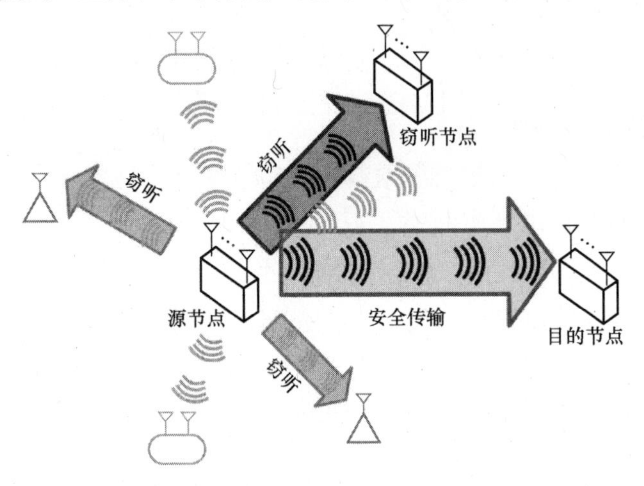

图 1.1　无线媒介中私密通信的窃听风险

一般而言，无线网络安全涉及众多内容，包括保密性、鉴权、完整性、接入控制和可用性等[1,2]。保密性是指阻止对信息非授权地窃取。鉴权是指对不同终端身份的确认。完整性是指确保传输信息不被非法篡改。接入控制和可用性是指阻止拒绝服务攻击。过去这些安全问题主要在网络层以上的上层协议中通过加密和解密方法给予解决，如数据加密标准（Data Encryption Standard，DES）[3]和高级加密标准（Advanced Encryption Standard，AES）[4]。如图 1.2 所示，如果采用对称密钥加密系统，则一个私钥必须在两个用户间共享，用于对私密信息进行加解密。但这需要安全的通信信道或协议用于交互共享密钥，如 Diffie-Hellman 密钥交互协议[5]。在无线系统中密钥分发和管理的困难导致安全的脆弱性[6]。公钥加密系统，如 RSA [7]，允许用公钥进行加密，然后用独立的私钥解密。公钥对所有用户来说是公开的，但私钥仅被特定的接收者知道。然而，在未知私钥情况下上面提到的基于加密方法保障的信息安全依赖于解密信息的计算复杂度。随着计算能力的增强，特别是量子计算机的发展，用于设计加解密算法的特定数学问题的计算复杂性不再成立，这将导致现有的加密系统不再有效。

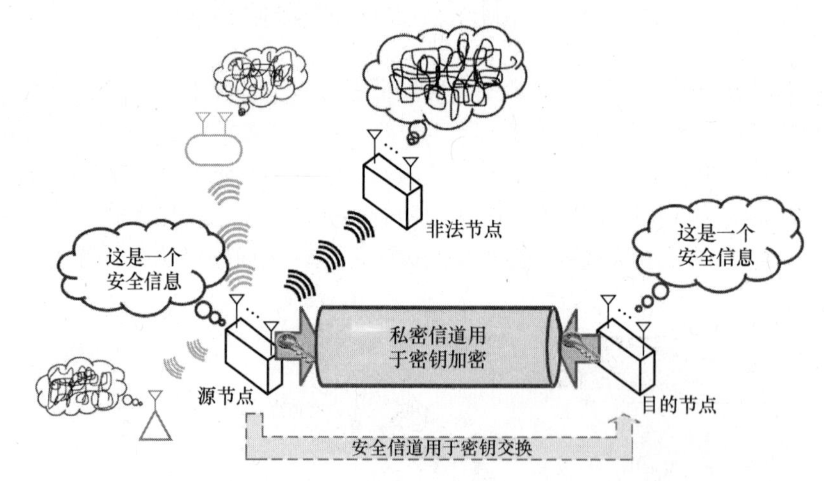

图 1.2　对称密钥加密机制示意图，该机制可以构建源和目的之间传输私密信息的安全信道，但需要先建立安全信道或协议用于交互安全密钥

近年来，许多物理层的编码和信号处理技术被用于保障和进一步增强无线系统信息安全，包括无密钥物理层安全传输方案[8-10]，基于信道的安全密钥生成方案[11]，实现低截获和低检测概率的信号设计[12]。信道的快速时变特性和无线介质的广播特性将导致传统加密方法额外的设计挑战。不同于传统加密方法，这些物理层技术利用（而不是避免）无线传输的特性提供更安全的通信信道。特别地，信道的空间变化被用于确保不同位置的接收信号是不同的。信道在时间上的变化保证了目的节点在某个特定的时刻会获得更好地信道条件（即使在平均意义上它较窃听节点经历更差的信道条件）。无线传输的广播特性为发送干

扰信号恶化窃听节点的接收提供了可能。这些物理层技术用于支撑和补充协议栈上层中的安全协议，但并不意味着将取代传统的加密方法。这些物理层技术将在下面的章节中详细介绍。

值得指出的是，虽然上面提到的诸多安全问题（如鉴权、完整性和可用性）是相当重要的，但本书主要关注的是信息传递过程中的保密性问题。而且，我们仅考虑存在被动窃听者的情况，即窃听节点窃听私密信息或检测通信行为，但不主动发送信号。主动攻击情况下，不同的攻击行为，如干扰、伪造和信息篡改，也可以限制安全性，但这些内容超出了本书的范畴，读者可以进一步阅读文献[1,2]中的相关介绍。

1.2 物理层安全的背景

本节我们简要介绍了 1.1 节中提到的三种物理层安全技术，包括无密钥物理层安全传输（这是本文的关注点）、基于信道的安全密钥生成，以及低截获和低检测概率的信号设计。重点强调了无密钥物理层安全传输，这也是本书的重点所在。

1.2.1 无密钥物理层安全传输

无密钥物理层安全传输方案的研究最早起源于Wyner对搭线窃听信道的研究工作[8]，随后其被拓展到高斯信道[9]和传输私密信息的广播信道[10]，其中私密信息经信道编码（结合随机分组和信道预处理技术）后传输，使得在目的端可靠译码的同时使窃听者产生实质上的混淆。这一领域早期工作大都聚焦在信息理论，主要关注被称为安全容量的性能指标，它被定义为在确保没有信息被窃听者窃听情况下源节点和目的节点间能够实现的最大传输速率。研究结果显示：如果源节点到目的节点的信道优于到窃听节点的信道，则源节点和目的节点间能够实现非零安全容量。这些结果表明在不采用安全密钥的情况下利用物理信道的特性对抗窃听者窃听，确保传输信息的私密性是完全可能的。这避免了传统加密系统中由于密钥的分发与管理导致的固有脆弱性。

随着无线应用的出现，无密钥物理层安全传输方案也被应用于无线系统，这时衰落信道的动态特性也必须加以考虑[13,14]。特别地，文献[13,14]表明，通过利用信道的时变性，即使当目的节点处的平均信道质量较窃听节点处更差，亦可获得正安全速率。最近，文献[15-18]将这些研究拓展到多输入多输出窃听信道，其中源节点、目的节点和窃听节点都配置多个天线。此时由多天线带来的自由度可以用于进一步增强物理层安全。特别地，如文献[16-18]所述，可以先采用安全预编码技术将 MIMO 信道分解成多个并行的子信道，然后在每个子信道上进行安全编码以保证目的节点获得较窃听节点更优的接收信号质量。然而，该方法需要源节点精确已知主信道和窃听信道的信道状态信息，这在实际中可能无法实现。如图 1.3 所示，当窃听信道未知时，也可以在承载私密信息的信号上叠加发送人工噪声恶化窃听节点处的接收效果。由于源节点配置多天线，人工噪声可以加载在对目的节点干扰最小的维度上。由此，在目的节点和窃听节点处接收信号质量之差（可实现的安全速率）能被有效增加。中继和分布式天线系统也能提供需要的空间自由度，因此安全预编码和人工噪声技术也可被应用于这些系统。

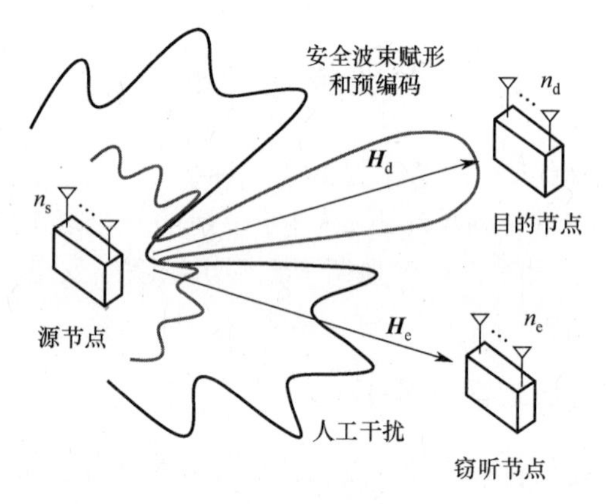

图 1.3　用于存在一个窃听节点的无线多天线系统中的安全波束赋形/预编码和人工噪声方案示意图

1.2.2　基于信道的安全密钥生成

基于信道的安全密钥生成方案利用两个用户（源节点和目的节点）间信道的唯一性作为两个用户在本地生成对称密钥的一致随机源。两个用户相互发送训练序列，然后每个用户根据自己收到的信号进行本地信道估计，获得信道信息。假设两个用户之间的信道具有互易性，则两个用户的信道估计结果是近似相等的，可以被用来作为产生安全密钥的一致随机源。然而，由于噪声影响，信道估计常常存在误差，这将导致密钥不一致。因此，密钥协商和隐私放大技术被用于差错检测和矫正。由于位于半波长范围外的窃听节点经历独立的衰落，它将无法探知源节点和目的节点之间生成的一致安全密钥。

文献[19,20]首先研究了在不同终端间利用一致随机性生成安全密钥。近来，文献[21-24]研究了利用信道特性作为一致随机源。这些方案利用信道幅度和/或相位的量化值消除噪声的影响，在两个终端产生一致的安全秘钥比特。文献

[25]也利用类似的方式生成群密钥。基于信道的安全密钥生成方案的性能通常采用密钥生成速率、密钥熵和密钥失配概率来衡量。这三个指标常受限于物理信道特性，如信道相干时间和信道质量。因此，能实现安全密钥生成速率和密钥失配概率之间最佳折中的技术尤显重要，近年来受到了广泛关注。读者可以在文献[11]中进一步了解这些技术。

1.2.3 低截获和低检测概率信号设计

实现低截获概率和低检测概率的信号设计是过去许多安全研究工作的关注方向[26,27]。这些方案通常采用扩频技术实现[28-30]，其将信号扩展到远大于原始带宽的频谱上进行传输。如直接序列码分多址接入（Direct Sequence Code Division Multiple Access，DS-CDMA）[31]方案中将信号乘以伪随机序列，使得信号隐藏在背景噪声中，减小了被检测到的概率。跳频（Frequency Hopping，FH）通信中，信号的中心频率在较宽的频率范围内随机的跳变，以增加截获或干扰传输的难度[32]。跳频技术通常用于军事通信和商业应用中，如蓝牙和无绳电话。

最近，多天线无线系统中通过利用空间和时间分集，实现低截获概率和低检测概率的技术受到人们的重视[12]。假设目的节点已知自己的信道信息，文献[12]研究了低截获概率和低检测概率约束下，源节点和目的节点间的安全容量和实现该安全容量的传输策略。这种依赖用户信道信息的方式可视为一种空间加密，其将信道系数作为加密的安全密钥。这个安全密钥通过信道估计阶段发送训练序列来分发给每个用户。

1.3 本书概要

本书回顾了无线多天线系统中用于无密钥物理层安全传输的各种信号处理技术。信息论研究结果表明，安全容量随源–目的节点信道质量与源–窃听节点信道质量之差的增加而增大。受此启发，在信号传输阶段和信道估计阶段，信号处理技术都被用于构建到目的节点的等效信道，以增大与窃听信道的质量差异。本书简述了这些相关技术。

第 2 章简要回顾了信息论安全的关键结论，包括不同窃听信道安全容量的研究结果，如离散无记忆窃听信道[8,10]、高斯窃听信道[9]、多天线高斯窃听信道[15-18]和组合窃听信道[33]。

第 3 章主要关注信息传输阶段的各种安全波束赋形和预编码方案。这些方案用于增大目的节点和窃听节点处接收信号质量的差异[15-18]。我们也讨论了将人工噪声叠加在安全波束赋形和预编码后的信号上传输[15,16,34]，用于恶化窃听节点的接收信号质量，同时通过正确设计人工噪声以保证目的节点处的信号质量。这些技术也被拓展到更为一般的多目的多窃听场景。

第 4 章将安全波束赋形和预编码技术拓展应用到中继系统和分布式多天线系统[35-38]。中继的使用提供额外的空间自由度，可以被进一步用于增强安全。中继不仅可以用于辅助转发信号到目的节点，也可以发送人工噪声或干扰信号恶化窃听节点的接收。但是，由于有额外的节点参与传输，额外的信息泄漏风险也需要被考虑：一方面由于和中继通信需要进行额外的无线传输，另一方面来自于中继的可信问题。

第 5 章聚焦于信道估计阶段，介绍了用于增大目的节点和窃听节点处信道估计性能差异的训练序列发送方案。通过阻止窃听节点获得高质量的信道估计，使得其有效信噪比较差，从而降低了在信息传输阶段窃听信息的能力。文献[39，40]提出了这种训练序列发送和信道估计方式，命名为差别化信道估计（Discriminatory Channel Estimation，DCE）方案，并设计了反馈再训练差别化信道估计和双向训练差别化信道估计两种差别化信道估计方案。

第 6 章简要介绍了前面章节涉及的物理层安全技术的最新应用，包括认知无线电、OFDM 系统和自组织网络，并讨论进一步的研究方向。

参考文献

[1] Lou W, Ren K (2009) Security, privacy, and accountability in wireless access networks. IEEE Wirel Commun 16(4): 80–87

[2] Shiu Y-S, Chang S-Y, Wu H-C, Huang SC-H, Chen H-H (2011) Physical layer security in wireless networks: a tutorial. IEEE Wirel Commun 18(2): 66–74

[3] Data Encryption Standard FIPS-46, National Bureau of Standards Std., Jan 1977

[4] Advanced Encryption Standard FIPS-197, National Bureau of Standards and Technology Std., Nov 2001

[5] Diffie W, Hellman M E (1976) New directions in cryptography. IEEE Trans Inf Theory IT-22(6): 644–654

[6] Schneier B (1998) Cryptographic design vulnerabilities. IEEE Comp 31(9): 29–33

[7] Rivest RL, Shamir A, Adleman L (1978) A method for obtaining digital signatures and public key cryptosystems. Commun ACM 21(2): 120–126

[8] Wyner A D (1975) The wire-tap channel. Bell Syst Tech J 54(8): 1355–1387

[9] Leung-Yan-Cheong SK, Hellman ME (1978) The gaussian wire-tap channel. IEEE Trans Inf Theory IT-24 (4): 451–456

[10] Csiszàr I, Körner J (1978) Broadcast channels with confidential messages. IEEE Trans Inf Theory 24(3): 339–348

[11] Ren K, Su H, Wang Q (2011) Secret key generation exploiting channel characteristics in wireless communications. IEEE Wirel Commun 18(4): 6–12

[12] Hero A O (2003) Secure space-time communication. IEEE Trans Inf Theory 49(12): 3235–3249

[13] Liang Y, Poor H V, Shamai (Shitz) S (2008) Secure communication over fading channels. IEEE Trans Inf Theory 54(6): 2470–2492

[14] Gopala P K, Lai L, El Gamal H (2008) On the secrecy capacity of fading channels. IEEE Trans Inf Theory 54(10): 4687–4698

[15] Khisti A, Wornell G (2010) Secure transmission with multiple antennas I: the MISOME wiretap channel. IEEE Trans Inf Theory 56(7): 3088–3104

[16] Khisti A, Wornell G (2010) Secure transmission with multiple antennas II: the MIMOME wiretap channel. IEEE Trans Inf Theory 56(11): 5515–5532

[17] Oggier F, Hassibi B (2011) The secrecy capacity of the MIMO wiretap channel. IEEE Trans Inf Theory 57(8): 4961–4972

[18] Bustin R, Liu R, Poor H V, Shamai (Shitz) S (2009) An MMSE approach to the secrecy capacity of the MIMO Gaussian wiretap channel. EURASIP J Wirel Commun Netw 2009

[19] Maurer U (1993) Secret key agreement by public discussion from common information. IEEE Trans Inf Theory 39: 733–742

[20] Maurer U, Wolf S (2003) Secret-key agreement over unauthenticated public channels. IEEE Trans Inf Theory 49: 822–838

[21] Hassan A A, Stark W E, Hershey J E, Chennakeshu S (1996) Cryptographic key agreement for mobile radio. In: Signal digital processing, vol 6. Academic, San Diego, pp 207–212

[22] Azimi-Sadjadi B, Mercado A, Kiayias A, Yener B (2007) Robust key generation from signal envelopes in wireless networks. In: Proceedings of ACM computer and communications security, pp 401–410

[23] Jana S, Premnath S N, Clark M, Kasera S, Patwari N, Krishnamurthy S V(2009) On the effectiveness of secret key extraction from wireless signal strength in real environments. In: Proceedings of ACM international conference on mobile computing and networking

[24] Wilson R, Tse D, Scholtz R A (2007) Channel identification: secret sharing using reciprocity in ultra wideband channels. IEEE Trans Inf Forensics Secur 2: 364–375

[25] Wang Q, Su H, Ren K, Kim K (2011) Fast and scalable secret key generation exploiting channel phase randomness in wireless networks. In: Proceedings of IEEE International Conference on Computer Communications (INFOCOM), 2011

[26] Dillard R A (1979) Detectability of spread-spectrum signals. IEEE Trans Aerosp Electron Syst AES-15(4): 526–537

[27] Gutman L L, Prescott G E (1989) System quality factors for LPI communication. IEEE Aerosp Electron Syst Mag 4(12): 25–28

[28] Flikkema P (1997) Spread-spectrum techniques for wireless communication. IEEE Signal Process Mag 14(3): 26–36

[29] Pickholtz R L, Schilling D L, Milstein L B (1982) Theory of spread-spectrum communications—a tutorial. IEEE Trans Commun 30(5): 855–884

[30] Kohno R, Meidan R, Milstein L B (1995) Spread spectrum access methods for wireless communications. IEEE

Commun Mag 33(1): 58–67

[31] Spellman M (1983) A comparison between frequency hopping and direct spread PN as antijam techniques. IEEE Commun Mag 21(2): 37–42

[32] Burgos-Garcia M, Sanmartin-Jara J, Perez-Martinez F, Retamosa J A(2000) Radar sensor using low probability of interception SS-FH signals. IEEE Aerosp Electron Syst Mag 15(4): 23–28

[33] LiangY, KramerG, PoorH V, Shamai (Shitz) S (2009) Compound wiretap channels. EURASIP J Wirel Commun Netw 2009: 5:1–5:12

[34] Goel S, Negi R (2008) Guaranteeing secrecy using artificial noise. IEEE TransWirel Commun 7(6): 2180–2189

[35] Dong L, Han Z, Petropulu A, Poor H (2010) Improving wireless physical layer security via cooperating relays. IEEE Trans Signal Process 58(3): 1875–1888

[36] Huang J, Swindlehurst A (2012) Robust secure transmission in MISO channels based on worst case optimization. IEEE Trans Signal Process 60(4): 1696–1707

[37] He X, Yener A (2010) Cooperation with an untrusted relay: a secrecy perspective. IEEE Trans Inf Theory 56(8): 3807–3827

[38] Jeong C, Kim I-M, Kim D I (2012) Joint secure beamforming design at the source and the relay for an amplify and forward MIMO untrusted relay system. IEEE Trans Signal Process 60(1): 310–325

[39] Chang T-H, ChiangW-C, Hong Y-W P, Chi C-Y (2010) Training sequence design for discriminatory channel estimation in wireless MIMO systems. IEEE Trans Signal Process 58(12): 6223–6237

[40] Huang C-W, Chang T-H, Zhou X, Hong Y-W P (2013) Two-way training for discriminatory channel estimation in wireless MIMO systems. IEEE Trans Signal Process 61(10): 2724–2738

第 2 章 信息论物理层安全基础

摘要：本章对信息论物理层安全理论进行简要回顾，包括基本性能界和影响安全性能的关键因素，定义了安全容量和安全中断概率来评估安全性，并给出了一些特定场景下安全容量和安全中断概率的准确表达式。这些结果推动了后面各章中信号处理技术的发展。
关键词：窃听信道；安全速率；安全容量；安全中断；信道编码

物理层安全技术的研究最早可以追溯到 Wyner 在文献[1]及随后 Csiszar 和 Korner 在文献[2]中对搭线窃听信道的研究。具体来说，一个典型窃听信道（或称为物理层安全信道）由一个源节点、一个目的节点和一个试图窃听源和目的之间通信的窃听节点构成。在信息论物理层安全的相关研究中，人们通常关心在窃听节点可窃取的信息约束（即安全约束）下，源和目的之间的最大可达速率。这引申出安全速率和安全容量的概念。在一些文献中也将疑义速率定义成关于窃听者对保密信息的不确定性的一种信息论评价指标。这些研究证明了安全编码和理论上可证明的安全传输方案的存在性，并给出了安全约束下可达速率的基本性能界。本章给出了一些物理层安全信息论研究结果的简要总结，这些研究结果推动了后面各章中增强安全性信号处理技术的发展。

2.1 典型窃听信道模型

如图 2.1 所示，考虑由源节点、目的节点和窃听节点构成的典型离散无记忆窃听信道模型，源节点处的信道输入表示为随机变量 x，目的节点和窃听节点处的信道输出分别表示为 y 和 z。随机变量 x、y 和 z 分别属于符号集合 $\mathcal{X}$、$\mathcal{Y}$ 和 $\mathcal{Z}$。信道输入输出关系建模成条件概率 $p_{y,z|x}$，它表征了给定信道输入 x 条件下，在目的节点和窃听节点处的信道输出分别为 y 和 z 的概率。

假设来源于信息集合 $\mathcal{M}\triangleq\left\{1,\cdots,2^{nR_s}\right\}$ 的一个私密消息 m，利用 n 个信道传输给目的节点。$x^n=[x_1,x_2,\cdots,x_n]$ 表示 n 个信道上的输入序列，$y^n\triangleq[y_1,y_2,\cdots,y_n]$ 和

$z^n \triangleq [z_1, z_2, \cdots, z_n]$表示目的节点和窃听节点处相应的信道输出序列。一个窃听编码（$2^{nR_s}, n$）由随机编码器$\mu: \mathcal{M} \to \mathcal{X}^n$ 和译码器$v: \mathcal{Y}^n \to \mathcal{M}$ 构成，编码器将消息$m \in \mathcal{M}$ 映射成长度为n的码字$x^n \in \mathcal{X}^n$，译码器将接收到的序列$y^n \in \mathcal{Y}^n$ 映射为发送消息的估计值$\hat{m} \in \mathcal{M}$。需要指出的是，该随机编码器按照一组条件概率，即$\{p_{x^n|m}, \forall m \in \mathcal{M}, x^n \in \mathcal{X}^n\}$，将每个消息$m \in \mathcal{M}$ 随机地映射为码字$x^n \in \mathcal{X}^n$。目的节点的接收性能可以用如下的平均错误概率来衡量，即

$$P_e^{(n)} \triangleq \frac{1}{2^{nR_s}} \sum_{m=1}^{2^{nR_s}} \sum_{x^n \in \chi^n} \Pr\left(v\left(y^n\right) \neq m \mid x^n\right) P_{x^n|m} \tag{2.1}$$

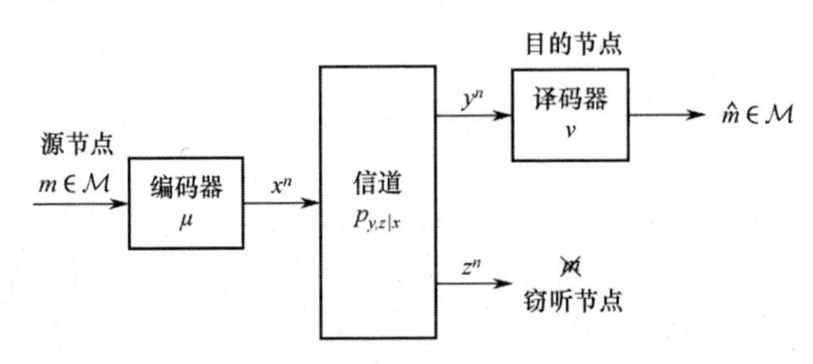

图 2.1　典型离散无记忆窃听信道模型

从窃听节点处看安全性能可以用疑义速率来衡量。疑义速率定义为：在给定接收序列z^n 情况下m的条件熵除以所用的信道数，即

$$\frac{1}{n} H\left(m \mid z^n\right) \tag{2.2}$$

疑义速率表征了窃听节点在给定接收序列z^n 情况下，关于信息m的不确定性。疑义速率越大，则能达到的安全性就越高。

定义 2.1：如果对于任意$\varepsilon \geqslant 0$，存在一个整数$n'(\varepsilon)$和一个$\left(2^{nR_s}, n\right)$码字序列使得当所有的$n \geqslant n'(\varepsilon)$时，平均错误概率都小于$\varepsilon$，即$P_e^{(n)} \leqslant \varepsilon$，则称速率–疑义对$\left(R_s, R_e\right)$是可达的，并且疑义速率不小于$R_e - \varepsilon$，即$\frac{1}{n} H\left(m \mid z^n\right) \geqslant R_e - \varepsilon$。

速率–疑义域$\mathcal{R}$定义为所有的可达速率–疑义对$\left(R_s, R_e\right)$的集合。文献[1]首先刻画了退化窃听信道（degraded wiretap channel）的速率–疑义域$\mathcal{R}$，随后在文献[2]中将其推广到更为一般的非退化窃听信道中。如图 2.2 所示，退化窃听信道是指一种信道输入和输出满足 Markov 关系$x \to y \to z$的特例情况。而更一般的非退化窃听信道的结果如下。

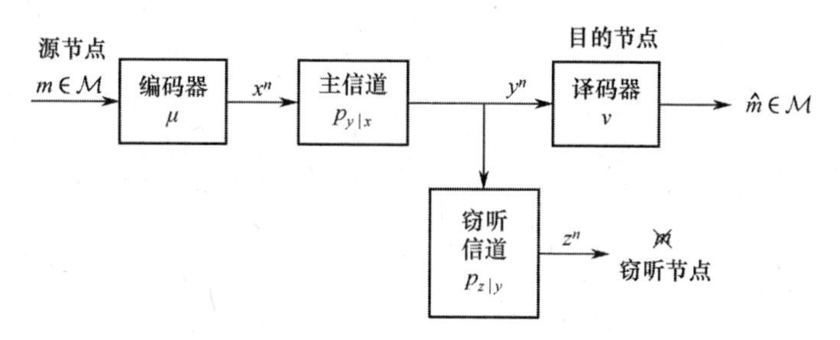

图 2.2　退化窃听信道模型

理论 2.1[2]：窃听信道的速率–疑义域可以表示为

$$R=\bigcup_{p_u,p_{v|u},p_{x|v}}\left\{\left(R_s,R_e\right):\begin{matrix}0\leqslant R_e\leqslant I\left(v;y|u\right)-I\left(v;z|u\right)\\ R_e\leqslant R_s\leqslant I\left(v;y\right)\end{matrix}\right\} \tag{2.3}$$

式中：$I\left(x;y\right)$为x和y之间的互信息量；u和v为满足马尔可夫关系$u\to v\to x\to\left(y,z\right)$的辅助随机变量。

特别地，许多研究工作主要关注理想安全场景，即窃听节点处的不确定性应该等于信息的随机性，即$R_e=R_s$。此时，最大可达安全速率被称为（理想）安全容量，其可以由**理论 2.1** 中设置$R_e=R_s$时的特例推导得出。

推论 2.1[2]：窃听信道的（理想）安全容量可以表示为

$$C_s=\max_{p_v,p_{x|v}}\left[I\left(v;y\right)-I\left(v;z\right)\right] \tag{2.4}$$

式中：v为一个满足马尔可夫关系$v\to x\to\left(y,z\right)$的辅助随机变量。

特别地，在**理论 2.1** 中令$R_e=R_s$，安全容量（即最大可达安全速率）可以表示为

$$C_s=\max_{p_u,p_{v|u},p_{x|v}}\left[I\left(v;y|u\right)-I\left(v;z|u\right)\right] \tag{2.5}$$

式中：u、v和x满足马尔可夫关系$u\to v\to x\to\left(y,z\right)$，且式中最大值在$u$、$v$和$x$的分布上取得。注意到在最大化操作运算内的表达式满足

$$I\left(v;y|u\right)-I\left(v;z|u\right)=\sum_{\tilde{u}\in\mathcal{U}}I\left(v;y|u=\tilde{u}\right)-I\left(v;z|u=\tilde{u}\right)p_u\left(\tilde{u}\right) \tag{2.6}$$

$$\leqslant\max_{\tilde{u}\in\mathcal{U}}\left[I\left(v;y|u=\tilde{u}\right)-I\left(v;z|u=\tilde{u}\right)\right] \tag{2.7}$$

$$\leqslant\left[I\left(v^*;y\right)-I\left(v^*;z\right)\right] \tag{2.8}$$

式中：$\mathcal{U}$为随机变量u的取值集合；v^*为辅助随机变量，其分布能最大化式(2.4)。在式（2.8）中，对于任意$\tilde{u}$，当选择$p_{v|u=\tilde{u}}=p_{v^*}$时获得上界，因此可得到式（2.4）中的安全容量表达式。

从式（2.4）中可知，对于满足$v\to x\to\left(y,z\right)$的任意辅助随机变量$v$，除了

$I(v;z) \geqslant I(v;y)$这种情况，如窃听信道的噪声较主信道的更小，正安全速率总是能实现的。需要指出的是，为了实现安全容量，可以用信道 $p_{x|v}$ 对原来的信道输入进行预处理，此时辅助随机变量 v 被视为有效信道输入，这种技术称为信道预处理（channel prefixing）[2]。

从如图 2.3 所示的速率–疑义域中可以发现，当 $R_s < C_s$ 时，理想安全（即 $R_e = R_s$ 的情况）可以实现。当 $R_s > C_s$，可达疑义速率 R_e 随 R_s 的增加而单调递减，此时即使信息的不确定性增加，在窃听节点处的不确定性仍在减少。

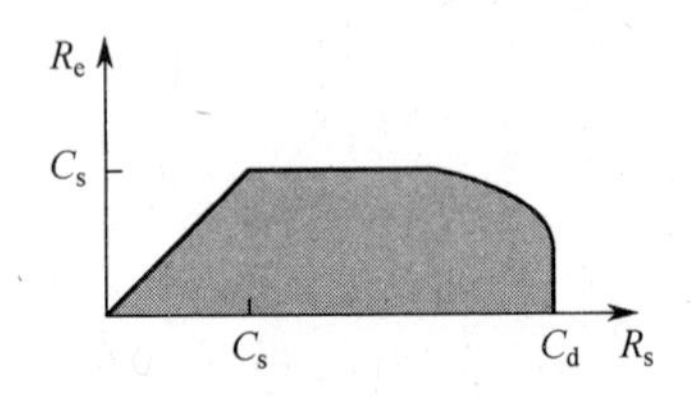

图 2.3　速率–疑义域示意图

有趣的是，安全容量表达式可以进一步简化成三种特例：退化情况，更少噪声情况和更强能力窃听信道的情况。特别地，如前所述，如果信道输入和输出变量满足马尔可夫关系 $x \to y \to z$，则称该窃听信道是退化的，即在窃听节点处的输出是目的节点处的退化版本。而对满足 $v \to x \to (y,z)$ 关系的任意随机变量 v，考虑任意信道输入 x，如果 $I(v;y) \geqslant I(v;z)$ 则称该窃听信道是更少噪声的，如果 $I(x;y) \geqslant I(x;z)$ 则称该窃听信道是有更强能力的（译者注：指主信道传输能力较窃听信道更强）。显然，退化情况的条件是强于更少噪声情况的条件，更少噪声情况的条件又强于更强能力情况的条件。因此，如果某个窃听信道是更少噪声的，则必然是更强能力的窃听信道，如果是退化情况，则必然是更少噪声的窃听信道。若窃听信道是更强能力窃听信道，则安全容量表达式可以进一步简化为

$$C_s = \max_{p_v, p_{x|v}} \left[I(v;y) - I(v;z) \right] \tag{2.9}$$

$$= \max_{p_v, p_{x|v}} \left\{ \left[I(x;y) - I(x;z) \right] - \left[I(x;y|v) - I(x;z|v) \right] \right\} \tag{2.10}$$

$$= \max_{p_x} \left[I(x;y) - I(x;z) \right] \tag{2.11}$$

这是由于更强能力条件使得 $I(x;y|v) - I(x;z|v) \geqslant 0$，且通过设置 $v = x$ 可使得差值为 0。因为更少噪声情况和退化情况条件要求更高，式（2.11）给出的安全容量公式对于这两种情况也是适用的。

值得指出的是，如式（2.4）所示，Csiszar 和 Korner 在文献[2]中推导的非

退化窃听信道的安全容量公式，可以视为传输私密信息的一般广播信道模型的一种特例。在传输私密信息的一般广播信道模型中，被发送的两个信号，其中一个称为公共信号 t，允许被目的节点和窃听节点译码，另一个称为私密信号 m，仅允许被目的节点译码。若两个信号都能被目的节点译码，公共信号能被窃听节点以足够低的错误概率译码，且窃听节点处私密信号的疑义速率大于 R_{e}，则称速率–疑义三元组 $\left(R_{\mathrm{s}},R_{\mathrm{t}},R_{\mathrm{e}}\right)$ 是可达的。这种情况下速率–疑义域可以表示如下：

理论 2.2[2] 传输私密信息的广播信道的速率–疑义域可以表示为

$$R=\bigcup_{p_u,p_{v|u},p_{x|v}}\left\{\begin{array}{c}\left(R_{\mathrm{s}},R_{\mathrm{t}},R_{\mathrm{e}}\right):\\ 0\leqslant R_{\mathrm{e}}\leqslant R_{\mathrm{s}},R_{\mathrm{e}}\leqslant I\left(v;y\mid u\right)-I\left(v;z\mid u\right),\\ R_{\mathrm{s}}+R_{\mathrm{t}}\leqslant I\left(v;y\mid u\right)+\min\left[I\left(u;y\right),I\left(u;z\right)\right],\\ 0\leqslant R_{\mathrm{t}}\leqslant\min\left[I\left(u;y\right),I\left(u;z\right)\right]\end{array}\right\}\tag{2.12}$$

式中：u 和 v 为辅助随机变量，满足马尔可夫关系 $u\rightarrow v\rightarrow x\rightarrow\left(y,z\right)$。

当没有公共信号传输（即 $R_{\mathrm{t}}=0$）时，速率–疑义域退化成**理论 2.1** 中所述。

在随后的文献中关于速率–疑义域和安全容量的研究已被拓展到其他场景，例如传输私密信息的干扰信道[3,4]，传输不同私密信息到不同目的节点的广播信道[3,5]和多址接入窃听信道[6,7]。然而，速率–疑义域和/或安全容量常常不能被准确刻画，这时通常推导其内外界。值得指出的是，在证明上述结论的可行性时，通常采用的随机编码结构表明，既能在目的节点处实现低误码概率，同时又能对抗窃听节点、保证绝对安全的好的信道编码的存在性。但是，随机编码在实际中是无法应用的，需要更实际的编码方案。读者可以阅读文献[9-11]中关于实际窃听编码的研究。

2.2 高斯窃听信道和 MIMO 高斯窃听信道

本节给出了高斯窃听信道和多输入多输出（Multiple-Input Multiple-Output，MIMO）高斯窃听信道的安全容量表达式。首先考虑如图 2.4 所示的高斯窃听信道，其中目的节点和窃听节点处的信道输出受到加性高斯白噪声（Additive White Gaussian Noise，AWGN）的影响。x 表示信道输入，y 和 z 分别表示目的节点和窃听节点处对应的信道输出。信道输入输出关系可以描述为

$$\begin{cases}y=h_{\mathrm{d}}x+w & (2.13\mathrm{a})\\ z=h_{\mathrm{e}}x+v & (2.13\mathrm{b})\end{cases}$$

式中：h_{d} 和 h_{e} 为信道系数，$w\sim\mathcal{CN}\left(0,\sigma_w^2\right)$ 和 $v\sim\mathcal{CN}\left(0,\sigma_v^2\right)$ 分别是目的节点和窃听节点处的加性高斯白噪声。在 n 个 z 信道传输的码字，即 $\boldsymbol{x}^n=\left[x_1,x_2,\cdots,x_n\right]$，必须满足平均功率约束：

$$\frac{1}{n}\sum_{i=1}^{n}E\left[\left|x_i\right|^2\right]\leqslant\bar{P} \tag{2.14}$$

式中：$\bar{P}$ 为平均功率最大值。假设加性高斯白噪声在时间上是独立同分布的。若考虑 h_{d} 和 h_{e} 是衰落系数，则式（2.13）表示的信号模型也可视为单输入单输出无线系统信号模型。

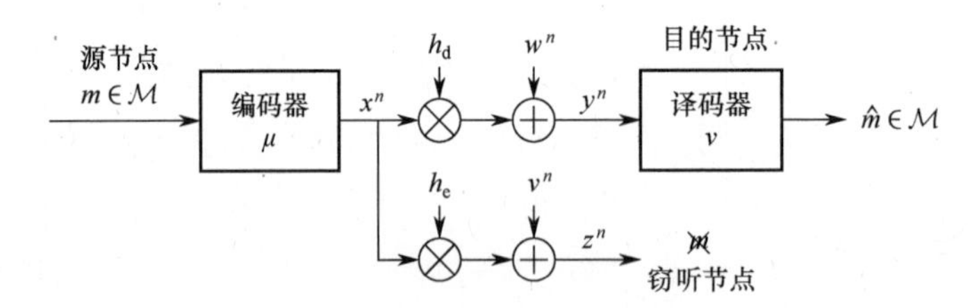

图 2.4　高斯窃听信道模型

文献[12]推导了高斯窃听信道的安全容量公式如下：

理论 2.3[12] 高斯窃听信道的安全容量可以表示为

$$C_{\mathrm{s}}=\left[\log\left(1+\frac{\left|h_{\mathrm{d}}\right|^2\bar{P}}{\sigma_w^2}\right)-\log\left(1+\frac{\left|h_{\mathrm{e}}\right|^2\bar{P}}{\sigma_v^2}\right)\right]^+ \tag{2.15}$$

式中 $[\cdot]^+=\max(0,\cdot)$，$\bar{P}$ 为平均功率约束。

当 $\left|h_{\mathrm{d}}\right|^2/\sigma_w^2>\left|h_{\mathrm{e}}\right|^2/\sigma_v^2$ 时，高斯窃听信道可视为随机退化窃听信道。因此，类似于式（2.11）中所示，通过设置 $u=x$ 并让 x 属于 $\mathcal{CN}\left(0,\bar{P}\right)$，可以实现式（2.15）给出的安全容量。当 $\left|h_{\mathrm{d}}\right|^2/\sigma_w^2\leqslant\left|h_{\mathrm{e}}\right|^2/\sigma_v^2$，主信道是窃听信道的退化情况，无法实现正安全速率。

上述的高斯窃听信道可以推广到每个终端节点配置多天线的系统。特别地，考虑如图 2.5 所示的 MIMO 高斯窃听信道，其中源节点、目的节点和窃听节点分别配置 n_{s}、n_{d} 和 n_{e} 根天线。$\boldsymbol{x}=\left[x_1\ x_2\ \cdots\ x_{n_{\mathrm{s}}}\right]^{\mathrm{T}}$ 表示在 n_{s} 根发送天线上的信道输入，$\boldsymbol{y}=\left[y_1\ y_2\ \cdots\ y_{n_{\mathrm{d}}}\right]^{\mathrm{T}}$ 和 $\boldsymbol{z}=\left[z_1\ z_2\ \cdots\ z_{n_{\mathrm{e}}}\right]^{\mathrm{T}}$ 分别表示目的节点和窃听节点处的信道输出。信道输入输出关系可以描述为

$$\begin{cases}\boldsymbol{y}=\boldsymbol{H}_{\mathrm{d}}x+\boldsymbol{w} & (2.16\mathrm{a})\\ \boldsymbol{z}=\boldsymbol{H}_{\mathrm{e}}x+\boldsymbol{v} & (2.16\mathrm{b})\end{cases}$$

式中：$\boldsymbol{H}_{\mathrm{d}} \in \mathbb{C}^{n_{\mathrm{d}} \times n_{\mathrm{s}}}$ 和 $\boldsymbol{H}_{\mathrm{e}} \in \mathbb{C}^{n_{\mathrm{e}} \times n_{\mathrm{s}}}$ 分别为主信道和窃听信道对应的信道矩阵；$\boldsymbol{w} \in \mathbb{C}^{n_{\mathrm{d}} \times 1}$ 和 $\boldsymbol{v} \in \mathbb{C}^{n_{\mathrm{e}} \times 1}$ 分别为目的节点和窃听节点处的加性高斯白噪声向量。假设加性高斯白噪声向量中每个元素独立同分布，且零均值和单位方差，即 $\boldsymbol{w} \sim \mathcal{CN}\left(0, \boldsymbol{I}_{n_{\mathrm{d}}}\right)$ 和 $\boldsymbol{v} \sim \mathcal{CN}\left(0, \boldsymbol{I}_{n_{\mathrm{e}}}\right)$。假设所有节点已知信道矩阵 $\boldsymbol{H}_{\mathrm{d}}$ 和 $\boldsymbol{H}_{\mathrm{e}}$，且信道在一个码字的传输周期中保持不变。$\boldsymbol{x}^n=\left[\boldsymbol{x}_1\ \boldsymbol{x}_2 \cdots \boldsymbol{x}_n\right]$ 表示被传输的码字，其中 $\boldsymbol{x}_i$ 是在第 i 个信道传输的 $n_{\mathrm{s}} \times 1$ 信道输入向量。在 n 个信道传输的码字，必须满足如下的平均功率约束，即

$$E\left[\frac{1}{n} \sum_{i=1}^n E\left[\left|\boldsymbol{x}_i\right|^2\right]\right] \leqslant \bar{P} \tag{2.17}$$

式中：$\bar{P}$ 为平均功率最大值。文献[13-15]推导了 MIMO 高斯窃听信道的安全容量公式，可表示如下。

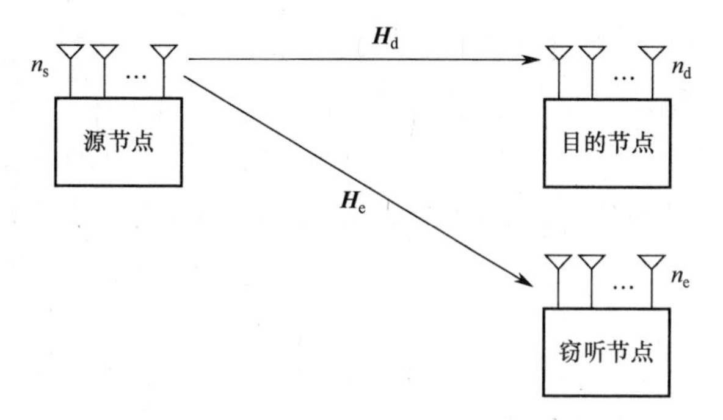

图 2.5　MIMO 高斯窃听信道模型

理论 2.4[13-15] MIMO 高斯窃听信道的安全容量可以表示为

$$C_{\mathrm{s}}=\max_{\boldsymbol{K}_{\boldsymbol{x}} \geqslant 0, \operatorname{tr}\left(\boldsymbol{K}_{\boldsymbol{x}}\right) \leqslant \bar{P}} \log \frac{\det\left(\boldsymbol{I}_{n_{\mathrm{d}}}+\boldsymbol{H}_{\mathrm{d}} \boldsymbol{K}_x \boldsymbol{H}_{\mathrm{d}}^{\mathrm{H}}\right)}{\det\left(\boldsymbol{I}_{n_{\mathrm{e}}}+\boldsymbol{H}_{\mathrm{e}} \boldsymbol{K}_x \boldsymbol{H}_{\mathrm{e}}^{\mathrm{H}}\right)} \tag{2.18}$$

式中 $\boldsymbol{K}_{\boldsymbol{x}} \triangleq E\left[\boldsymbol{x}\boldsymbol{x}^{\mathrm{H}}\right]$ 为输入协方差矩阵。

通过设置 $u=\boldsymbol{x}$ 和 $\boldsymbol{x} \sim \mathcal{CN}\left(0, \boldsymbol{K}_{\boldsymbol{x}}\right)$，可以达到式（2.18）给出的安全容量。然而，其逆命题则是考虑虚拟退化窃听信道后推导的安全容量上界得到的，此时假设目的节点也知道窃听节点处的信道输出。然而，式（2.18）给出的安全容量表达式关于 $\boldsymbol{K}_{\boldsymbol{x}}$ 是非凸的，这导致难以准确地获得最优输入协方差矩阵。如文献[16]和本书第 3 章所述，当采用功率协方差约束代替平均和功率约束时，可以得到最优输入协方差矩阵的精确解。

2.3 组合窃听信道

前面介绍的典型窃听信道和高斯窃听信道也可以拓展到存在多个目的节点和多个窃听节点的场景，这种情况被视为组合窃听信道的一种特例[17]。特别地，组合窃听信道模型是更为一般的场景，其中每个主信道和窃听信道都可以出现许多不同信道状态，无论出现哪一种信道状态组合，保密性都必须得到保证。

考虑如图 2.6 所示的组合窃听信道，由一个源节点、J 个目的节点和 K 个窃听节点构成。$x \in \mathcal{X}$ 表示信道输入，$y_i \in \mathcal{Y}_j$ 和 $z_k \in \mathcal{Z}_k$ 分别表示第 j 个目的节点和第 k 个窃听节点处对应的信道输出，这里 $\mathcal{X}$，$\mathcal{Y}_j$，$\mathcal{Z}_k$ 是信道输入和输出符号集，$j=1,2,\cdots,J$，$k=1,2,\cdots,K$。信道输入输出关系可以用条件概率 $p_{y_j|x}$ 和 $p_{z_k|x}$ 表示，$j=1,2,\cdots,J$，$k=1,2,\cdots,K$。一个窃听编码（$2^{nR_s},n$）由一个随机编码器 $\mu:\mathcal{M}\to\mathcal{X}^n$ 和 J 个译码器 $v_j:\mathcal{Y}_j^n\to\mathcal{M}$（$j=1,2,\cdots,J$）构成，编码器将保密信息 $\mathcal{M}\triangleq\left\{1,2,\cdots,2^{nR_s}\right\}$ 映射为长度为 n 的码子，每个译码器将对应目的节点接收到的信号映射为发送信号 $\mathcal{M}$ 的估计值。第 j 个目的节点处的平均错误概率可以表示为

$$P_{\mathrm{e},j}^{(n)} \triangleq \frac{1}{2^{nR_s}}\sum_{m=1}^{2^{nR_s}}\sum_{x^n\in\chi^n}\Pr\left[v_j\left(y_j^n\right)\neq m\mid x^n\right]P_{x^n|m} \tag{2.19}$$

第 k 个窃听节点处的疑义速率为

$$\frac{1}{n}H\left(m\mid z_k^n\right) \tag{2.20}$$

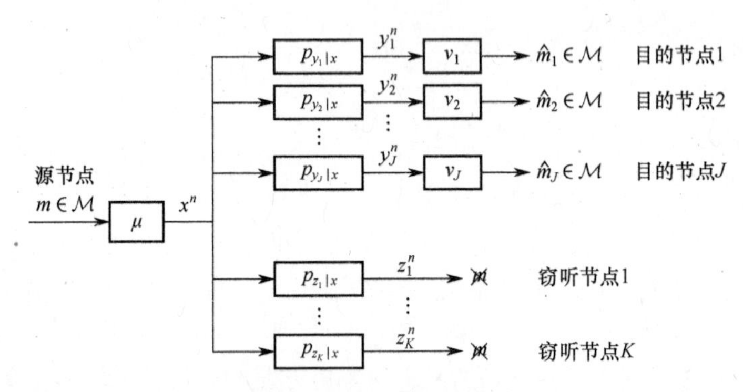

图 2.6 组合窃听信道模型

对于任意 $\varepsilon\geqslant0$，存在 $n'(\varepsilon)$ 和一个（$2^{nR_s},n$）码字序列，使得所有的

$n \geqslant n'(\varepsilon)$时$J$个目的节点处的平均错误概率全都小于$\varepsilon$，即

$$P_{e,j}^{(n)} \leqslant \varepsilon, \quad j=1,2,\cdots,J$$

并且K个窃听节点处的疑义速率都是ε–接近R_s，即

$$\frac{1}{n}H\left(m \mid z_k^n\right) \geqslant R_s - \varepsilon, \quad k=1,2,\cdots,K$$

则称安全速率R_s是可达的。安全容量是最大的可达安全速率。组合窃听信道安全容量表达式尚不清楚，但文献[17]推导了其上下界，可以总结如下。

理论 2.5[17] 组合窃听信道安全容量的下界由如下的可达安全速率给出

$$R_{s,\text{lower}} = \max_{p_u, p_{x|u}} \left\{ \min_{j,k} \left[I\left(u; y_j\right) - I\left(u; z_k\right) \right] \right\} \tag{2.21}$$

其中u和v满足$u \to x \to \left(y_j, z_k\right)$，$j=1,2,\cdots,J$，$k=1,2,\cdots,K$，且最大化在$u$和$v$分布上取得。组合窃听信道安全容量的上界为

$$R_{s,\text{upper}} = \min_{j,k} \left\{ \max_{p_u, p_{x|u}} \left[I\left(u; y_j\right) - I\left(u; z_k\right) \right] \right\} \tag{2.22}$$

因为u和v的分布不能在所有的目的–窃听节点对上同时优化，一般来说该上界是不可实现的。下界可以视为由最糟糕的目的节点和最好窃听节点构成的窃听信道的可达安全速率。当组合窃听信道是退化的时，安全容量精确地等于其下界，即信道输入输出满足 Markov 关系$x \to y_j \to z_k$，$j=1,2,\cdots,J$，$k=1,2,\cdots,K$。这种情况下安全容量可以表示为

$$C_s = \max_{p_x} \left\{ \min_{j,k} \left[I\left(x; y_j\right) - I\left(x; z_k\right) \right] \right\} \tag{2.23}$$

当设置$u=x$时该安全容量是可以实现。

文献[18]中推导了$J=1$情况下高斯组合窃听信道的安全容量。这种场景中目的节点和窃听节点处的接收信号可以表示为

$$y = h_d x + w \tag{2.24}$$

$$z_k = h_{e,k} x + v_k, k=1,2,\cdots,K \tag{2.25}$$

式中$w \sim \mathcal{CN}\left(0,\sigma_w^2\right)$和$v_k \sim \mathcal{CN}\left(0,\sigma_{v,k}^2\right)$分别为目的节点和窃听节点处的加性高斯白噪声。安全容量可以表示为[18]

$$C_s = \min_k \left[\log\left(1+\frac{P\left|h_d\right|^2}{\sigma_w^2}\right) - \log\left(1+\frac{P\left|h_{e,k}\right|^2}{\sigma_{v,k}^2}\right) \right]^+ \tag{2.26}$$

组合窃听信道也可推广到 MIMO 场景。考虑一个 MIMO 高斯组合窃听信道，其信道输入输出关系如下

$$\boldsymbol{y}_j = \boldsymbol{H}_{\mathrm{d},j}\boldsymbol{x} + \boldsymbol{w}_j \tag{2.27}$$

$$\boldsymbol{z}_k = \boldsymbol{H}_{\mathrm{e},k}\boldsymbol{x} + \boldsymbol{v}_k \tag{2.28}$$

式中：$j=1,2,\cdots,J$；$k=1,2,\cdots,K$；$\boldsymbol{w}_j \sim \mathcal{CN}(\boldsymbol{0},\boldsymbol{I})$；$\boldsymbol{v}_k \sim \mathcal{CN}(\boldsymbol{0},\boldsymbol{I})$。一般来说，这种场景下的安全容量还未知，但有一个可达安全速率可以表示为[19]

$$R_{\mathrm{s}} = \max_{\boldsymbol{K}_{\boldsymbol{x}} \succcurlyeq 0, \mathrm{tr}(\boldsymbol{K}_{\boldsymbol{x}}) \leqslant \bar{P}} \min_{j,k} \log \frac{\det\left(\boldsymbol{I}_{n_{\mathrm{d}}} + \boldsymbol{H}_{\mathrm{d},j}\boldsymbol{K}_{\boldsymbol{x}}\boldsymbol{H}_{\mathrm{d},j}^{\mathrm{H}}\right)}{\det\left(\boldsymbol{I}_{n_{\mathrm{e}}} + \boldsymbol{H}_{\mathrm{e},k}\boldsymbol{K}_{\boldsymbol{x}}\boldsymbol{H}_{\mathrm{e},k}^{\mathrm{H}}\right)} \tag{2.29}$$

需要注意的是，该式与**理论 2.5** 中的可达速率类似，其可以视为最恶劣的特例，即由最差目的节点和最好窃听节点构成的窃听信道的安全速率。

2.4 遍历安全容量

前面给出的安全容量表达式都是针对信道在一个码字的传输过程中保持不变的情况下推导得到的。由此可知，在这些情况下，仅主信道优于窃听信道时才能实现非零安全速率。然而，在无线衰落信道场景中，信道系数可能在空、时、频不同维度上剧烈变化，此时源节点可以伺机利用那些主信道优于窃听信道的维度，即使在平均意义上窃听信道优于主信道的情况下，通过在一段长时间和多个信道实现上编码，也能实现正安全速率。这种情况下最大可达安全速率被称为遍历安全容量。

考虑一个单输入单输出（Single Input Single Output，SISO）窃听信道，其源节点、目的节点和窃听节点都仅配置单根天线。目的节点和窃听节点处的接收信号表示为

$$\begin{cases} y = h_{\mathrm{d}}x + w & (2.30\mathrm{a}) \\ z = h_{\mathrm{e}}x + v & (2.30\mathrm{b}) \end{cases}$$

式中：h_{d} 和 h_{e} 为主信道和窃听信道的信道系数；$w \sim \mathcal{CN}(0,\sigma_w^2)$ 和 $v \sim \mathcal{CN}(0,\sigma_v^2)$ 分别为目的节点和窃听节点处的加性高斯白噪声。假设信道系数 h_{d} 和 h_{e} 在每个相干时间间隔内保持不变，在不同的相干时间间隔之间独立的变化。假设每个相干时间间隔足够长，以保证目的节点能够在随机编码架构下成功译码。文献[19,20]指出，当源节点已知目的节点和窃听节点的信道状态信息时，通过仅在主信道优于窃听信道的那些信道状态上分配速率和功率，可以实现非零遍历安全容量。该遍历安全速率可以总结为如下理论。

理论 2.6[20] 假设源节点已知目的节点和窃听节点的信道状态信息，慢衰落窃听信道的遍历安全容量可以表示为

$$C_{\mathrm{s}}=\max_{P(\cdot,\cdot)\in\mathcal{P}} E\left\{\left[\log\left(1+\frac{P(h_{\mathrm{d}},h_{\mathrm{e}})|h_{\mathrm{d}}|^2}{\sigma_w^2}\right)-\log\left(1+\frac{P(h_{\mathrm{d}},h_{\mathrm{e}})|h_{\mathrm{d}}|^2}{\sigma_v^2}\right)\right]^+\right\} \tag{2.31}$$

式中：$P(h_{\mathrm{d}},h_{\mathrm{e}})$ 为以主信道和窃听信道系数作为输入的功率分配函数；$\mathcal{P}\triangleq\left\{P(\cdot,\cdot):E\left[P(h_{\mathrm{d}},h_{\mathrm{e}})\right]\leqslant\bar{P}\right\}$ 为满足功率约束 $\bar{P}$ 的功率分配函数集合。优化的功率分配函数可以表示为

$$P^*(h_{\mathrm{d}},h_{\mathrm{e}})=\begin{cases}\left(\dfrac{1}{\lambda\ln 2}-\dfrac{\sigma_w^2}{|h_{\mathrm{d}}|^2}\right)^+, & |h_{\mathrm{d}}|^2>0\text{ 且 }|h_{\mathrm{e}}|^2=0\\ \dfrac{1}{2}\left[\sqrt{\left(\dfrac{\sigma_v^2}{|h_{\mathrm{e}}|^2}-\dfrac{\sigma_w^2}{|h_{\mathrm{d}}|^2}\right)+\dfrac{4}{\lambda\ln 2}\left(\dfrac{\sigma_v^2}{|h_{\mathrm{e}}|^2}-\dfrac{\sigma_w^2}{|h_{\mathrm{d}}|^2}\right)}-\left(\dfrac{\sigma_w^2}{|h_{\mathrm{d}}|^2}+\dfrac{\sigma_v^2}{|h_{\mathrm{e}}|^2}\right)\right], & \\ & |h_{\mathrm{d}}|^2/\sigma_w^2>|h_{\mathrm{e}}|^2/\sigma_v^2>0^+\\ 0, & \text{其他}\end{cases} \tag{2.32}$$

式中：λ 为满足 $E\left[P^*(h_{\mathrm{d}},h_{\mathrm{e}})\right]=\bar{P}$ 的固定值。

式（2.32）给出的优化功率分配函数表明，功率仅被分配给那些主信道明显优于窃听信道的那些信道状态（即主信道信噪比 $|h_{\mathrm{d}}|^2/\sigma_w^2$ 要明显大于窃听信道信噪比 $|h_{\mathrm{e}}|^2/\sigma_v^2$ ）。实际上，当主信道和窃听信道的信噪比逆（SNR Inverse）的差值（或它们倒数的差值，即 $\sigma_v^2/|h_{\mathrm{e}}|^2-\sigma_w^2/|h_{\mathrm{d}}|^2$ ）增加时，分配的功率相应增加。

需要说明的是，2.3 节中给出的安全容量表达式和上述的遍历安全容量的推导都是基于一个基本假设，即源节点已知目的节点和窃听节点的信道状态信息。但是这通常是不实际的，因为作为敌对方，窃听节点通常不会向源节点提供任何信息，这可能会弱化其窃听能力。接下来，我们考虑源节点仅已知目的节点信道状态信息的情况。文献[20]也推导了这种情况下的遍历安全容量，描述为如下理论。

理论 2.7[20] 假设源节点仅已知其到目的节点的信道状态信息，慢衰落窃听信道的遍历安全容量可以表示为

$$C_{\mathrm{s}}=\max_{P(\cdot,\cdot)\in\mathcal{P}'} E\left\{\left[\log\left(1+\frac{P(h_{\mathrm{d}})|h_{\mathrm{d}}|^2}{\sigma_w^2}\right)-\log\left(1+\frac{P(h_{\mathrm{d}})|h_{\mathrm{e}}|^2}{\sigma_v^2}\right)\right]^+\right\} \tag{2.33}$$

式中：$P(\cdot)$ 为仅以主信道 h_{d} 作为输入的功率分配函数；$\mathcal{P}' \triangleq \left\{P(\cdot): E\left[P\left(h_{\mathrm{d}}\right)\right] \leqslant \bar{P}\right\}$。

值得指出的是，源节点未知窃听节点的信道状态信息时，源节点仅能根据主信道的信道状态调整其速率和发送功率。因此，当窃听节点在经历较目的节点更好信道的时间间隔内，源节点也可能发送信号。但这种情况下将私密信息隐藏在多个信道状态中也可以实现非零的遍历安全速率。具体地，可以采用变速率传输方案实现，即在信道状态 h_{d} 的一个相干时间间隔内，源节点以速率 $\log\left(1+P\left(h_{\mathrm{d}}\right)\left|h_{\mathrm{d}}\right|^2/\sigma_w^2\right)$ 发送一个码字。这样，当 $\left|h_{\mathrm{e}}\right|^2/\sigma_v^2 > \left|h_{\mathrm{d}}\right|^2/\sigma_w^2$ 时，源节点和窃听节点的互信息量的上界为 $\log\left(1+P\left(h_{\mathrm{d}}\right)\left|h_{\mathrm{d}}\right|^2/\sigma_w^2\right)$；当 $\left|h_{\mathrm{e}}\right|^2/\sigma_v^2 < \left|h_{\mathrm{d}}\right|^2/\sigma_w^2$ 时为 $\log\left(1+P\left(h_{\mathrm{d}}\right)\left|h_{\mathrm{e}}\right|^2/\sigma_v^2\right)$。通过在多个信道状态上的平均，在目的节点累积的互信息量为 $E\left[\log\left(1+P\left(h_{\mathrm{d}}\right)\left|h_{\mathrm{d}}\right|^2/\sigma_w^2\right)\right]$，同时在窃听节点处累积的互信息量为 $E\left[\log\left(1+P\left(h_{\mathrm{d}}\right)\min\left\{\left|h_{\mathrm{d}}\right|^2/\sigma_w^2, \left|h_{\mathrm{e}}\right|^2/\sigma_v^2\right\}\right)\right]$。因此，可达安全速率为累积互信息量之差，即

$$E\left[\log\left(1+P\left(h_{\mathrm{d}}\right)\frac{\left|h_{\mathrm{d}}\right|^2}{\sigma_w^2}\right)-\log\left(1+P\left(h_{\mathrm{d}}\right)\min\left\{\frac{\left|h_{\mathrm{d}}\right|^2}{\sigma_w^2}, \frac{\left|h_{\mathrm{e}}\right|^2}{\sigma_v^2}\right\}\right)\right] \tag{2.34}$$

根据上式可推导出式（2.33），详细证明参见文献[20]。

由于式（2.33）中目标函数是凹的，优化功率分配可以用拉格朗日最大化方法得到[20]，即其解需要满足如下优化条件：

$$\frac{\partial C_{\mathrm{s}}}{\partial P\left(h_{\mathrm{d}}\right)}=\frac{\left|h_{\mathrm{d}}\right|^2 \Pr\left(\frac{\left|h_{\mathrm{e}}\right|^2}{\sigma_v^2} \leqslant \frac{\left|h_{\mathrm{d}}\right|^2}{\sigma_w^2}\middle| h_{\mathrm{d}}\right)}{\sigma_w^2+P\left(h_{\mathrm{d}}\right)\left|h_{\mathrm{d}}\right|^2}-E\left[\frac{\left|h_{\mathrm{e}}\right|^2}{\sigma_v^2+P\left(h_{\mathrm{d}}\right)\left|h_{\mathrm{e}}\right|^2} 1_{\left\{\frac{\left|h_{\mathrm{e}}\right|^2}{\sigma_v^2} \leqslant \frac{\left|h_{\mathrm{d}}\right|^2}{\sigma_w^2}\right\}} \mid h_{\mathrm{d}}\right]-\lambda=0$$

式中：λ 的选取满足 $E\left[P\left(h_{\mathrm{d}}\right)\right]=\bar{P}$。不同于源节点已知全部信道状态信息的情况，优化功率分配需要在窃听信道系数上求平均，因此无法得到闭式解。

以上关于遍历安全容量的研究结果也可拓展到每个终端都配置多天线的场景，参见文献[21,22]。

2.5 安全中断

为了达到 2.4 节所述的遍历安全容量，需要在一段较长的时间内在所有的

信道上进行编码，这显然会导致较长的时延，仅适用于一些时延容忍的应用。在这一节里，我们关注时延受限应用，私密信息仅在单个相干时间间隔或信道块内编码。假设每个信道块足够长，使得一旦码字速率低于窃听信道的容量，窃听节点总能够实现很低的误码概率。这种情况下，我们关心称为安全中断概率的性能指标[19,23]，它表示在给定信道块内不能实现目标安全速率的概率。

令 C_s 表示给定信道块（或相干时间间隔内）的瞬时安全容量， R_0 表示目标安全速率，即码字的速率。当安全容量 C_s 低于目标安全速率 R_0 时，发生安全中断。因此，安全中断概率定义如下：

定义 2.2 安全中断概率是安全容量 C_s 低于目标安全速率 R_0 的概率，即

$$P_{s,out}(R_0) = \Pr(C_s \leqslant R_0) \tag{2.35}$$

式中 R_0 为目标安全速率。

当源节点已知目的节点和窃听节点的信道状态信息时，源节点可以决定用固定安全码本什么时候发送和什么时间不发送。此时，安全中断概率表征了源节点在时间上应该保持静默的比例（否则私密信息以该固定速率码本传输会降低安全性）。当窃听节点信道状态信息未知时，在每个信道块上的安全性不能确保，因此，此时安全中断概率衡量了安全性受损的时间比例。

考虑 SISO 窃听信道，其信道模型已由式（2.30）给出。考虑块衰落场景，假设信道系数在每个块（或相干时间间隔）内保持不变，在不同的块之间独立地变化。不同于 2.4 节，这里假设每个码字在单个信道块内传输，假设每个块足够长以至于一个码字能够以低误码率传输。以瑞利衰落信道为例，假设 h_d 和 h_e 是服从独立同分布的循环对称复高斯随机变量，均值为零，方差分别为 $\sigma_{h_d}^2$ 和 $\sigma_{h_e}^2$ 。此时，目的节点和窃听节点处的信噪比分别表示为 $\Gamma_d \triangleq P|h_d|^2/\sigma_w^2$ 和 $\Gamma_e \triangleq P|h_e|^2/\sigma_v^2$ ，分别服从均值为 $\bar{\gamma}_d \triangleq P\sigma_{h_d}^2/\sigma_d^2$ 和 $\bar{\gamma}_e \triangleq P\sigma_{h_e}^2/\sigma_e^2$ 的指数分布。若给定信道实现 h_d 和 h_e ，式（2.30）给出的信道模型等效于高斯窃听信道，因此安全容量可以写成

$$C_s(h_d, h_e) = \left[\log\left(1 + \frac{P|h_d|^2}{\sigma_w^2}\right) - \log\left(1 + \frac{P|h_e|^2}{\sigma_v^2}\right)\right]^+ \tag{2.36}$$

式中 $P \triangleq E\left[|x|^2\right]$ 为平均发送功率。因此安全中断概率可以表示为

$$\begin{aligned} P_{s,out}(R_0) &= \Pr(C_s(h_d, h_e) \leqslant R_0) \\ &= 1 - \Pr\left(\frac{1 + P|h_d|^2/\sigma_w^2}{1 + P|h_e|^2/\sigma_v^2} > 2^{R_0}\right) \end{aligned}$$

$$
\begin{aligned}
&= 1-\Pr\left(\Gamma_{\mathrm{d}} > 2^{R_0}\left(1+\Gamma_{\mathrm{e}}\right)-1\right) \\
&= 1-\int_0^{\infty}\int_{2^{R_0}(1+\gamma_{\mathrm{e}})-1}^{\infty}\frac{1}{\overline{\gamma}_{\mathrm{d}}}\exp\left(-\frac{\gamma_{\mathrm{d}}}{\overline{\gamma}_{\mathrm{d}}}\right)\cdot\frac{1}{\overline{\gamma}_{\mathrm{d}}}\exp\left(-\frac{\gamma_{\mathrm{e}}}{\overline{\gamma}_{\mathrm{e}}}\right)\mathrm{d}\gamma_{\mathrm{d}}\mathrm{d}\gamma_{\mathrm{e}} \\
&= 1-\frac{\overline{\gamma}_{\mathrm{d}}}{\overline{\gamma}_{\mathrm{d}}+2^{R_0}\overline{\gamma}_{\mathrm{e}}}\exp\left(-\frac{2^{R_0}-1}{\overline{\gamma}_{\mathrm{d}}}\right)
\end{aligned}
\tag{2.37}
$$

从式（2.37）可知，安全中断概率随着目的节点处平均信噪比（$\overline{\gamma}_{\mathrm{d}}$）的增加而减小，随着窃听节点处平均信噪比（$\overline{\gamma}_{\mathrm{e}}$）和目标速率 R_0 的增加而增加。

源节点在已知 h_{d} 和 h_{e} 的瞬时信息情况下，不仅能确定什么时间传输和什么时间不传输，还能在长期平均功率约束（$E\left[P\left(h_{\mathrm{d}},h_{\mathrm{e}}\right)\right]\leqslant\overline{P}$）下确定最优的功率分配，其中 $P\left(h_{\mathrm{d}},h_{\mathrm{e}}\right)$ 是信道状态 $\left(h_{\mathrm{d}},h_{\mathrm{e}}\right)$ 下的发送功率。在每个信道块内，源节点判断自己有足够的功率实现目标安全速率时才传输。此时，给定 h_{d} 和 h_{e} 下实现目标安全速率的最小功率需求为[19]

$$
P_{\min}\left(h_{\mathrm{d}},h_{\mathrm{e}}\right)=\begin{cases}\dfrac{2^{R_0}-1}{\left|h_{\mathrm{d}}\right|^2/\sigma_w^2-2^{R_0}\left|h_{\mathrm{e}}\right|^2/\sigma_v^2}, & R_0<\log\dfrac{\left|h_{\mathrm{d}}\right|^2/\sigma_w^2}{\left|h_{\mathrm{e}}\right|^2/\sigma_v^2}\\ \infty, & \text{其他}\end{cases}
\tag{2.38}
$$

然而，在长期平均功率约束下，为了最小化中断概率，源节点应该选择那些需要较少功率就能实现目标安全速率的信道进行传输，而在那些需要太多功率的信道块上保持静默。因此，源节点是否在给定信道上传输，应该取决于实现目标安全速率所需功率大小的判决门限：

$$
P\left(h_{\mathrm{d}},h_{\mathrm{e}}\right)=P_{\min}\left(h_{\mathrm{d}},h_{\mathrm{e}}\right)\mathbf{1}_{\left\{P_{\min}\left(h_{\mathrm{d}},h_{\mathrm{e}}\right)\leqslant\lambda\right\}}
\tag{2.39}
$$

除了安全中断概率外，在给定安全中断概率约束下可选择的最大目标安全速率通常也受到关注，其被称为安全中断容量[19]，定义如下：

定义 2.3 ε−安全中断容量是保证安全中断概率低于 ε 的最大目标安全速率，即

$$
C_{\mathrm{s,out}}(\varepsilon)=\sup_{E\left[|x|^2\leqslant\overline{P}\right]}\sup\left\{R:P_{\mathrm{s,out}}(R)\leqslant\varepsilon\right\}
\tag{2.40}
$$

式中：第一个上确界在满足 $E\left[|x|^2\leqslant\overline{P}\right]$ 的输入分布上取得；第二个上确界在所有的目标安全速率 R 上取得。

文献[25]推导了式（2.30）所述的单输入单输出单天线窃听（Single Input Single Output Single-antenna Eavesdropper，SISOSE）信道的安全中断容量的闭式表达式，表示如下

$$C_{\mathrm{s,out}}(\varepsilon)=\log_2\left[\frac{1+\varepsilon\overline{\gamma}_{\mathrm{d}}}{1+(1-\varepsilon)\overline{\gamma}_{\mathrm{e}}}\right]$$

安全中断概率和安全中断容量的概念也可以推广到不同终端配置多天线的场景。读者可以阅读文献[24,26] 进一步了解该主题。

2.6 小结与讨论

本章对信息论物理层安全的一些基本理论结果进行了简要回顾。首先，给出了一个源节点、一个目的节点和一个窃听节点组成的基本窃听信道，窃听节点被动窃听源节点发送的消息。在信息论文献中，通常关注的性能指标是安全容量，其被定义为，以目的节点处足够低的误码概率和窃听节点处疑义速率的下界为约束的情况下，源节点-目的节点之间的最大可达速率。疑义速率是评估窃听节点处随机性或不确定性的指标。特别地，许多文献中的工作聚焦于理想安全场景，此时疑义速率是私密消息速率的下界。窃听节点处能从信道输出中获得的关于私密消息的信息熵与消息本身的信息熵相同，因此窃听节点无法从信道输出中获得额外的信息。本章首先（以优化问题的形式）给出了一般离散无记忆窃听信道的安全容量，然后推导了高斯信道和 MIMO 高斯信道的安全容量表达式。后者直接关系到后续章节的讨论。利用辅助随机变量 u 进行预处理，安全容量可以视为主信道互信息量和窃听信道互信息量之差，仅当目的节点经历较窃听节点更优的信道时才能实现非零安全速率。类似的结果也被引入组合窃听信道，其被视为存在多个目的节点和多个窃听节点的场景。

除了非遍历安全容量，遍历安全容量和安全中断概率也作为性能指标用于评估衰落对实现物理层安全的影响。实际中，遍历安全容量描述了在长时间和多个信道状态上编码时可达的最大安全速率。通过机会地利用那些主信道优于窃听信道的维度（如时间块），即使平均意义上窃听节点的信道条件更优于主信道时，非零遍历安全容量也能够实现。当窃听节点信道状态信息在源节点处未知时，可以将信息隐藏在多个信道状态中传输，以保证安全性，这种情况下即使窃听节点信道可能短暂地优于目的节点的信道，也能阻止窃听节点偷听信息。对于时延受限应用场景，消息必须在单个相干时间间隔内完成传输。安全中断概率可以评估能够以固定速率码本实现安全传输的时间比例。当窃听节点信道状态信息在源节点处未知时，安全中断概率衡量了不能保障安全的概率。

本章介绍的信息论研究结果驱动了后面章节中信号处理方法的发展。特别地，基于安全容量表达式，信号处理技术被用于扩大目的节点和窃听节点处信号质量的差异，从而增强物理层安全。文献[8]给出了信息论安全方面更为详细的介绍。

参考文献

[1] Wyner A D (1975) The wire-tap channel. Bell Syst Tech J 54(8): 1355–1387

[2] Csiszàr I, Körner J (1978) Broadcast channels with confidential messages. IEEE Trans Inf Theory 24(3): 339–348

[3] Liu R, Maric I, Spasojevi´c P, Yates R D (2008) Discrete memoryless interference and broadcast channels with confidential messages-secrecy rate regions. IEEE Trans Inf Theory 54(6): 1–14

[4] Liang Y, Somekh-Baruch A, Poor H V, Shamai S, Verdu S (2009) Capacity of cognitive interference channels with and without secrecy. IEEE Trans Inf Theory 55(2): 604–619

[5] Liu R, Poor H V (2009) Secrecy capacity region of a multiple-antenna gaussian broadcast channel with confidential messages. IEEE Trans Inf Theory 55(3): 1235–1249

[6] Tekin E, Yener A (2008) The Gaussian multiple accesswire-tap channel. IEEE Trans Inf Theory 54 (12): 5747–5755

[7] Liang Y, Poor H V (2008) Multiple-access channels with confidential messages. IEEE Trans Inf Theory 54(3): 976–1002

[8] Liang Y, Poor H V, Shamai (Shitz) S (2008) Information theoretic security. Found Trends Commun Inf Theory 5(4–5): 355–580 (Now Publishers, Hanover)

[9] Thangaraj A, Dihidar S, Calderbank A R, McLaughlin S W, Merolla J-M (2007) Applications of LDPC codes to the wiretap channel. IEEE Trans Inf Theory 53(8): 2933–2945

[10] Mahdavifar H, Vardy A (2011) Achieving the secrecy capacity of wiretap channels using polar codes. IEEE Trans Inf Theory 57(10): 6428–6443

[11] Klinc D, Ha J, McLaughlin S W, Barros J, Kwak B-J (2011) LDPC codes for the Gaussian wiretap channel. IEEE Trans Inf Forensics Secur 6(3): 532–540

[12] Leung-Yan-Cheong S K, Hellman M E (1978) The Gaussian wire-tap channel. IEEE Trans Inf Theory IT–24(4): 451–456

[13] Khisti A, Wornell G (2010) Secure transmission with multiple antennas I: the MISOME wiretap channel. IEEE Trans Inf Theory 56(7): 3088–3104

[14] Khisti A, Wornell G (2010) Secure transmission with multiple antennas II: the MIMOME wiretap channel. IEEE Trans Inf Theory 56(11): 5515–5532

[15] Oggier F, Hassibi B (2011) The secrecy capacity of the MIMO wiretap channel. IEEE Trans Inf Theory 57(8): 4961–4972

[16] Bustin R, Liu R, Poor H V, Shamai (Shitz) S (2009) An MMSE approach to the secrecy capacity of the MIMO Gaussian wiretap channel. EURASIP J Wirel Commun Netw

[17] Liang Y, Kramer G, Poor H V, Shamai (Shitz) S (2009) Compound wiretap channels. EURASIP J Wirel Commun Netw 2009: 1–12

[18] Liu T, Prabhakaran V, Vishwanath S (2008) The secrecy capacity of a class of parallel Gaussian compound wiretap channels. In: Proceedings of IEEE International Symposium on Information Theory (ISIT)

[19] Liang Y, Poor H V, Shamai (Shitz) S (2008) Secure communication over fading channels. IEEE Trans Inf Theory

54(6): 2470–2492

[20] Gopala PK, Lai L, El Gamal H (2008) On the secrecy capacity of fading channels. IEEE Trans Inf Theory 54(10): 4687–4698

[21] Li J, Petropulu A P (2011) On ergodic secrecy rate for Gaussian MISO wiretap channels. IEEE Trans Wirel Commun 10(4): 1176–1187

[22] Lin S-C, Lin P-H (2013) On secrecy capacity of fast fading multiple-input wiretap channels with statistical CSIT. IEEE Trans Inf Forensics Secur 8(2): 414–419

[23] Bloch M, Barros J, Rodrigues M R D (2008) Wireless information-theoretic security. IEEE Trans Inf Theory 54(6): 2515–2534

[24] Prabhu V U, Rodrigues M R D (2011)Onwireless channels with M-antenna eavesdroppers: characterization of the outage probability and outage secrecy capacity. IEEE Trans Inf Forensics Secur 6(3): 853–860

[25] Chrysikos T, Dagiuklas T, Kotsopoulos S (2009) A closed-form expression for outage secrecy capacity in wireless information-theoretic security. In: Lecture Notes of the Institute for Computer Sciences. Social Informatics and Telecommunications Engineering

[26] Gerbracht S, Scheunert C, Jorswieck E A (2012) Secrecy outage in MISO systems with partial channel information. IEEE Trans Inf Forensics Secur 7(2): 704–716

第3章 多天线无线系统中的安全预编码和波束赋形技术

摘要：本章回顾了多天线无线网络中各种增强数据传输安全性的信号处理技术。特别地，多输入多输出系统中安全波束赋形和安全预编码方案都是能开发空间自由度的有效方案。在这些方案中，将信号导向特定空间维度，从而使得目的节点和窃听节点处的信号质量产生巨大差异。人工噪声（Artificial Noise，AN）和干扰信号的引入可以进一步降低窃听节点处的接收信号质量（因此能够进一步有效地增强两信道之间的信号质量差异）。当源节点仅能获得部分窃听信道信息时，后者尤为有效。
关键词：多输入多输出（MIMO）；波束赋形；预编码；人工噪声；安全性

受信息论安全研究相关结果的启发，安全增强信号处理技术可以通过构建信道，导致目的节点和窃听节点处信号质量之间产生巨大差异。这种方法在数据传输阶段和信道估计阶段都可以实现。本章的重点是数据传输阶段的信号设计，在第5章中进一步讨论信道估计阶段的实现方法。在数据传输阶段，信号质量的差异性可以通过两种方式实现，分别是：①利用安全波束赋形和预编码方案将信号分别指向到不同的空间维度，从而使得目的节点和窃听节点处接收信号质量产生巨大差异；②人工噪声传输，通过发送干扰信号来降低窃听节点处的信号质量。为了实现高安全速率，有效的信号处理和编码方案是必不可少的，但是两者的设计通常是紧密耦合的。特别地，高效设计的信号处理方案可以降低窃听编码设计的复杂度，从而有助于增加最优编码方案尚未确定的那些复杂情况下的可达安全速率。虽然本章的重点是物理层安全问题的信号处理方面，但是当使用安全速率和安全容量作为性能指标时均假设使用了窃听编码。下面详细介绍安全波束赋形、预编码及人工噪声传输方案。

3.1 典型多天线窃听信道中安全波束赋形和预编码方案

针对由单个源节点、单个目的节点和单个窃听节点组成的典型多天线窃听信道，本节讨论了安全波束赋形和预编码方案[1-4]。利用源节点处的多根天线，承载信息的信号可以在不同的空间维度上传输，使得目的节点的信道条件比窃听节点的信道条件更好。当信号仅在单个空间维度传输时，称为安全波束赋形；当利用多个空间维度时，则称为安全预编码。安全波束赋形可以看做是安全预编码的特殊情况，但是由于其在设计上常常有特殊的方法，下面将单独进行讨论。

3.1.1 典型多天线窃听信道中安全波束赋形

如图 3.1 所示，考虑一个由源节点、目的节点和窃听节点组成的多天线窃听信道，各分别配置有 n_{s}、n_{d} 和 n_{e} 根天线。假设 $\boldsymbol{x} \in \mathbb{C}^{n_{\mathrm{s}} \times 1}$ 是源节点发送的信号，那么在目的节点和窃听节点处的接收信号可以表示为

$$\begin{cases} \boldsymbol{y} = \boldsymbol{H}_{\mathrm{d}} \boldsymbol{x} + \boldsymbol{w} & (3.1\mathrm{a}) \\ \boldsymbol{z} = \boldsymbol{H}_{\mathrm{e}} \boldsymbol{x} + \boldsymbol{v} & (3.1\mathrm{b}) \end{cases}$$

式中：$\boldsymbol{H}_{\mathrm{d}} \in \mathbb{C}^{n_{\mathrm{d}} \times n_{\mathrm{s}}}$ 和 $\boldsymbol{H}_{\mathrm{e}} \in \mathbb{C}^{n_{\mathrm{e}} \times n_{\mathrm{s}}}$ 分别为源–目的和源–窃听的信道矩阵，$\boldsymbol{w} \in \mathbb{C}^{n_{\mathrm{d}} \times 1}$ 和 $\boldsymbol{v} \in \mathbb{C}^{n_{\mathrm{e}} \times 1}$ 分别表示目的节点和窃听节点处的加性高斯白噪声向量。假设加性高斯白噪声向量中各元素独立同分布，且均值为零、方差为 1，即 $\boldsymbol{w} \sim CN(0, \boldsymbol{I}_{n_{\mathrm{d}}})$，$\boldsymbol{v} \sim CN(0, \boldsymbol{I}_{n_{\mathrm{e}}})$。

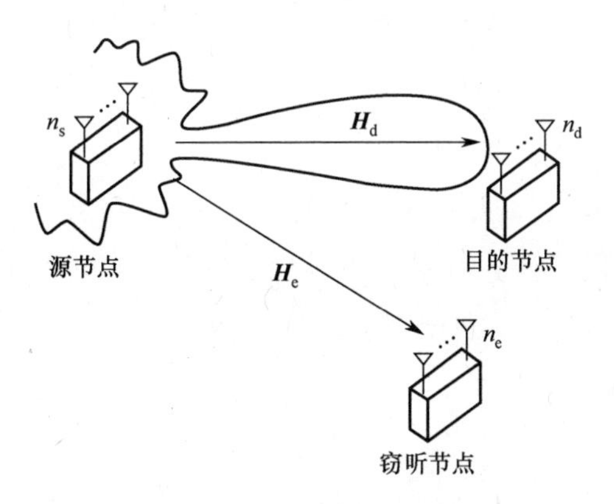

图 3.1 MIMO 窃听信道示意图

假设采用波束赋形，那么在每个符号周期中源节点仅在一个空间维度上发送信号。在这种情况下，源节点发送的信号可以表示为

$$\boldsymbol{x} = \boldsymbol{f} u \tag{3.2}$$

式中：$\boldsymbol{f} \in \mathbb{C}^{n_{\mathrm{s}} \times 1}$ 为波束赋形向量；u 为零均值单位方差的编码信号，即 $u \sim CN(0,1)$。波束赋形向量 $\boldsymbol{f}$ 必须满足发送功率限制 $\|\boldsymbol{f}\|^2 \leqslant \overline{P}$。将式（3.2）代入式（3.1），接收信号可以表示为

$$\begin{cases} \boldsymbol{y} = \boldsymbol{H}_{\mathrm{d}} \boldsymbol{f} u + \boldsymbol{w} & (3.3\mathrm{a}) \\ \boldsymbol{z} = \boldsymbol{H}_{\mathrm{e}} \boldsymbol{f} u + \boldsymbol{v} & (3.3\mathrm{b}) \end{cases}$$

这可以视为 MIMO 窃听信道的一个特例，其等效主信道向量和窃听信道向量分别为 $\boldsymbol{H}_{\mathrm{d}}\boldsymbol{f}$ 和 $\boldsymbol{H}_{\mathrm{e}}\boldsymbol{f}$ 。令波束赋形向量为 $\boldsymbol{f} = \sqrt{P_{\mathrm{f}}}\tilde{\boldsymbol{f}}$ ，其中 $\tilde{\boldsymbol{f}}$ 表示归一化波束赋形向量， P_{f} 表示功率。因此，根据定理 2.4，采用波束赋形方案后可达的最大安全速率可以表示为

$$R_{\mathrm{s,BF}} = \max_{\boldsymbol{f}:\|\boldsymbol{f}\|^2 \leqslant \bar{P}} \log \frac{\det(\boldsymbol{I}_{n_{\mathrm{d}}} + \boldsymbol{H}_{\mathrm{d}}\boldsymbol{f}\boldsymbol{f}^{\mathrm{H}}\boldsymbol{H}_{\mathrm{d}}^{\mathrm{H}})}{\det(\boldsymbol{I}_{n_{\mathrm{e}}} + \boldsymbol{H}_{\mathrm{e}}\boldsymbol{f}\boldsymbol{f}^{\mathrm{H}}\boldsymbol{H}_{\mathrm{e}}^{\mathrm{H}})} \tag{3.4}$$

$$= \max_{\tilde{\boldsymbol{f}}, P_{\mathrm{f}}:\|\tilde{\boldsymbol{f}}\|^2 = 1, P_{\mathrm{f}} \leqslant \bar{P}} \log \frac{1 + P_{\mathrm{f}}\left\|\boldsymbol{H}_{\mathrm{d}}\tilde{\boldsymbol{f}}\right\|^2}{1 + P_{\mathrm{f}}\left\|\boldsymbol{H}_{\mathrm{e}}\tilde{\boldsymbol{f}}\right\|^2} \tag{3.5}$$

上式服从 Sylvester 决策理论[5]。

注意到，当 $\left\|\boldsymbol{H}_{\mathrm{d}}\tilde{\boldsymbol{f}}\right\|^2 \geqslant \left\|\boldsymbol{H}_{\mathrm{e}}\tilde{\boldsymbol{f}}\right\|^2$ 时，式（3.5）中对数内的比值随着 P_{f} 单调递增，反之，单调递减。因此，当存在 $\tilde{\boldsymbol{f}}$ 满足 $\left\|\boldsymbol{H}_{\mathrm{d}}\tilde{\boldsymbol{f}}\right\|^2 \geqslant \left\|\boldsymbol{H}_{\mathrm{e}}\tilde{\boldsymbol{f}}\right\|^2$ 时，可以选择 $P_{\mathrm{f}}=\bar{P}$ 使得安全速率最大化，反之，选择 $P_{\mathrm{f}}=0$ 。因此，可达安全速率可以表示为

$$R_{\mathrm{s,BF}} = \left[= \max_{\tilde{\boldsymbol{f}}:\|\tilde{\boldsymbol{f}}\|^2 = 1} \log \frac{1 + \bar{P}\left\|\boldsymbol{H}_{\mathrm{d}}\tilde{\boldsymbol{f}}\right\|^2}{1 + \bar{P}\left\|\boldsymbol{H}_{\mathrm{e}}\tilde{\boldsymbol{f}}\right\|^2} \right]^+ = \left[\max_{\tilde{\boldsymbol{f}}:\|\tilde{\boldsymbol{f}}\|^2 = 1} \log \frac{\tilde{\boldsymbol{f}}^{\mathrm{H}}\left(\boldsymbol{I}_{n_{\mathrm{s}}} + \bar{P}\boldsymbol{H}_{\mathrm{d}}^{\mathrm{H}}\boldsymbol{H}_{\mathrm{d}}\right)\tilde{\boldsymbol{f}}}{\tilde{\boldsymbol{f}}^{\mathrm{H}}(\boldsymbol{I}_{n_{\mathrm{s}}} + \bar{P}\boldsymbol{H}_{\mathrm{e}}^{\mathrm{H}}\boldsymbol{H}_{\mathrm{e}})\tilde{\boldsymbol{f}}} \right]^+ \tag{3.6}$$

观察上式可以发现，通过最大化对数中的比值可以得到最优波束赋形方向 $\tilde{\boldsymbol{f}}$ 。由于 $\boldsymbol{I}_{n_{\mathrm{s}}} + \bar{P}\boldsymbol{H}_{\mathrm{e}}^{\mathrm{H}}\boldsymbol{H}_{\mathrm{e}}$ 是正定的，因此存在可逆矩阵 $\boldsymbol{D}$ 满足 $\boldsymbol{I}_{n_{\mathrm{s}}} + \bar{P}\boldsymbol{H}_{\mathrm{e}}^{\mathrm{H}}\boldsymbol{H}_{\mathrm{e}} = \boldsymbol{D}^{\mathrm{H}}\boldsymbol{D}$ 。然后令 $\boldsymbol{g} \triangleq \boldsymbol{D}\tilde{\boldsymbol{f}}$ ，则该问题可以简化成通过寻找 $\boldsymbol{g}$ 来最大化

$$\frac{\boldsymbol{g}^{\mathrm{H}}\boldsymbol{D}^{-\mathrm{H}}\left(\boldsymbol{I}_{n_{\mathrm{s}}} + \bar{P}\boldsymbol{H}_{\mathrm{d}}^{\mathrm{H}}\boldsymbol{H}_{\mathrm{d}}\right)\boldsymbol{D}^{-1}\boldsymbol{g}}{\boldsymbol{g}^{\mathrm{H}}\boldsymbol{g}} \tag{3.7}$$

根据 Rayleigh-Ritz 理论[6]，令 $\boldsymbol{g}^*$ 表示使得式（3.7）达到最大化的 $\boldsymbol{g}$ 值，它是矩阵 $\boldsymbol{D}^{-\mathrm{H}}\left(\boldsymbol{I}_{n_{\mathrm{s}}} + \bar{P}\boldsymbol{H}_{\mathrm{d}}^{\mathrm{H}}\boldsymbol{H}_{\mathrm{d}}\right)\boldsymbol{D}^{-1}$ 最大特征 $\lambda_{\max}$ 对应的特征向量，即

$$\boldsymbol{D}^{-\mathrm{H}}\left(\boldsymbol{I}_{n_{\mathrm{s}}} + \bar{P}\boldsymbol{H}_{\mathrm{d}}^{\mathrm{H}}\boldsymbol{H}_{\mathrm{d}}\right)\boldsymbol{D}^{-1}\boldsymbol{g}^* = \lambda_{\max}\boldsymbol{g}^* \tag{3.8}$$

令 $\tilde{\boldsymbol{f}}^* = \boldsymbol{D}^{-1}\boldsymbol{g}^*$ ，根据 $\boldsymbol{D}^{\mathrm{H}}\boldsymbol{D} = \boldsymbol{I}_{n_{\mathrm{s}}} + P\boldsymbol{H}_{\mathrm{e}}^{\mathrm{H}}\boldsymbol{H}_{\mathrm{e}}$ ，由式（3.8）可以得到

$$\left(\boldsymbol{I}_{n_{\mathrm{s}}} + \bar{P}\boldsymbol{H}_{\mathrm{e}}^{\mathrm{H}}\boldsymbol{H}_{\mathrm{e}}\right)^{-1}\left(\boldsymbol{I}_{n_{\mathrm{s}}} + \bar{P}\boldsymbol{H}_{\mathrm{d}}^{\mathrm{H}}\boldsymbol{H}_{\mathrm{d}}\right)\tilde{\boldsymbol{f}}^* = \lambda_{\max}\tilde{\boldsymbol{f}}^* \tag{3.9}$$

因此，最优波束赋形向量是矩阵 $\left(\boldsymbol{I}_{n_{\mathrm{s}}} + \bar{P}\boldsymbol{H}_{\mathrm{e}}^{\mathrm{H}}\boldsymbol{H}_{\mathrm{e}}\right)^{-1}\left(\boldsymbol{I}_{n_{\mathrm{s}}} + \bar{P}\boldsymbol{H}_{\mathrm{d}}^{\mathrm{H}}\boldsymbol{H}_{\mathrm{d}}\right)$ 最大特征

值所对应的特征向量，换句话说，最优波束赋方向是矩阵对 $\left(\boldsymbol{I}_{n_s}+\bar{P}\boldsymbol{H}_d^H\boldsymbol{H}_d, \boldsymbol{I}_{n_s}+\bar{P}\boldsymbol{H}_e^H\boldsymbol{H}_e\right)$ 的最大广义特征值所对应的广义特征向量[6]。

理论 3.1 考虑功率约束为 $\bar{P}$，波束赋形方案的最大可达安全速率可以表示为

$$R_{s,BF}\left(\bar{P}\right)=\left[\log\lambda_{\max}\left(I_{n_s}+\bar{P}\boldsymbol{H}_d^H\boldsymbol{H}_d, I_{n_s}+\bar{P}\boldsymbol{H}_e^H\boldsymbol{H}_e\right)\right] \tag{3.10}$$

式中：$\lambda_{\max}\left(\boldsymbol{A},\boldsymbol{B}\right)$ 是矩阵对 $\left(\boldsymbol{A},\boldsymbol{B}\right)$ 的最大广义特征值（即 $\boldsymbol{B}^{-1}\boldsymbol{A}$ 的最大特征值[7,8]），其对应的最佳波束赋形向量可以表示为[2]

$$\boldsymbol{f}^*=\sqrt{\bar{P}}\cdot\psi_{\max}\left(\boldsymbol{I}_{n_s}+\bar{P}\boldsymbol{H}_d^H\boldsymbol{H}_d, \boldsymbol{I}_{n_s}+\bar{P}\boldsymbol{H}_e^H\boldsymbol{H}_e\right) \tag{3.11}$$

式中：$\psi_{\max}\left(\boldsymbol{A},\boldsymbol{B}\right)$ 为对应着最大广义特征值 $\lambda_{\max}\left(\boldsymbol{A},\boldsymbol{B}\right)$ 的广义特征向量。

需要注意的是，当总发射功率 $\bar{P}$ 趋近于无穷大时，可达安全速率变为[2]

$$\lim_{P\to\infty} R_{s,BF}\left(\bar{P}\right)=\left[\log\lambda_{\max}\left(\boldsymbol{H}_d^H\boldsymbol{H}_d, \boldsymbol{H}_e^H\boldsymbol{H}_e\right)\right]^+ \tag{3.12}$$

特别地，当主信道 $\boldsymbol{H}_d$ 有分量在窃听信道 $\boldsymbol{H}_e$ 的零空间时（即 $\left[\boldsymbol{I}-\boldsymbol{H}_e\left(\boldsymbol{H}_e^H\boldsymbol{H}_e\right)^{-1}\boldsymbol{H}_e^H\right]\boldsymbol{H}_d^H\neq 0$），最大可达安全速率趋近于无穷。这是由于源节点可以控制信号的方向，使得窃听节点处无法接收到信号，而目的节点能够正常接收。这种方法被称为迫零（ZF）波束赋形，在后面的章节会将其运用到更为复杂的场景。另一方面，当 $\left[\boldsymbol{I}-\boldsymbol{H}_e\left(\boldsymbol{H}_e^H\boldsymbol{H}_e\right)^{-1}\boldsymbol{H}_e^H\right]\boldsymbol{H}_d^H=0$ 时，即使 $\bar{P}$ 趋近于无穷，可达安全速率仍然是有界的。这是因为随着发送功率增加，目的节点和窃听节点都能收到更强的接收信号。

值得指出的是，基于**理论 2.4** 所考虑的一般输入协方差矩阵，波束赋形仅是**理论 2.4** 中给出的一般输入协方差矩阵集合内的一个可行解，即 $\left\{\boldsymbol{K}_x\triangleq E\left[\boldsymbol{x}\boldsymbol{x}^H\right]:\boldsymbol{K}_x\geqslant 0\text{且}\operatorname{tr}\left(\boldsymbol{K}_x\right)\leqslant\bar{P}\right\}$，其中 $\boldsymbol{K}_x\triangleq E\left[\boldsymbol{x}\boldsymbol{x}^H\right]$ 是输入信号 $\boldsymbol{x}$ 的协方差。特别地，考虑这样的两种情况，即文献[2]中目的节点只有一根天线（$n_d=1$）和文献[9]中矩阵 $\boldsymbol{H}_d^H\boldsymbol{H}_d-\boldsymbol{H}_e^H\boldsymbol{H}_e$ 只有一个正的特征值时，可达安全速率是最优的，且 $\boldsymbol{K}_x=\boldsymbol{f}\boldsymbol{f}^H$。也就是说，当目的节点只有一根天线时，安全容量可以表示为

$$C_s\left(\bar{P}\right)=\left[\log\lambda_{\max}\left(\boldsymbol{I}_{n_s}+\bar{P}\boldsymbol{h}_d^H\boldsymbol{h}_d\ \boldsymbol{I}_{n_s}+\bar{P}\boldsymbol{H}_e^H\boldsymbol{H}_e\right)\right]^+ \tag{3.13}$$

式中：$\boldsymbol{h}_d\in\mathbb{C}^{1\times n_s}$ 为行向量，表示 $n_d=1$ 时源节点和目的节点之间的信道矩阵。这些结果是相当直观的，因为在第一种情况下，目的节点只能在单个维度上接收信号，因此通过多维传输不能获得任何增益。在第二种情况下，只有单

个维度上目的节点的信道条件比窃听节点更有利，因此只能在该方向上实现正安全速率。

3.1.2 典型多天线窃听信道中安全预编码

当目的节点配备有多根天线时，私密信息可以通过预编码在多个相互独立的子信道上传输，从而实现信号的空间复用。根据**定理 2.4**，当信道输入信号 $\boldsymbol{x}$ 服从高斯分布时，安全容量可以表示为

$$C_{\mathrm{s}} = \max_{\boldsymbol{K}_x \geqslant 0,\, \mathrm{Tr}(\boldsymbol{K}_x) \leqslant \bar{P}} \log \frac{\det(\boldsymbol{I}_{n_{\mathrm{d}}} + \boldsymbol{H}_{\mathrm{d}} \boldsymbol{K}_x \boldsymbol{H}_{\mathrm{d}}^{\mathrm{H}})}{\det(\boldsymbol{I}_{n_{\mathrm{e}}} + \boldsymbol{H}_{\mathrm{e}} \boldsymbol{K}_x \boldsymbol{H}_{\mathrm{e}}^{\mathrm{H}})} \tag{3.14}$$

需要注意的是，安全容量表达式中涉及到输入协方差矩阵 $\boldsymbol{K}_x$ 的优化问题。任意 $\boldsymbol{K}_x \geqslant 0$ 且 $\mathrm{rank}(\boldsymbol{K}_x) = k_{\mathrm{s}}$ 时，存在 $\boldsymbol{F} \in \mathbb{C}^{n_{\mathrm{s}} \times k_{\mathrm{s}}}$ 使得输入向量可以表示为 $\boldsymbol{x} = \boldsymbol{F}\boldsymbol{u}$，其中 $\boldsymbol{u} \sim CN(\boldsymbol{0}, \boldsymbol{I}_{k_{\mathrm{s}}})$ 对应于向量高斯码本中的符号。这里 $\boldsymbol{F}$ 可以看作安全预编码矩阵，$\boldsymbol{u}$ 可以看作其每个元素与 k_{s} 个编码数据流相对应的向量。因此，可以通过搜索 $\boldsymbol{K}_x$ 得到最优安全预编码矩阵。但是，要在满足总功率约束的协方差矩阵集合上求解，即 $\{\boldsymbol{K}_x : \boldsymbol{K}_x \geqslant 0 \text{且} \mathrm{tr}(\boldsymbol{K}_x) \leqslant \bar{P}\}$，式（3.14）中问题是非凸的，一般来说很难求解。

相反，可以考虑文献[10]中功率协方差约束，其中输入协方差矩阵受限于正定的功率协方差 $\boldsymbol{S}$，即 $0 \leqslant \boldsymbol{K}_x \leqslant \boldsymbol{S}$。需要注意的是，功率协方差约束不仅限制每根天线上的发射功率而且限制它们各自信道输入之间的相关性，因此它比总功率约束更严格。先假设 $C_{\mathrm{s}}(\boldsymbol{S})$ 是给定功率协方差约束 $0 \leqslant \boldsymbol{K}_x \leqslant \boldsymbol{S}$ 下的安全容量。然后，在满足总功率约束 $\bar{P}$ 下的所有矩阵 $\boldsymbol{S}$ 中进行最大化，可以得到总功率约束下的安全容量为

$$C_{\mathrm{s}} = \max_{\boldsymbol{S}:\boldsymbol{S} \geqslant 0,\, \mathrm{tr}(\boldsymbol{S}) \leqslant \bar{P}} C_{\mathrm{s}}(\boldsymbol{S}) \tag{3.15}$$

为了简单起见，首先考虑 $n_{\mathrm{s}} = n_{\mathrm{d}} = n_{\mathrm{e}}$，且假设 $\boldsymbol{H}_{\mathrm{d}}$ 和 $\boldsymbol{H}_{\mathrm{e}}$ 是可逆的。在这种情况下，目的节点和窃听节点的接收信号向量分别乘以 $\boldsymbol{H}_{\mathrm{d}}^{-1}$ 和 $\boldsymbol{H}_{\mathrm{e}}^{-1}$，则有效信道模型可以等效地写成

$$\begin{cases} \tilde{\boldsymbol{y}} = \boldsymbol{H}_{\mathrm{d}}^{-1} \boldsymbol{y} = \boldsymbol{x} + \tilde{\boldsymbol{w}} & (3.16\mathrm{a}) \\ \tilde{\boldsymbol{z}} = \boldsymbol{H}_{\mathrm{e}}^{-1} \boldsymbol{z} = \boldsymbol{x} + \tilde{\boldsymbol{v}} & (3.16\mathrm{b}) \end{cases}$$

式中 $\tilde{\boldsymbol{w}} = \boldsymbol{H}_{\mathrm{d}}^{-1}\boldsymbol{w}$ 和 $\tilde{\boldsymbol{v}} = \boldsymbol{H}_{\mathrm{d}}^{-1}\boldsymbol{v}$ 分别为目的节点和窃听节点处的等效加性高斯白噪声向量；$\boldsymbol{K}_{\tilde{w}} \triangleq E\left[\tilde{\boldsymbol{w}}\tilde{\boldsymbol{w}}^{\mathrm{H}}\right] = \boldsymbol{H}_{\mathrm{d}}^{-1}\boldsymbol{H}_{\mathrm{d}}^{-\mathrm{H}}$，$\boldsymbol{K}_{\tilde{v}} \triangleq E\left[\tilde{\boldsymbol{v}}\tilde{\boldsymbol{v}}^{\mathrm{H}}\right] = \boldsymbol{H}_{\mathrm{e}}^{-1}\boldsymbol{H}_{\mathrm{e}}^{-\mathrm{H}}$。

根据文献[10]，令 $\boldsymbol{S}^{\frac{1}{2}}$ 为一个 $n_{\mathrm{s}} \times n_{\mathrm{s}}$ 的可逆矩阵，那么

$$\boldsymbol{S}=\boldsymbol{S}^{\frac{1}{2}}\left(\boldsymbol{S}^{\frac{1}{2}}\right)^{\mathrm{H}} \tag{3.17}$$

并且令 $\boldsymbol{C}$ 表示两个对称正定矩阵 $\boldsymbol{I}_{n_{\mathrm{s}}}+\left(\boldsymbol{S}^{\frac{1}{2}}\right)^{\mathrm{H}}\boldsymbol{K}_{\tilde{v}}^{-1}\boldsymbol{S}^{\frac{1}{2}}$ 和 $\boldsymbol{I}_{n_{\mathrm{s}}}+\left(\boldsymbol{S}^{\frac{1}{2}}\right)^{\mathrm{H}}\boldsymbol{K}_{\tilde{w}}^{-1}\boldsymbol{S}^{\frac{1}{2}}$ 的可逆广义特征向量矩阵，即

$$\boldsymbol{C}^{\mathrm{H}}\left[\boldsymbol{I}_{n_{\mathrm{s}}}+\left(\boldsymbol{S}^{\frac{1}{2}}\right)^{\mathrm{H}}\boldsymbol{K}_{\tilde{v}}^{-1}\boldsymbol{S}^{\frac{1}{2}}\right]\boldsymbol{C}=\boldsymbol{I}_{n_{\mathrm{s}}} \tag{3.18}$$

$$\boldsymbol{C}^{\mathrm{H}}\left[\boldsymbol{I}_{n_{\mathrm{s}}}+\left(\boldsymbol{S}^{\frac{1}{2}}\right)^{\mathrm{H}}\boldsymbol{K}_{\tilde{w}}^{-1}\boldsymbol{S}^{\frac{1}{2}}\right]\boldsymbol{C}=\boldsymbol{\Lambda}_{\mathrm{d}} \tag{3.19}$$

式中 $\boldsymbol{\Lambda}_{\mathrm{d}}=\mathrm{diag}\left(\lambda_1\ \lambda_2\ \cdots\ \lambda_{n_{\mathrm{s}}}\right)$ 是正定对角矩阵。令 b 表示 $\boldsymbol{\Lambda}_{\mathrm{d}}$ 中对角元素大于 1 的数量，即 $\lambda_1\geqslant\lambda_2\geqslant\cdots\geqslant\lambda_{\mathrm{b}}\geqslant\cdots\geqslant\lambda_{n_{\mathrm{s}}}$。那么该对角矩阵可以表示成两个子矩阵 $\boldsymbol{\Lambda}_{\mathrm{d1}}=\mathrm{diag}\left(\lambda_1\ \lambda_2\ \cdots\ \lambda_{\mathrm{b}}\right)$ 和 $\boldsymbol{\Lambda}_{\mathrm{d2}}=\mathrm{diag}\left(\lambda_{\mathrm{b}+1}\ \lambda_{\mathrm{b}+2}\ \cdots\ \lambda_{n_{\mathrm{s}}}\right)$ 的形式

$$\boldsymbol{\Lambda}_{\mathrm{d}}=\begin{bmatrix}\boldsymbol{\Lambda}_{\mathrm{d1}} & \boldsymbol{0}\\ \boldsymbol{0} & \boldsymbol{\Lambda}_{\mathrm{d2}}\end{bmatrix}$$

将文献[10]中的结果扩展到复杂情况，最优输入协方差矩阵可以表示为

$$\boldsymbol{K}_x^{*}=\boldsymbol{F}\boldsymbol{F}^{\mathrm{H}}=\boldsymbol{S}^{\frac{1}{2}}\boldsymbol{C}\begin{bmatrix}(\boldsymbol{C}_1^{\mathrm{H}}\boldsymbol{C}_1)^{-1} & 0\\ 0 & 0\end{bmatrix}\boldsymbol{C}^{\mathrm{H}}(\boldsymbol{S}^{\frac{1}{2}})^{\mathrm{H}} \tag{3.20}$$

式中 $\boldsymbol{C}=\left[\boldsymbol{C}_1\ \boldsymbol{C}_2\right]$，其中 $\boldsymbol{C}_1$ 是 $n_{\mathrm{s}}\times b$ 子矩阵。容易证明 $\boldsymbol{K}_x^{*}$ 确实满足功率协方差约束 $\boldsymbol{0}\leqslant\boldsymbol{K}_x^{*}\leqslant\boldsymbol{S}$。假设信道输入服从具有协方差矩阵 $\boldsymbol{K}_x^{*}$ 的高斯分布，则可达安全速率为

$$R_{\mathrm{s}}(\boldsymbol{S})=\log\frac{\det(\boldsymbol{I}_{n_{\mathrm{d}}}+\boldsymbol{H}_{\mathrm{d}}\boldsymbol{K}_x^{*}\boldsymbol{H}_{\mathrm{d}}^{\mathrm{H}})}{\det(\boldsymbol{I}_{n_{\mathrm{e}}}+\boldsymbol{H}_{\mathrm{e}}\boldsymbol{K}_x^{*}\boldsymbol{H}_{\mathrm{e}}^{\mathrm{H}})}=\frac{\det(\boldsymbol{I}_{n_{\mathrm{s}}}+\boldsymbol{K}_x^{*}\boldsymbol{H}_{\mathrm{d}}^{\mathrm{H}}\boldsymbol{H}_{\mathrm{d}})}{\det(\boldsymbol{I}_{n_{\mathrm{s}}}+\boldsymbol{K}_x^{*}\boldsymbol{H}_{\mathrm{e}}^{\mathrm{H}}\boldsymbol{H}_{\mathrm{e}})} \tag{3.21}$$

通过重组式（3.19）并用 $\boldsymbol{H}_{\mathrm{d}}^{-1}\boldsymbol{H}_{\mathrm{d}}^{-\mathrm{H}}$ 替代 $\boldsymbol{K}_{\tilde{w}}$，可以得到

$$\boldsymbol{H}_{\mathrm{d}}^{\mathrm{H}}\boldsymbol{H}_{\mathrm{d}}=(\boldsymbol{S}^{-\frac{1}{2}})^{\mathrm{H}}=\left[\boldsymbol{C}^{-\mathrm{H}}\begin{pmatrix}\boldsymbol{\Lambda}_{\mathrm{d1}} & 0\\ 0 & \boldsymbol{\Lambda}_{\mathrm{d2}}\end{pmatrix}\boldsymbol{C}^{-1}-\boldsymbol{I}_{n_{\mathrm{s}}}\right]\boldsymbol{S}^{-\frac{1}{2}} \tag{3.22}$$

然后根据式（3.20）和式（3.22）可得

$$\det(\boldsymbol{I}_{n_{\mathrm{s}}}+\boldsymbol{K}_x^{*}\boldsymbol{H}_{\mathrm{d}}^{\mathrm{H}}\boldsymbol{H}_{\mathrm{d}})=\det\begin{bmatrix}\left(\boldsymbol{C}_1^{\mathrm{H}}\boldsymbol{C}_1\right)^{-1}\boldsymbol{\Lambda}_{\mathrm{d1}} & -\left(\boldsymbol{C}_1^{\mathrm{H}}\boldsymbol{C}_1\right)^{-1}\boldsymbol{C}_1^{\mathrm{H}}\boldsymbol{C}_2\\ 0 & \boldsymbol{I}\end{bmatrix} \tag{3.23}$$

$$=\det\left[\left(\boldsymbol{C}_1^{\mathrm{H}}\boldsymbol{C}_1\right)^{-1}\right]\det\left(\boldsymbol{\Lambda}_{\mathrm{d}1}\right) \tag{3.24}$$

类似地，$\det\left(\boldsymbol{I}_{n_{\mathrm{s}}}+\boldsymbol{K}_x^{*}\boldsymbol{H}_{\mathrm{e}}^{\mathrm{H}}\boldsymbol{H}_{\mathrm{e}}\right)=\det\left[\left(\boldsymbol{C}_1^{\mathrm{H}}\boldsymbol{C}_1\right)^{-1}\right]\det\left(\boldsymbol{I}\right)$。因此，式（3.21）中的安全速率可以表示为

$$R_{\mathrm{s}}(\boldsymbol{S})=\log\det\left(\boldsymbol{\Lambda}_{\mathrm{d}1}\right) \tag{3.25}$$

文献[10]指出，功率协方差约束下 MIMO 窃听信道的安全容量上界为

$$C_{\mathrm{s}}(\boldsymbol{S})\leqslant\max_{0\leqslant\boldsymbol{K}_x\leqslant\boldsymbol{S}}\log\frac{\det(\boldsymbol{I}+\boldsymbol{K}_x\boldsymbol{K}_0^{-1})}{\det(\boldsymbol{I}+\boldsymbol{K}_x\boldsymbol{K}_{\tilde{v}}^{-1})}=\log\frac{\det(\boldsymbol{I}+\boldsymbol{S}\boldsymbol{K}_0^{-1})}{\det(\boldsymbol{I}+\boldsymbol{S}\boldsymbol{K}_{\tilde{v}}^{-1})}\triangleq\bar{C}_{\mathrm{s}}(\boldsymbol{S}) \tag{3.26}$$

其中，

$$\boldsymbol{K}_0=\boldsymbol{S}^{\frac{1}{2}}\left[\boldsymbol{C}^{-\mathrm{H}}\begin{pmatrix}\boldsymbol{\Lambda}_{\mathrm{d}1} & 0\\ 0 & \boldsymbol{I}_{n_{\mathrm{s}}-b}\end{pmatrix}\boldsymbol{C}^{-1}-\boldsymbol{I}\right]^{-1}(\boldsymbol{S}^{\frac{1}{2}})^{\mathrm{H}} \tag{3.27}$$

容易证明 $\boldsymbol{K}_0\leqslant\boldsymbol{K}_{\tilde{v}}$ 和 $\boldsymbol{K}_0\leqslant\boldsymbol{K}_{\tilde{w}}$。因此，式（3.26）可以看作是退化 MIMO 窃听信道的安全容量，其中目的节点和窃听节点处的噪声协方差矩阵分别为 $\boldsymbol{K}_0$ 和 $\boldsymbol{K}_{\tilde{v}}$。有趣的是，式（3.26）中的上界可以进一步表示为

$$\bar{C}_{\mathrm{s}}(\boldsymbol{S})=\log\frac{\det[\boldsymbol{I}+(\boldsymbol{S}^{\frac{1}{2}})^{\mathrm{H}}\boldsymbol{K}_0^{-1}\boldsymbol{S}^{\frac{1}{2}}]}{\det[\boldsymbol{I}+(\boldsymbol{S}^{\frac{1}{2}})^{\mathrm{H}}\boldsymbol{K}_{\mathrm{e}}^{-1}\boldsymbol{S}^{\frac{1}{2}}]} \tag{3.28}$$

$$=\log\frac{\det\boldsymbol{C}^{\mathrm{H}}[\boldsymbol{I}+(\boldsymbol{S}^{\frac{1}{2}})^{\mathrm{H}}\boldsymbol{K}_0^{-1}\boldsymbol{S}^{\frac{1}{2}}]\boldsymbol{C}}{\det\boldsymbol{C}^{\mathrm{H}}[\boldsymbol{I}+(\boldsymbol{S}^{\frac{1}{2}})^{\mathrm{H}}\boldsymbol{K}_{\mathrm{e}}^{-1}\boldsymbol{S}^{\frac{1}{2}}]\boldsymbol{C}} \tag{3.29}$$

$$=\det\left(\boldsymbol{\Lambda}_{\mathrm{d}1}\right) \tag{3.30}$$

也就是说，通过输入协方差矩阵 $\boldsymbol{K}_x^{*}$ 实现的安全速率，即式（3.25）给出的速率，等于式（3.30）中得到的安全容量上界。这说明式（3.30）中的安全容量上界是紧的，而且式（3.20）给出的输入协方差矩阵 $\boldsymbol{K}_x^{*}$ 是最优的。

按照式（3.20）给出的解，可以得到最优预编码矩阵为

$$\boldsymbol{F}=\boldsymbol{S}^{\frac{1}{2}}\boldsymbol{C}\begin{bmatrix}\boldsymbol{D}\\ \boldsymbol{0}\end{bmatrix}=\boldsymbol{S}^{\frac{1}{2}}\boldsymbol{C}_1\boldsymbol{D} \tag{3.31}$$

式中 $\boldsymbol{D}$ 为 $b\times b$ 矩阵，且满足 $\left(\boldsymbol{C}_1^{\mathrm{H}}\boldsymbol{C}_1\right)^{-1}=\boldsymbol{D}\boldsymbol{D}^{\mathrm{H}}$。上面的给出最优预编码矩阵表明，私密消息应当仅在广义特征值为 $\lambda_1,\lambda_2,\cdots,\lambda_b$ 的维度上传输，即在目的节点比窃听节点更优的等效信道维度上传输。

3.2 多目的多窃听系统中安全波束赋形

如图 3.2 所示，安全波束赋形和预编码也可以应用于存在多个目的节点和多个窃听节点的窃听信道场景。对于存在多个目的节点的系统，主要考虑以下两种场景：①多播场景，即同时向所有的目的节点发送同一个保密信号；②广播场景，即向不同的目的节点发送不同的私密信号。多播场景对应于文献[11]和第 2 章中讨论的组合窃听信道。需要注意的是，上述场景的安全容量通常是未知的，且由于问题的非凸性，不容易得到最优安全波束赋形和预编码方案。文献[12-15]针对一些特殊情况，给出一些较易求得的解。

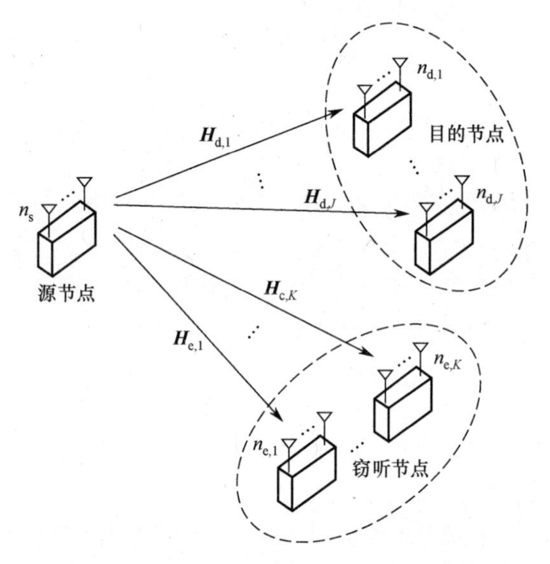

图 3.2 存在多个目的节点和多个窃听者的多天线无线系统

3.2.1 多播安全波束赋形

在本节中，考虑多播场景下的安全波束赋形问题，其中公共保密信号同时发送给多个目的节点。该系统由配置有 n_{s} 根天线的源节点，J 个单天线目的节点和 K 个多天线窃听节点组成，第 k 个窃听节点的天线数为 $n_{\mathrm{e},k}$。假设 $\boldsymbol{x}$ 表示由源节点发送的信号，那么第 j 个目的节点和第 k 个窃听节点接收到的信号可以表示

$$y_j = \boldsymbol{h}_{\mathrm{d},j}\boldsymbol{x} + w_k \tag{3.32}$$

$$\boldsymbol{z}_k = \boldsymbol{H}_{\mathrm{e},k}\boldsymbol{x} + \boldsymbol{v}_k \tag{3.33}$$

式(3.32)和式(3.33)中 $\boldsymbol{h}_{\mathrm{d},j} \in \mathbb{C}^{1\times n_\mathrm{s}}$ 为第 j 个目的节点的信道向量，$\boldsymbol{H}_{\mathrm{e},k} \in \mathbb{C}^{n_{\mathrm{e},k}\times n_\mathrm{s}}$ 为第 k 个窃听节点的信道矩阵。加性高斯白噪声 ω_j 和 $\boldsymbol{v}_k$ 中的元素是服从均值为 0、方差为 1、且独立同分布的高斯随机变量。目的节点配置多根天线的情况也可做类似的推导。

假设采用安全波束赋形方案，则输入信号 $\boldsymbol{x}$ 具有秩为 1 的协方差矩阵，即 $\mathrm{rank}(\boldsymbol{K}_x)=1$。在这种情况下，发送信号可以表示为 $\boldsymbol{x}=\boldsymbol{f}\mu$，其中 $\boldsymbol{f}$ 是 $n_\mathrm{s}\times 1$ 的波束赋形向量且 $\|\boldsymbol{f}\|^2 \leqslant \bar{P}$，$\mu$ 是编码符号且 $E\left[|\mu|^2\right]=1$。那么，根据式（2.29）可以得到该系统可达安全速率为

$$R_\mathrm{s} = \max_{\boldsymbol{f}:\|\boldsymbol{f}\|^2\leqslant\bar{P}} \min_{j,k} \log\frac{1+\boldsymbol{h}_{\mathrm{d},j}\boldsymbol{f}}{1+\left\|\boldsymbol{H}_{\mathrm{e},k}\boldsymbol{f}\right\|^2} \tag{3.34}$$

$$= \max_{\substack{\boldsymbol{K}_x\geqslant 0,\mathrm{tr}(\boldsymbol{K}_x)\leqslant\bar{P}\\ \mathrm{rank}(\boldsymbol{K}_x)=1}} \min_{j,k} \log\frac{1+\boldsymbol{h}_{\mathrm{d},j}\boldsymbol{K}_x\boldsymbol{h}_{\mathrm{d},j}^\mathrm{H}}{1+\mathrm{tr}\left(\boldsymbol{H}_{\mathrm{e},k}\boldsymbol{K}_x\boldsymbol{H}_{\mathrm{e},k}^\mathrm{H}\right)} \tag{3.35}$$

该可达安全速率在高斯输入为 μ 的情况下成立。需要注意的是，由于存在秩为 1 的约束，式（3.35）中的安全速率最大化问题很难求解。因此，为了求解这个问题，首先对这一问题的约束进行松驰，丢弃秩为 1 的约束。这样处理可以将原来的问题变成了准凸问题，那么通过二分法[16]等标准凸问题求解技术就可以求解得到全局最优解。另一种解决途径是采用文献[13]中提出的方法，即通过 Charnes-Cooper 变换[18]将松驰后的优化问题转换为半定规划（Semi-Definite Programming，SDP）问题[17]。文献[13]针对某些特殊情况，给出了松弛问题解的最优性证明。

具体来说，通过松驰秩约束，式（3.35）中的优化问题可以重新表示为

$$\begin{cases} \min\limits_{\boldsymbol{K}_x} \dfrac{1+\max_k \mathrm{tr}\left(\boldsymbol{H}_{\mathrm{e},k}\boldsymbol{K}_x\boldsymbol{H}_{\mathrm{e},k}^\mathrm{H}\right)}{1+\min_j \boldsymbol{h}_{\mathrm{d},j}\boldsymbol{K}_x\boldsymbol{h}_{\mathrm{d},j}^\mathrm{H}} & (3.36\mathrm{a}) \\ \text{subject to } \boldsymbol{K}_x \geqslant 0, \mathrm{tr}(\boldsymbol{K}_x)\leqslant\bar{P} & (3.36\mathrm{b}) \end{cases}$$

进行变量代换 $\boldsymbol{K}_x=\boldsymbol{Q}/\xi$，其中 $\xi>0$，上述问题可以等价地表达为

$$\min_{\boldsymbol{Q},\xi} \frac{\xi+\max_k \mathrm{tr}\left(\boldsymbol{H}_{\mathrm{e},k}\boldsymbol{Q}\boldsymbol{H}_{\mathrm{e},k}^\mathrm{H}\right)}{\xi+\min_j \boldsymbol{h}_{\mathrm{d},j}\boldsymbol{Q}\boldsymbol{h}_{\mathrm{d},j}^\mathrm{H}} \tag{3.37a}$$

$$\text{subject to } \mathrm{tr}(\boldsymbol{Q})\leqslant\xi\bar{P}, \boldsymbol{Q}\geqslant\boldsymbol{0}, \xi>0 \tag{3.37b}$$

通过上面的过程，可以将问题转化为如下的等效半定规划问题[13]：

$$\min_{\boldsymbol{Q},\xi,\tau} \tau \tag{3.38a}$$

$$\text{subject to } \xi + \mathrm{tr}\left(\boldsymbol{H}_{\mathrm{e},k}\boldsymbol{Q}\boldsymbol{H}_{\mathrm{e},k}^{\mathrm{H}}\right) \leqslant \tau, \forall k \quad (3.38\mathrm{b})$$

$$\xi + \boldsymbol{h}_{\mathrm{d},j}\boldsymbol{Q}\boldsymbol{h}_{\mathrm{d},j}^{\mathrm{H}} \geqslant 1, \forall j \quad (3.38\mathrm{c})$$

$$\mathrm{tr}(\boldsymbol{Q}) \leqslant \xi\bar{P}, \boldsymbol{Q} \geqslant \boldsymbol{0}, \xi \geqslant 0 \quad (3.38\mathrm{d})$$

至此，该半定规划问题可以使用现有的成熟优化工具（如 SeDuMi [19]和 CVX [20]）高效可靠地求解。详细的等效性证明可以参见文献[13]附录。

如果式（3.38）中松弛问题的解表示为 $\tilde{\boldsymbol{K}}_{\boldsymbol{x}}^{*}$，且秩为 1，那么可以选择的波束赋形矢量 $\boldsymbol{f}^{*}$ 满足 $\boldsymbol{f}^{*}\left(\boldsymbol{f}^{*}\right)^{\mathrm{H}} = \tilde{\boldsymbol{K}}_{\boldsymbol{x}}^{*}$。但是，由于松弛处理不能保证解 $\tilde{\boldsymbol{K}}_{\boldsymbol{x}}^{*}$ 的秩为 1，在这种情况下，必须从解 $\tilde{\boldsymbol{K}}_{\boldsymbol{x}}^{*}$ 中提取有效波束赋形向量。有几种方法可以进行波束赋形向量的提取。比如，可以采取确定性方法，选择 $\tilde{\boldsymbol{K}}_{\boldsymbol{x}}^{*}$ 的最大特征向量作为 $\boldsymbol{f}^{*}$；也可以采用随机化方法，分别从 $CN\left(\boldsymbol{0}, \tilde{\boldsymbol{K}}_{\boldsymbol{x}}^{*}\right)$ 中独立地选择一组向量 $\left\{\boldsymbol{f}_1, \boldsymbol{f}_2, \cdots, \boldsymbol{f}_M\right\}$，然后从中选择出使得安全速率最大化的向量，进行归一化后作为波束赋形向量 $\boldsymbol{f}^{*}$。读者如需要详细了解半定松弛方法，可以进一步参考文献[17]。

值得注意的是，一般来说，使用波束赋形向量，即秩为 1 的协方差矩阵，所产生的安全速率小于式（2.29）得到的安全速率。这说明，在某些情况下安全预编码将数据复用到多个维度上能够获得更好的性能。当目的节点也存在多个天线时，情况也是如此。但是，这些情况下的安全预编码通常很难找到。比较有意思的是，文献[13]表明，在某些特殊情况下安全波束赋形是最优的，如 $J=1$ 个单天线目的节点的系统（与窃听节点数目无关），或者 $J \leqslant 3$ 个目的节点及 $K=1$ 个窃听节点的系统。这些情况下，式（3.38）中的松弛半定规划问题具有最优解。当然在其他情况下波束赋形方法仍然是比较适用的。因为与多维传输相比，波束赋形所需的编码复杂度要小得多。在非安全多播波束赋形研究中也有类似的结论[21]。

除了式（3.35）中安全速率最大化问题之外，还可以通过其他的优化问题来设计安全波束赋形，比如，优化目标是在安全速率约束下最小化发送功率，即

$$\begin{cases} \min\limits_{\boldsymbol{K}_{\boldsymbol{x}}} \mathrm{tr}\left(\boldsymbol{K}_{\boldsymbol{x}}\right) & (3.39\mathrm{a}) \\ \text{subject to} \min\limits_{j,k} \ \log \dfrac{1+\boldsymbol{h}_{\mathrm{d},j}\boldsymbol{K}_{\boldsymbol{x}}\boldsymbol{h}_{\mathrm{d},j}^{\mathrm{H}}}{1+\mathrm{tr}\left(\boldsymbol{H}_{\mathrm{e},k}\boldsymbol{K}_{\boldsymbol{x}}\boldsymbol{H}_{\mathrm{e},k}^{\mathrm{H}}\right)} \geqslant R_0 & (3.39\mathrm{b}) \\ \boldsymbol{K}_{\boldsymbol{x}} \geqslant 0, \mathrm{rank}\left(\boldsymbol{K}_{\boldsymbol{x}}\right)=1 & (3.39\mathrm{c}) \end{cases}$$

这一问题可以重写为

$$
\begin{cases}
\min\limits_{\boldsymbol{K}_x} \operatorname{tr}\left(\boldsymbol{K}_x\right) & (3.40\text{a}) \\
\text{subject to } 1+\boldsymbol{h}_{\mathrm{d},j}\boldsymbol{K}_x\boldsymbol{h}_{\mathrm{d},j}^{\mathrm{H}} \geqslant 2^{R_0}\left[1+\operatorname{tr}\left(\boldsymbol{H}_{\mathrm{e},k}\boldsymbol{K}_x\boldsymbol{H}_{\mathrm{e},k}^{\mathrm{H}}\right)\right], \forall j,k & (3.40\text{b}) \\
\boldsymbol{K}_x \geqslant 0, \operatorname{rank}\left(\boldsymbol{K}_x\right)=1 & (3.40\text{c})
\end{cases}
$$

同样地，由于非凸约束 $\operatorname{rank}\left(\boldsymbol{K}_x\right)=1$，这个问题很难解决。因此，可以考虑采用前面类似的方法，即首先丢掉秩为 1 的约束，然后由松弛后的半定规划问题中得到一个近似解[17]。

3.2.2 广播安全波束赋形

本小节考虑广播应用场景，即将不同的数据流同时传输到多个目的节点。在这种情况下，不同的波束赋形向量必须与其相对应的数据流关联，并且设计过程中必须考虑来自其他数据流的干扰。文献[14,15]针对卫星系统的安全通信考虑了这一问题，文献[22-24]在研究广播信道私密信号传输的信息论研究中也涉及到这个问题。

假设系统由一个 n_{s} 根天线的源节点，J 个单天线目的节点和 K 个单天线窃听节点组成。令 μ_j 表示源节点发送给目的节点 j 的数据，其中 $E\left[\left|\mu_j\right|^2\right]=1$，令 $\boldsymbol{f}_j$ 表示用于发送 μ_j 的波束赋形向量。源节点的发送信号是发送给所有目的节点的信号的累加，可以表示为

$$
\boldsymbol{x}=\sum_{j=1}^{J}\boldsymbol{f}_j\mu_j \tag{3.41}
$$

在目的节点 j 和窃听节点 k 处的接收信号可以分别表示为

$$
y_j=\boldsymbol{h}_{\mathrm{d},j}\boldsymbol{f}_j\mu_j+\boldsymbol{h}_{\mathrm{d},j}\sum_{l\neq j}\boldsymbol{f}_l\mu_l+\omega_j \tag{3.42}
$$

和

$$
z_k=\boldsymbol{h}_{\mathrm{e},k}\boldsymbol{f}_j\mu_j+\boldsymbol{h}_{\mathrm{e},k}\sum_{l\neq j}\boldsymbol{f}_l\mu_l+v_k \tag{3.43}
$$

式中：$\boldsymbol{h}_{\mathrm{d},j}\in\mathbb{C}^{1\times n_{\mathrm{s}}}$ 和 $\boldsymbol{h}_{\mathrm{e},k}\in\mathbb{C}^{1\times n_{\mathrm{s}}}$ 分别为源节点到目的节点和到窃听节点的信道向量，$\omega_j,v_k\sim CN(0,1)$ 是加性高斯白噪声。通过式（2.29）可以得到第 j 个目的节点处的可达安全速率为

$$R_{s,j}=\log\frac{1+\dfrac{\left|\boldsymbol{h}_{d,j}\boldsymbol{f}_j\right|^2}{1+\sum_{l\neq j}\left|\boldsymbol{h}_{d,j}\boldsymbol{f}_l\right|^2}}{1+\max\limits_k\dfrac{\left|\boldsymbol{h}_{e,k}\boldsymbol{f}_j\right|^2}{1+\sum_{l\neq j}\left|\boldsymbol{h}_{e,k}\boldsymbol{f}_l\right|^2}}=\log\frac{1+\dfrac{\boldsymbol{h}_{d,j}\boldsymbol{K}_j\boldsymbol{h}_{d,j}^{H}}{1+\sum_{l\neq j}\boldsymbol{h}_{d,j}\boldsymbol{K}_l\boldsymbol{h}_{d,j}^{H}}}{1+\max\limits_k\dfrac{\boldsymbol{h}_{e,k}\boldsymbol{K}_j\boldsymbol{h}_{e,k}^{H}}{1+\sum_{l\neq j}\boldsymbol{h}_{e,k}\boldsymbol{K}_l\boldsymbol{h}_{e,k}^{H}}} \tag{3.44}$$

式中$\boldsymbol{K}_j=\boldsymbol{f}_j\boldsymbol{f}_j^{H}$是秩为1的协方差矩阵，对应于发送给第$j$个目的节点的信号，即$\boldsymbol{f}_j\boldsymbol{u}_j$。

为了得到安全波束赋形器，文献[14,15]考虑在安全速率约束下的功率最小化问题，即

$$\begin{cases}\min\limits_{\boldsymbol{K}_j,\forall j}\sum\limits_{j=1}^{J}\operatorname{tr}(\boldsymbol{K}_j) & \text{(3.45a)}\\ \text{subject to }\dfrac{1+\dfrac{\boldsymbol{h}_{d,j}\boldsymbol{K}_j\boldsymbol{h}_{d,j}^{H}}{1+\sum_{l\neq j}\boldsymbol{h}_{d,j}\boldsymbol{K}_l\boldsymbol{h}_{d,j}^{H}}}{1+\max\limits_k\dfrac{\boldsymbol{h}_{e,k}\boldsymbol{K}_j\boldsymbol{h}_{e,k}^{H}}{1+\sum_{l\neq j}\boldsymbol{h}_{e,k}\boldsymbol{K}_l\boldsymbol{h}_{e,k}^{H}}}\geqslant 2^{R_{0,j}} & \text{(3.45b)}\\ \boldsymbol{K}_j\geqslant 0,\operatorname{rank}\left(\boldsymbol{K}_j\right)=1,\forall j & \text{(3.45c)}\end{cases}$$

通过引入辅助变量$\alpha_1,\alpha_2,\cdots,\alpha_J$，问题可以等价表示为

$$\begin{cases}\min\limits_{\boldsymbol{K}_j,\alpha_j,\forall j}\sum\limits_{j=1}^{J}\operatorname{tr}(\boldsymbol{K}_j) & \text{(3.46a)}\\ \text{subject to }1+\dfrac{\boldsymbol{h}_{d,j}\boldsymbol{K}_j\boldsymbol{h}_{d,j}^{H}}{1+\sum_{l\neq j}\boldsymbol{h}_{d,j}\boldsymbol{K}_l\boldsymbol{h}_{d,j}^{H}}\geqslant\alpha_j 2^{R_{0,j}} & \text{(3.46b)}\\ 1+\max\limits_k\dfrac{\boldsymbol{h}_{e,k}\boldsymbol{K}_j\boldsymbol{h}_{e,k}^{H}}{1+\sum_{l\neq j}\boldsymbol{h}_{e,k}\boldsymbol{K}_l\boldsymbol{h}_{e,k}^{H}}\leqslant\alpha_j & \text{(3.46c)}\\ \boldsymbol{K}_j\geqslant 0,\operatorname{rank}\left(\boldsymbol{K}_j\right)=1,\alpha_j\geqslant 0,\forall j & \text{(3.46d)}\end{cases}$$

上式可以进一步转化为

$$\begin{cases}\min\limits_{\boldsymbol{K}_j,\alpha_j,\forall j}\sum\limits_{j=1}^{J}\operatorname{tr}(\boldsymbol{K}_j) & \text{(3.47a)}\\ \text{subject to }\boldsymbol{h}_{d,j}\boldsymbol{K}_j\boldsymbol{h}_{d,j}^{H}-\left(\alpha_j 2^{R_{0,j}}-1\right)\sum_{l\neq j}\boldsymbol{h}_{d,j}\boldsymbol{K}_l\boldsymbol{h}_{d,j}^{H}\geqslant\alpha_j 2^{R_{0,j}}-1 & \text{(3.47b)}\\ \boldsymbol{h}_{e,k}\boldsymbol{K}_j\boldsymbol{h}_{e,k}^{H}-\left(\alpha_j-1\right)\sum_{l\neq j}\boldsymbol{h}_{e,k}\boldsymbol{K}_l\boldsymbol{h}_{e,k}^{H}\leqslant\alpha_j-1,\forall k & \text{(3.47c)}\\ \boldsymbol{K}_j\geqslant 0,\operatorname{rank}\left(\boldsymbol{K}_j\right)=1,\alpha_j\geqslant 0,\forall j & \text{(3.47d)}\end{cases}$$

需要注意的是，由于这个问题仍是非凸的，依然很难求解。文献[15]提出了一种有效的解决方案，即通过放松秩1约束的半定松弛方法。通过放松秩为1的约束，且固定变量$\alpha_1,\alpha_2,\cdots,\alpha_J$，该问题变成标准半定规划问题，从而可以使用现有的成熟优化工具求解，如SeDuMi[19]和CVX[20]。固定$\boldsymbol{\alpha}=\left[\alpha_1\ \alpha_2\cdots\alpha_J\right]$，优化目标（即和功率）表示为$\mathrm{tr}\left[\boldsymbol{K}_{\boldsymbol{x}}\left(\boldsymbol{\alpha}\right)\right]$，根据文献[15]可知它是关于$\boldsymbol{\alpha}$的凸函数。因此，可以通过基于梯度的高效优化方法来优化求解$\boldsymbol{\alpha}$[15]。需要指出的是，该方法得到的秩可能不为1，此时需要采用随机化技术[17]从中获得秩为1的解。

需要指出的是，上述过程都是基于数值方法，并不能给出安全波束赋形的闭式表达式。如果需要闭式表达式，则可以采用更简单但效率较低的迫零（Zero Forcing，ZF）波束赋形方案。此时该波束赋形器能够使得所有窃听节点的接收信号为零，且对其他目的节点同道干扰信号也为零[14,15]。也就是说，第j个目的节点所选择的波束赋形器，对于所有k和所有的$l\neq j$满足$\boldsymbol{h}_{\mathrm{e},k}\boldsymbol{f}_j=0$和$\boldsymbol{h}_{\mathrm{d},l}\boldsymbol{f}_j=0$。令$\tilde{\boldsymbol{H}}_j=\left[\boldsymbol{h}_{\mathrm{d},1}^{\mathrm{T}}\cdots\ \boldsymbol{h}_{\mathrm{d},j-1}^{\mathrm{T}}\ \boldsymbol{h}_{\mathrm{d},j+1}^{\mathrm{T}}\cdots\ \boldsymbol{h}_{\mathrm{d},J}^{\mathrm{T}}\ \ \boldsymbol{h}_{\mathrm{e},1}^{\mathrm{T}}\cdots\ \boldsymbol{h}_{\mathrm{e},K}^{\mathrm{T}}\right]^{\mathrm{T}}$，$\boldsymbol{\Pi}_j^{\perp}\triangleq I-\tilde{\boldsymbol{H}}_j\left(\tilde{\boldsymbol{H}}_j^{\mathrm{H}}\tilde{\boldsymbol{H}}_j\right)^{-1}\tilde{\boldsymbol{H}}_j^{\mathrm{H}}$表示$\tilde{\boldsymbol{H}}_j$的正交补投影。迫零波束赋形可以表示为$\boldsymbol{f}_j=\sqrt{P_j}\tilde{\boldsymbol{f}}_j$，其中$\left\|\boldsymbol{f}_j\right\|^2=1$和$\tilde{\boldsymbol{f}}_j=\boldsymbol{\Pi}_j^{\perp}\tilde{\boldsymbol{f}}_j$。将$\boldsymbol{f}_j$带入式（3.45a）中，优化问题可以重新表示为

$$\begin{cases}\min\limits_{\tilde{f}_j,\forall j}\sum\limits_{j=1}^{J}P_j & (3.48\mathrm{a})\\ \text{subject to } 1+P_j\left|\boldsymbol{h}_{\mathrm{d},j}\boldsymbol{\Pi}_j^{\perp}\tilde{\boldsymbol{f}}_j\right|^2\geqslant 2^{R_{0,j}} & (3.48\mathrm{b})\\ \tilde{f}_j=\boldsymbol{\Pi}_j^{\perp}\tilde{\boldsymbol{f}}_j\left\|\tilde{\boldsymbol{f}}_j\right\|^2=1,\forall j & (3.48\mathrm{c})\end{cases}$$

从式（3.48b）的约束可以看出，当所选$\tilde{\boldsymbol{f}}_j$使得$\left|\boldsymbol{h}_{\mathrm{d},j}\boldsymbol{\Pi}_j^{\perp}\tilde{\boldsymbol{f}}_j\right|^2$最小时，功率$P_j$最大化。通过Cauchy-Schwarz不等式，可以得到$\left|\boldsymbol{h}_{\mathrm{d},j}\boldsymbol{\Pi}_j^{\perp}\tilde{\boldsymbol{f}}_j\right|^2\leqslant\left\|\boldsymbol{\Pi}_j^{\perp}\boldsymbol{h}_{\mathrm{d},j}^{\mathrm{H}}\right\|^2\left\|\tilde{\boldsymbol{f}}_j\right\|^2$，其中，对于给定常数$c$，当$\tilde{\boldsymbol{f}}_j=c\boldsymbol{\Pi}_j^{\perp}\boldsymbol{h}_{\mathrm{d},j}^{\mathrm{H}}$时等式成立。因此，和功率最小化的最优ZF波束赋形器可以表示为

$$\boldsymbol{f}_j^{*}=\frac{\sqrt{2^{R_{0,j}-1}}}{\left\|\boldsymbol{\Pi}_j^{\perp}\boldsymbol{h}_{\mathrm{d},j}^{\mathrm{H}}\right\|^2}\boldsymbol{\Pi}_j^{\perp}\boldsymbol{h}_{\mathrm{d},j}^{\mathrm{H}} \tag{3.49}$$

式中$j=1,2,\cdots,J$。值得一提的是，迫零方法一般是次优的，这是由于其限制了源节点在目的节点信道获得高增益的方向上发送信号。

此外，值得注意的是，可以对多用户系统中的安全波束赋形或者预编码技术进行变形。例如，可以考虑多源节点单目的节点的情况[25,26]（即多址信道场

景）、多源节点多目的节点的情况[27]（即干扰信道场景），以及联合窃听者的情况[28]。此外，在上述讨论中，仅考虑了源节点处可以获得精确信道状态信息（Channel State Information，CSI）的情况。实际情况下，由于信道估计误差和反馈受限，源节点处的信道状态信息通常存在误差。因此，当考虑存在信道状态信息估计误差时，可以通过鲁棒波束赋形和预编码方案来设计确定的或随机的误差界[12]。然而，当精确信道状态信息不可知的情况下，信息可能泄露到窃听信道中且数量不明，此时单纯的波束赋形可能不是最佳选择，可能需要利用人工噪声来构建更加有利的安全通信信道。

3.3 人工噪声辅助的安全波束赋形和预编码

除了使用波束赋形和预编码来增强（或减弱）某些维度中的信号之外，也可以在信息承载信号中加入人工噪声以恶化窃听节点处的接收信号质量，如图 3.3 所示。文献[29,30]首先提出了这种方法，当源节点无法获知窃听节点精确信道状态信息时，常采用这种方法，这是因为在这种情况下无法将信号准确地指向到对窃听节点更为不利的维度中。如前所述（参见第 3.1 节），如果源节点能够获知目的节点和窃听节点的精确信道状态信息，那么在最大广义特征值对应的子信道中发送信号就可以实现最优性能，而不需要加入人工噪声。然而，实际中由于信道估计和反馈误差，无法获得窃听节点的精确信道状态信息。事实上，如果窃听节点是敌方，不需要源节点进行任何服务，那么窃听节点的信道状态信息可能根本不可获知。本节讨论了采用人工噪声辅助的安全波束赋形和预编码设计问题。

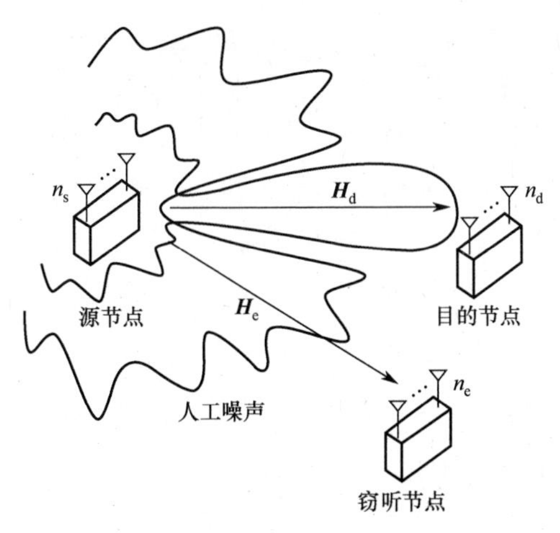

图 3.3 人工噪声辅助的安全波束赋形示意图

3.3.1 人工噪声辅助的安全波束赋形

考虑一个典型三节点多天线窃听系统，由配置 n_{s} 根天线的源节点，配置单天线的目的节点和配置 n_{e} 根天线的窃听节点组成。在人工噪声辅助的安全波束赋形方案中，源节点的发送信号一般可以写为

$$\boldsymbol{x}=\boldsymbol{s}+\boldsymbol{a} \tag{3.50}$$

式中：$\boldsymbol{s}\in\mathbb{C}^{n_{\mathrm{s}}\times 1}$ 为承载信息的信号；$\boldsymbol{a}\in\mathbb{C}^{n_{\mathrm{s}}\times 1}$ 为协方差矩阵为 $\boldsymbol{K}_a\triangleq E\left[\boldsymbol{a}\boldsymbol{a}^{\mathrm{H}}\right]$ 的人工噪声向量。假设 $\boldsymbol{a}$ 与 $\boldsymbol{s}$ 相互独立。承载信息的信号可以写为 $\boldsymbol{s}=\boldsymbol{f}\mu$，其中 $\boldsymbol{f}$ 为波束形成向量，μ 为编码符号。目的节点和窃听节点处的接收信号可以表示为

$$\begin{cases}y=\boldsymbol{h}_{\mathrm{d}}\boldsymbol{x}+w & \text{(3.51a)}\\ \boldsymbol{z}=\boldsymbol{H}_{\mathrm{e}}\boldsymbol{x}+\boldsymbol{v} & \text{(3.51b)}\end{cases}$$

式中：$\boldsymbol{h}_{\mathrm{d}}\in\mathbb{C}^{1\times n_{\mathrm{s}}}$ 和 $\boldsymbol{H}_{\mathrm{e}}\in\mathbb{C}^{n_{\mathrm{e}}\times n_{\mathrm{s}}}$ 分别为源节点到目的节点和到窃听节点的信道，$\omega\sim CN(0,1)$ 和 $\boldsymbol{v}\sim CN\left(0,\boldsymbol{I}_{n_{\mathrm{e}}}\right)$ 是加性高斯白噪声。值得注意的是，从信息理论角度来看，人工噪声辅助的安全波束赋形方案可以看作是第 2 章中提到的信道预处理技术的一种特例。有效信道输入由 $\mu\sim p_{\mu}$ 给出，信道预处理分布由 $p_{x|\mu}\sim CN\left(\boldsymbol{f}\mu,\boldsymbol{K}_a\right)$ 给出。

考虑源节点未知窃听节点信道状态信息的情况。实际中这种情况是很常见的，因为窃听节点是敌方且通常不愿意向源节点暴露额外的信息。在这种情况下，承载信息的信号只能直接指向目的节点，最大化目的节点接收信号质量。这可以通过采用如下的波束赋形向量来实现

$$\boldsymbol{f}=\sqrt{P_{\mathrm{s}}}\frac{\boldsymbol{h}_{\mathrm{d}}^{\mathrm{H}}}{\|\boldsymbol{h}_{\mathrm{d}}\|} \tag{3.52}$$

式中 P_{s} 为该信号分量的功率。此外，为了防止人工噪声对目的节点产生干扰，人工噪声应当指向目的节点信道 $\boldsymbol{h}_{\mathrm{d}}$ 的零空间内，即

$$\boldsymbol{a}=\boldsymbol{N}_{\boldsymbol{h}_{\mathrm{d}}}\tilde{\boldsymbol{a}} \tag{3.53}$$

式中矩阵 $\boldsymbol{N}_{\boldsymbol{h}_{\mathrm{d}}}\in\mathbb{C}^{n_{\mathrm{s}}\times(n_{\mathrm{s}}-1)}$ 的列构成了 $\boldsymbol{h}_{\mathrm{d}}$ 零空间的正交基，即 $\boldsymbol{h}_{\mathrm{d}}\boldsymbol{N}_{\boldsymbol{h}_{\mathrm{d}}}=\boldsymbol{0}$ 且 $\boldsymbol{N}_{\boldsymbol{h}_{\mathrm{d}}}^{\mathrm{H}}\boldsymbol{N}_{\boldsymbol{h}_{\mathrm{d}}}=\boldsymbol{I}_{n_{\mathrm{s}}-1}$，$\tilde{\boldsymbol{a}}\in\mathbb{C}^{(n_{\mathrm{s}}-1)\times 1}$ 是服从 $CN\left(\boldsymbol{0},\sigma_a^2\boldsymbol{I}_{n_{\mathrm{s}}-1}\right)$ 分布的高斯向量。需要注意的是，由于假设窃听信道的信道状态信息完全未知，人工噪声均匀地指向到主信道的零空间中。人工噪声向量可以等效地视为 $\mathbb{C}^{n_{\mathrm{s}}}$ 中各向均匀分布的高斯随机向量到 $\boldsymbol{h}_{\mathrm{d}}$ 零空间的投影，即

$$\boldsymbol{a}=\boldsymbol{\Pi}_{\boldsymbol{h}_{\mathrm{d}}^{\mathrm{H}}}^{\perp}\breve{\boldsymbol{a}} \tag{3.54}$$

式中

$$\boldsymbol{\Pi}_{\boldsymbol{h}_{\mathrm{d}}^{\mathrm{H}}}^{\perp} \triangleq \boldsymbol{I}_{n_{\mathrm{s}}} - \boldsymbol{h}_{\mathrm{d}}^{\mathrm{H}}\left(\boldsymbol{h}_{\mathrm{d}}\boldsymbol{h}_{\mathrm{d}}^{\mathrm{H}}\right)^{-1}\boldsymbol{h}_{\mathrm{d}} = \boldsymbol{I}_{n_{\mathrm{s}}} - \frac{\boldsymbol{h}_{\mathrm{d}}^{\mathrm{H}}}{\|\boldsymbol{h}_{\mathrm{d}}\|}\frac{\boldsymbol{h}_{\mathrm{d}}}{\|\boldsymbol{h}_{\mathrm{d}}\|}$$

上式表示 $\boldsymbol{h}_{\mathrm{d}}^{\mathrm{H}}$ 的正交补投影，$\breve{\boldsymbol{a}} \sim CN\left(\boldsymbol{0}, \sigma_a^2\boldsymbol{I}_{n_{\mathrm{s}}}\right)$ 是 $n_{\mathrm{s}} \times 1$ 的高斯向量。因此，人工噪声的协方差矩阵可以表示为 $\boldsymbol{K}_a = \sigma_a^2\boldsymbol{N}_{\boldsymbol{h}_{\mathrm{d}}}\boldsymbol{N}_{\boldsymbol{h}_{\mathrm{d}}}^{\mathrm{H}}$ 或 $\boldsymbol{K}_a = \sigma_a^2\boldsymbol{\Pi}_{\boldsymbol{h}_{\mathrm{d}}^{\mathrm{H}}}^{\perp}\left(\boldsymbol{\Pi}_{\boldsymbol{h}_{\mathrm{d}}^{\mathrm{H}}}^{\perp}\right)^{\mathrm{H}}$。这里，所选人工噪声是服从高斯分布的，且假设在每个符号周期中独立地变化，从而使窃听节点不容易预测。采用式（3.52）和式（3.53）（或式（3.54））给出 $\boldsymbol{f}$ 和 $\boldsymbol{a}$，那么目的节点和窃听节点处的接收信号可以表示为

$$\boldsymbol{y} = \boldsymbol{h}_{\mathrm{d}}^{\mathrm{H}}(\boldsymbol{f}u + \boldsymbol{a}) + \boldsymbol{w} = \sqrt{P_{\mathrm{s}}}\|\boldsymbol{h}_{\mathrm{d}}\|u + \boldsymbol{w} \tag{3.55}$$

$$\boldsymbol{z} = \boldsymbol{H}_{\mathrm{e}}(\boldsymbol{f}u + \boldsymbol{a}) + \boldsymbol{v} = \sqrt{P_{\mathrm{s}}}\boldsymbol{H}_{\mathrm{e}}\frac{\boldsymbol{h}_{\mathrm{d}}^{\mathrm{H}}}{\|\boldsymbol{h}_{\mathrm{d}}\|}u + \underbrace{\boldsymbol{H}_{\mathrm{e}}\boldsymbol{a} + \boldsymbol{v}}_{\boldsymbol{v}'} \tag{3.56}$$

这里，$\boldsymbol{v}' \triangleq \boldsymbol{H}_{\mathrm{e}}\boldsymbol{a} + \boldsymbol{v}$ 被定义为在窃听节点处的等效噪声，可视为服从均值为零和协方差矩阵为 $\boldsymbol{K}_{v'} = E\left[\boldsymbol{v}(\boldsymbol{v}')^{\mathrm{H}}\right] = \boldsymbol{H}_{\mathrm{e}}\boldsymbol{K}_{\mathrm{a}}\boldsymbol{H}_{\mathrm{e}}^{\mathrm{H}} + \boldsymbol{I}_{n_{\mathrm{e}}}$ 的高斯分布。借助满足 $\boldsymbol{K}_{v'}^{-1} = \boldsymbol{D}\boldsymbol{D}^{\mathrm{H}}$ 的中间变量 $\boldsymbol{D}$，窃听节点处等效信道输出可以写为

$$\tilde{\boldsymbol{z}} \triangleq \boldsymbol{D}^{\mathrm{H}}\boldsymbol{z} = \sqrt{P_{\mathrm{s}}}\boldsymbol{D}^{\mathrm{H}}\boldsymbol{H}_{\mathrm{e}}\frac{\boldsymbol{h}_{\mathrm{d}}^{\mathrm{H}}}{\|\boldsymbol{h}_{\mathrm{d}}\|}u + \boldsymbol{D}^{\mathrm{H}}\boldsymbol{v}' = \sqrt{P_{\mathrm{s}}}\tilde{\boldsymbol{h}}_{\mathrm{e}}u + \tilde{\boldsymbol{v}} \tag{3.57}$$

式中：$\tilde{\boldsymbol{h}}_{\mathrm{e}} \triangleq \boldsymbol{D}^{\mathrm{H}}\boldsymbol{H}_{\mathrm{e}}\boldsymbol{h}_{\mathrm{d}}^{\mathrm{H}}/\|\boldsymbol{h}_{\mathrm{d}}\|$ 为等效信道向量；$\tilde{\boldsymbol{v}} \triangleq \boldsymbol{D}^{\mathrm{H}}\boldsymbol{v}' = \boldsymbol{D}^{\mathrm{H}}\boldsymbol{H}_{\mathrm{e}}\boldsymbol{a} + \boldsymbol{D}^{\mathrm{H}}\boldsymbol{v}$ 为等效白化噪声，这是因为 $\tilde{\boldsymbol{v}}$ 的均值为零且协方差矩阵为 $\boldsymbol{K}_{\tilde{v}} = \boldsymbol{I}_{n_{\mathrm{s}}}$。将 $\mu \sim CN(0,1)$ 作为等效信道输入，根据**定理 2.4**，人工噪声辅助波束赋形方案的可达安全速率可以表示为

$$R_{\mathrm{s}} = \log\frac{1 + P_{\mathrm{s}}\|\boldsymbol{h}_{\mathrm{d}}\|^2}{\det(\boldsymbol{I}_{n_{\mathrm{e}}} + P_{\mathrm{s}}\tilde{\boldsymbol{h}}_{\mathrm{e}}\tilde{\boldsymbol{h}}_{\mathrm{e}}^{\mathrm{H}})} = \log\frac{1 + P_{\mathrm{s}}\|\boldsymbol{h}_{\mathrm{d}}\|^2}{\det(\boldsymbol{I}_{n_{\mathrm{e}}} + P_{\mathrm{s}}\boldsymbol{H}_{\mathrm{e}}\frac{\boldsymbol{h}_{\mathrm{d}}^{\mathrm{H}}}{\|\boldsymbol{h}_{\mathrm{d}}\|}\frac{\boldsymbol{h}_{\mathrm{d}}}{\|\boldsymbol{h}_{\mathrm{d}}\|}\boldsymbol{H}_{\mathrm{e}}^{\mathrm{H}}K_{v'}^{-1})} \tag{3.58}$$

式中对于任何 $\boldsymbol{A} \in \mathbb{C}^{m\times k}$ 和 $\boldsymbol{B} \in \mathbb{C}^{k\times m}$，第二个等式遵循 Sylvester 行列式定理[5]，即 $\det\left(\boldsymbol{I}_m + \boldsymbol{AB}\right) = \det\left(\boldsymbol{I}_k + \boldsymbol{BA}\right)$。采用式(3.54)中的人工噪声生成模型，式(3.58)中对数项内的分母可以写为

$$\det(\boldsymbol{I}_{n_e} + P_s \boldsymbol{H}_e \frac{\boldsymbol{h}_d^H}{\|\boldsymbol{h}_d\|}\frac{\boldsymbol{h}_d}{\|\boldsymbol{h}_d\|}\boldsymbol{H}_e^H K_{v'}^{-1})$$

$$= \det\left(\boldsymbol{I}_{n_e} + P_s \boldsymbol{H}_e \frac{\boldsymbol{h}_d^H}{\|\boldsymbol{h}_d\|}\frac{\boldsymbol{h}_d}{\|\boldsymbol{h}_d\|}\boldsymbol{H}_e^H \left[\boldsymbol{I}_{n_e} + \sigma_a^2 \boldsymbol{H}_e \left(\boldsymbol{I}_{n_s} - \frac{\boldsymbol{h}_d^H}{\|\boldsymbol{h}_d\|}\frac{\boldsymbol{h}_d}{\|\boldsymbol{h}_d\|}\right)\boldsymbol{H}_e^H\right]^{-1}\right) \quad (3.59)$$

这表明，当增大人工噪声的方差σ_a^2时，式（3.58）中对数项的分母减小，从而使可达安全速率增加。

下面考虑$P_s = \sigma_a^2 = \bar{P}/n_s$的特殊情况。在这种情况下，总平均发射功率为$E\left[\|\boldsymbol{x}\|^2\right] = E\left[\|\boldsymbol{s}\|^2\right] + E\left[\|\boldsymbol{a}\|^2\right] = P_s + (n_s - 1)\sigma_a^2 = \bar{P}$。那么，式（3.59）可以改写为

$$\det\left(\boldsymbol{I}_{n_e} + \frac{\bar{P}}{n_s}\boldsymbol{H}_e \frac{\boldsymbol{h}_d^H}{\|\boldsymbol{h}_d\|}\frac{\boldsymbol{h}_d}{\|\boldsymbol{h}_d\|}\boldsymbol{H}_e^H \left[\boldsymbol{I}_{n_e} + \frac{\bar{P}}{n_s}\boldsymbol{H}_e \left(\boldsymbol{I}_{n_s} - \frac{\boldsymbol{h}_d^H}{\|\boldsymbol{h}_d\|}\frac{\boldsymbol{h}_d}{\|\boldsymbol{h}_d\|}\right)\boldsymbol{H}_e^H\right]^{-1}\right)$$

$$=\det\left(\boldsymbol{I}_{n_e} + \frac{\bar{P}}{n_s}\boldsymbol{H}_e\boldsymbol{H}_e^H\right)\det\left(\boldsymbol{I}_{n_e} + \frac{\bar{P}}{n_s}\boldsymbol{H}_e\left(\boldsymbol{I}_{n_s} - \frac{\boldsymbol{h}_d^H}{\|\boldsymbol{h}_d\|}\frac{\boldsymbol{h}_d}{\|\boldsymbol{h}_d\|}\right)\boldsymbol{H}_e^H\right)^{-1}$$

$$=\det\left(\boldsymbol{I}_{n_s} + \frac{\bar{P}}{n_s}\boldsymbol{H}_e^H\boldsymbol{H}_e\right)\det\left(\boldsymbol{I}_{n_s} + \frac{\bar{P}}{n_s}\boldsymbol{H}_e^H\boldsymbol{H}_e - \frac{\bar{P}}{n_s}\frac{\boldsymbol{h}_d^H}{\|\boldsymbol{h}_d\|}\frac{\boldsymbol{h}_d}{\|\boldsymbol{h}_d\|}\boldsymbol{H}_e^H\boldsymbol{H}_e\right)^{-1} \quad (3.60)$$

$$=\det\left(\boldsymbol{I}_{n_s} - \frac{\bar{P}}{n_s}\frac{\boldsymbol{h}_d^H}{\|\boldsymbol{h}_d\|}\frac{\boldsymbol{h}_d}{\|\boldsymbol{h}_d\|}\boldsymbol{H}_e^H\boldsymbol{H}_e\left(\boldsymbol{I}_{n_s} + \frac{\bar{P}}{n_s}\boldsymbol{H}_e^H\boldsymbol{H}_e\right)^{-1}\right)^{-1}$$

$$=\left[\frac{\boldsymbol{h}_d}{\|\boldsymbol{h}_d\|}\left(\boldsymbol{I}_{n_s} + \frac{\bar{P}}{n_s}\boldsymbol{H}_e^H\boldsymbol{H}_e\right)^{-1}\frac{\boldsymbol{h}_d^H}{\|\boldsymbol{h}_d\|}\right]^{-1}$$

因此，这种特殊情况下的可达安全速率可以表示为

$$R_s = \log\left[\left(1 + \frac{\bar{P}}{n_s}\|\boldsymbol{h}_d\|^2\right)\frac{\boldsymbol{h}_d}{\|\boldsymbol{h}_d\|}\left(\boldsymbol{I}_{n_s} + \frac{\bar{P}}{n_s}\boldsymbol{H}_e^H\boldsymbol{H}_e\right)^{-1}\frac{\boldsymbol{h}_d^H}{\|\boldsymbol{h}_d\|}\right]$$

$$=\log\left(\frac{1}{\frac{\bar{P}}{n_s}\|\boldsymbol{h}_d\|^2} + 1\right) + \log\left[\frac{\bar{P}}{n_s}\boldsymbol{h}_d\left(\boldsymbol{I}_{n_s} + \frac{\bar{P}}{n_s}\boldsymbol{H}_e^H\boldsymbol{H}_e\right)^{-1}\boldsymbol{h}_d^H\right]$$

$$=\log\left(\frac{1}{\frac{\bar{P}}{n_s}\|\boldsymbol{h}_d\|^2}+1\right)+\log\lambda_{\max}\left(\frac{\bar{P}}{n_s}\boldsymbol{h}_d^H\boldsymbol{h}_d,\boldsymbol{I}_{n_s}+\frac{\bar{P}}{n_s}\boldsymbol{H}_e^H\boldsymbol{H}_e\right) \tag{3.61}$$

式中 $\lambda_{\max}(\boldsymbol{A},\boldsymbol{B})$ 为矩阵对 $(\boldsymbol{A},\boldsymbol{B})$ 的最大广义特征值。需要注意的是，在高信噪比区域（即 $\bar{P}/n_s$ 很大时），可达安全速率可近似表示为

$$R_{s,\text{AN-BF}}(\bar{P})\approx\log\lambda_{\max}\left(\boldsymbol{I}_{n_s}+\frac{\bar{P}}{n_s}\boldsymbol{h}_d^H\boldsymbol{h}_d,\boldsymbol{I}_{n_s}+\frac{\bar{P}}{n_s}\boldsymbol{H}_e^H\boldsymbol{H}_e\right) \tag{3.62}$$

对比前面式（3.13），在总功率约束 $\bar{P}/n_s$ 下，式（3.62）右边等于源节点已知目的节点和窃听节点的精确信道状态信息情况时的安全容量 $C_s(\bar{P}/n_s)$。这说明采用人工噪声辅助的波束赋形方案导致 $10\log_{10}n_s$ 的损失。这种损失是由于在设计人工噪声辅助的安全波束赋形方案时无法利用窃听节点信道状态信息造成的。

需要指出的是，实现式（3.58）中安全速率的前提条件是假设相干间隔足够长且每个码字仅在单个信道状态上传输。但是，当源节点未知窃听节点信道状态信息时，源节点无法得到每个相干间隔内的瞬时可达安全速率，因此不能准确地选择编码速率，无法确保在目的节点处成功解码的同时，对抗窃听实现理想安全。在这种情况下，可以使用安全中断概率作为性能的衡量指标。在延迟容忍情况下，也可以在多个信道状态上进行编码，此时可达遍历安全速率由下式给出[31]

$$R_{s,\text{ergodic}}=\left\{E_{\boldsymbol{h}_d,\boldsymbol{H}_e}\left[\log\frac{1+P_s\|\boldsymbol{h}_d\|^2}{1+P_s\frac{\boldsymbol{h}_d}{\|\boldsymbol{h}_d\|}\boldsymbol{H}_e^H\boldsymbol{K}_{v'}^{-1}\boldsymbol{H}_e\frac{\boldsymbol{h}_d^H}{\|\boldsymbol{h}_d\|}}\right]\right\}^+ \tag{3.63}$$

式中 $\boldsymbol{K}_{v'}=\boldsymbol{I}_{n_e}+\sigma_a^2\boldsymbol{H}_e\left(\boldsymbol{I}_{n_s}-\frac{\boldsymbol{H}_d^H}{\|\boldsymbol{h}_d\|}\frac{\boldsymbol{h}_d}{\|\boldsymbol{h}_d\|}\right)\boldsymbol{H}_e^H$。

3.3.2 信息信号与人工噪声之间的功率分配

从式（3.63）中遍历安全速率表达式可以看出，虽然人工噪声可以有效地恶化窃听信道，但是它同时减少了用于有用信息符号传输的功率。从这个角度来说，与没有用人工噪声的方案相比，使用人工噪声会间接地减少目的节点处信干噪比（Signal to Information plus Noise Ratio，SINR）。因此，安全功率约束下，为了实现更高性能而进行信号和人工噪声之间的功率分配是非常重要的。文献[31]研究这些问题，总结如下。

具体地，假设信号功率为 P_s 和人工噪声方差为 σ_a^2，通过在两者之间进行功率分配来实现式（3.63）中安全速率的最大化。假设 $\boldsymbol{h}_d$ 和 $\boldsymbol{H}_e$ 中元素的分布分别为 $CN\left(0,\sigma_{h_d}^2\right)$ 和 $CN\left(0,\sigma_{h_e}^2\right)$，从而可以得到式（3.63）的期望值。与前面类似，假设源节点无法获知瞬时信道状态信息，而只能得到信道的统计信息。假定信号功率和人工噪声方差满足如下总功率约束

$$P_s+\left(n_s-1\right)\sigma_a^2=\bar{P} \tag{3.64}$$

因此，可以令 $P_s=\alpha\bar{P}$，$\sigma_a^2=\dfrac{(1-\alpha)\bar{P}}{n_s-1}$，其中 α 为信号功率占总功率的比例。这里假设功率分配是非自适应的，即不随信道状态的变化而变化。如果源节点已知目的节点的瞬时信道状态信息，那么功率分配也可随 $\boldsymbol{h}_d$ 变化进行自适应调整。但本章不讨论这中情况，读者可以参考文献[31]进一步了解自适应功率控制策略的设计问题。

为了推导功率分配，先假设窃听节点处接收信号无噪声影响，得到安全容量下界。在这种情况下，窃听节点处接收信号可以写为

$$\boldsymbol{z}=\boldsymbol{H}_e(\boldsymbol{f}u+\boldsymbol{a})=\sqrt{P_s}\boldsymbol{H}_e\frac{\boldsymbol{h}_d^H}{\|\boldsymbol{h}_d\|}u+\boldsymbol{v}'' \tag{3.65}$$

等效噪声可以表示为 $\boldsymbol{v}''\triangleq\boldsymbol{H}_e\boldsymbol{a}$，其协方差矩阵为 $\boldsymbol{K}_{v''}=\sigma_a^2\boldsymbol{H}_e\left(\boldsymbol{I}_{n_s}-\dfrac{\boldsymbol{h}_d^H}{\lfloor\|\boldsymbol{h}_d\|\rfloor}\dfrac{\boldsymbol{h}_d}{\|\boldsymbol{h}_d\|}\right)\boldsymbol{H}_e^H=\sigma_a^2\boldsymbol{H}_e\boldsymbol{N}_{h_d}\boldsymbol{N}_{h_d}^H\boldsymbol{H}_e^H$。给定功率分配比例 α 的情况下，式（3.63）中遍历安全速率的下界可以表示为

$$\begin{aligned}R_{s,\text{lower}}(\alpha)=\Bigg\{&E_{\boldsymbol{h}_d}\left[\log\left(1+\alpha\bar{P}\|\boldsymbol{h}_d\|^2\right)\right]\\&-E_{\boldsymbol{h}_d,\boldsymbol{H}_e}\left[\log\left(1+\frac{\alpha(n_s-1)}{1-\alpha}\boldsymbol{g}_1^H\left(\boldsymbol{G}_1\boldsymbol{G}_2^H\right)^{-1}\boldsymbol{g}_1\right)\right]\Bigg\}^+\end{aligned} \tag{3.66}$$

式中 $\boldsymbol{g}_1\triangleq\boldsymbol{H}_e\boldsymbol{H}_d^H/\|\boldsymbol{h}_d\|$；$\boldsymbol{G}_2\triangleq\boldsymbol{H}_e\boldsymbol{N}_{h_d}$。由于 $\boldsymbol{H}_d^H/\|\boldsymbol{h}_d\|$ 和 $\boldsymbol{N}_{h_d}$ 的列是正交的，则 $\boldsymbol{g}_1$ 和 $\boldsymbol{G}_2$ 中的元素是独立同分布的，都服从 $CN\left(0,\ \sigma_{h_e}^2\right)$ 分布。需要注意的是，式（3.66）给出的安全容量下界可以看作是最差情况下的性能结果，在未知窃听节点噪声水平情况下可以作为一种有效的性能指标。

首先，由于 $\boldsymbol{h}_d$ 的元素是独立同分布的，服从 $CN\left(0,\ \sigma_{h_d}^2\right)$ 分布，则 $\|\boldsymbol{h}_d\|^2/\sigma_{h_d}^2$ 服从参数为 $(n_s,1)$ 的 Gamma 分布。因此，式（3.66）的第一项可以写成如下积分形式[31]：

$$E_{\boldsymbol{h}_{\rm d}}\left[\log\left(1+\alpha\bar{P}\|\boldsymbol{h}_{\rm d}\|^2\right)\right]=\frac{1}{\ln 2}\int_0^\infty \ln\left(1+\alpha\bar{P}\sigma_{\boldsymbol{h}_{\rm d}}^2 x\right)x^{n_{\rm s}-1}\frac{\exp(-x)}{\Gamma(n_{\rm s})}{\rm d}x$$
$$=\frac{1}{\ln 2}\exp\left(\frac{1}{\alpha\bar{P}\sigma_{\boldsymbol{h}_{\rm d}}^2}\right)\sum_{k=1}^{n_{\rm s}}E_k\left(\frac{1}{\alpha\bar{P}\sigma_{\boldsymbol{h}_{\rm d}}^2}\right) \tag{3.67}$$

式中：$\Gamma(\cdot)$为 Gamma 函数；$E_k(\cdot)$为广义指数积分。

其次，由于$\boldsymbol{g}_1$和$\boldsymbol{G}_2$的元素是独立同分布的，都服从$CN\left(0,\ \sigma_{h_{\rm e}}^2\right)$分布，根据文献[31]可知，$\boldsymbol{g}_1^{\rm H}\left(\boldsymbol{G}_2\boldsymbol{G}_2^{\rm H}\right)^{-1}\boldsymbol{g}_1$可以看作是存在$n_{\rm s}-1$个干扰源时$n_{\rm e}$分支的最小均方误差（Minimum Mean Square Error，MMSE）分集合并器的输出信干比。$X=\boldsymbol{g}_1^{\rm H}\left(\boldsymbol{G}_2\boldsymbol{G}_2^{\rm H}\right)^{-1}\boldsymbol{g}_1$的互补累积分布函数可以表示为[32]

$$Q_X(x)=\frac{1}{(1+x)^{n_{\rm s}-1}}\sum_{k=0}^{n_{\rm e}-1}\binom{n_{\rm s}-1}{k}x^{\rm k} \tag{3.68}$$

式（3.66）中的第二项可以写成[31]

$$E_X\left[\log\left(1+\frac{\alpha(n_{\rm s}-1)}{1-\alpha}X\right)\right]=\frac{1}{\ln 2}\int_0^\infty\frac{\alpha(n_{\rm s}-1)}{1-\alpha}\left(1+\frac{\alpha(n_{\rm s}-1)}{1-\alpha}x\right)^{-1}Q_X(x){\rm d}x$$
$$=\frac{1}{\ln 2}\sum_{k=0}^{n_{\rm e}-1}\binom{n_{\rm s}-1}{k}\frac{\alpha(n_{\rm s}-1)}{1-\alpha}B(k+1,n_{\rm s}-1-k)\cdot{}_2F_1\left(1,{\rm k}+1;n_{\rm s};\frac{1-n_{\rm s}\alpha}{1-\alpha}\right) \tag{3.69}$$

式中：$B(a,b)=\Gamma(a)\Gamma(b)/\Gamma(a+b)$为β函数；${}_2F_1(\cdot)$为高斯超几何函数。第一个等式通过分部积分获得，而第二个等式利用了文献[33]中的积分密度函数。将式（3.67）和式（3.69）代入式（3.66），通过在$\alpha\in[0,1]$范围内进行简单的线性搜索可以得到最优功率分配的数值解。

有意思的是，当源节点的天线数目（即$n_{\rm s}$）很大时，根据大数定律可得$\lim\limits_{n_{\rm s}\to\infty}\|\boldsymbol{h}_{\rm d}\|^2/n_{\rm s}=\sigma_{h_{\rm d}}^2$且$\lim\limits_{n_{\rm s}\to\infty}\boldsymbol{G}_2\boldsymbol{G}_2^{\rm H}/(n_{\rm s}-1)=\sigma_{h_{\rm e}}^2\boldsymbol{I}_{n_{\rm e}}$。因此，当$n_{\rm s}\to\infty$时，式（3.66）中第一项可以近似为

$$E_{\boldsymbol{h}_{\rm d}}\left[\log\left(1+\alpha\bar{P}\|\boldsymbol{h}_{\rm d}\|^2\right)\right]=E_{\boldsymbol{h}_{\rm d}}\left\{\log\left[n_{\rm s}\left(\frac{1}{n_{\rm s}}+\frac{\alpha\bar{P}\|\boldsymbol{h}_{\rm d}\|^2}{n_{\rm s}}\right)\right]\right\} \tag{3.70}$$

$$\approx\log\left(\alpha\bar{P}\sigma_{\boldsymbol{h}_{\rm d}}^2 n_{\rm s}\right) \tag{3.71}$$

且第二项可以近似为

$$
\begin{aligned}
& E_{\boldsymbol{h}_{\mathrm{d}},\boldsymbol{H}_{\mathrm{e}}}\left\{\log\left[1+\frac{\alpha(n_{\mathrm{s}}-1)}{1-\alpha}\boldsymbol{g}_1^{\mathrm{H}}\left(\boldsymbol{G}_2\boldsymbol{G}_2^{\mathrm{H}}\right)^{-1}\boldsymbol{g}_1\right]\right\} \\
&= E_{\boldsymbol{h}_{\mathrm{d}},\boldsymbol{H}_{\mathrm{e}}}\left\{\log\left[1+\frac{\alpha}{1-\alpha}\boldsymbol{g}_1^{\mathrm{H}}\left(\frac{\boldsymbol{G}_2\boldsymbol{G}_2^{\mathrm{H}}}{(n_{\mathrm{s}}-1)}\right)^{-1}\boldsymbol{g}_1\right]\right\} \\
&\approx E_{\boldsymbol{h}_{\mathrm{d}},\boldsymbol{H}_{\mathrm{e}}}\left\{\log\left[1+\frac{\alpha}{1-\alpha}\frac{\left\|\boldsymbol{g}_1\right\|^2}{\sigma_{h_{\mathrm{e}}}^2}\right]\right\} \\
&= \frac{1}{\ln 2}\exp\left(\frac{1-\alpha}{\alpha}\right)\sum_{k=1}^{n_{\mathrm{s}}}E_k\left(\frac{1-\alpha}{\alpha}\right)
\end{aligned}
\tag{3.72}
$$

因此，安全容量下界可以近似为

$$
R_{\mathrm{s,lower}}(\alpha) \approx \log\left(\alpha\bar{P}\sigma_{\boldsymbol{h}_{\mathrm{d}}}^2 n_{\mathrm{s}}\right)-\frac{1}{\ln 2}\exp\left(\frac{1-\alpha}{\alpha}\right)\sum_{k=1}^{n_{\mathrm{s}}}E_k\left(\frac{1-\alpha}{\alpha}\right) \tag{3.73}
$$

$$
=\log\left(\alpha\bar{P}\sigma_{\boldsymbol{h}_{\mathrm{d}}}^2 n_{\mathrm{s}}\right)-\frac{1}{\ln 2}\exp(z-1)\sum_{k=1}^{n_{\mathrm{s}}}E_k(z-1) \tag{3.74}
$$

$$
\triangleq R_{\mathrm{s,approx}}(z) \tag{3.75}
$$

式中：$z\triangleq 1/\alpha$。通过对 $R_{\mathrm{s,approx}}(z)$ 关于 z 求导，可以得到最优 z 应该满足：

$$
\frac{\partial R_{\mathrm{s,approx}}(z)}{\partial z}=-\frac{1}{z}-\exp(z-1)E_{n_{\mathrm{e}}}(z-1)+\frac{1}{(z-1)}=0 \tag{3.76}
$$

利用文献[32]中近似关系 $\exp(z-1)E_{n_{\mathrm{e}}}(z-1)\approx(z-1+n_{\mathrm{e}})^{-1}$，该式在 n_{e} 或 z 很大时是比较精确的。则可以得到最优的 z 为

$$
z^*=1+\sqrt{n_{\mathrm{e}}} \tag{3.77}
$$

因此，最优功率分配比例可以表示为[31]

$$
\alpha^*=\frac{1}{1+\sqrt{n_{\mathrm{e}}}} \tag{3.78}
$$

这表明，随着 n_{e} 增加，为了给信息信号提供更多的保护需要将更多的功率分配给人工噪声。

值得指出的是，信号和人工噪声功率分配问题的研究也可以扩展到具有非理想信道状态信息的场景。特别地，针对由于量化反馈而造成源节点处得到的信道状态信息非理想场景，文献[35]指出应该更谨慎地向人工噪声分配功率，这是因为人工噪声泄漏到主信道中可能导致目的节点处接收性能的显著下降。读者可以参阅文献[35]对相关问题作进一步了解。

例 3.1 图 3.4 给出了系统的可达遍历安全速率，其中 $n_s = 6$ 、$n_d = 1$ 、$n_e = 1,5,9$ 且 $\mathrm{SNR} = 10\ \mathrm{dB}$ 。实线表示在式（3.78）给出的渐近最优功率分配策略下，n_s 较大时的近似可达遍历安全速率（即式（3.74）给出的安全速率）。短划线表示在式（3.78）给出的渐近最优功率分配策略下，将式（3.67）和式（3.69）代入式（3.66）后得到的精确可达遍历安全速率。虚线表示基于精确安全速率表达式，在 $\alpha \in [0,1]$ 范围内进行线性搜索获得最优功率分配后得到的可达遍历安全速率。

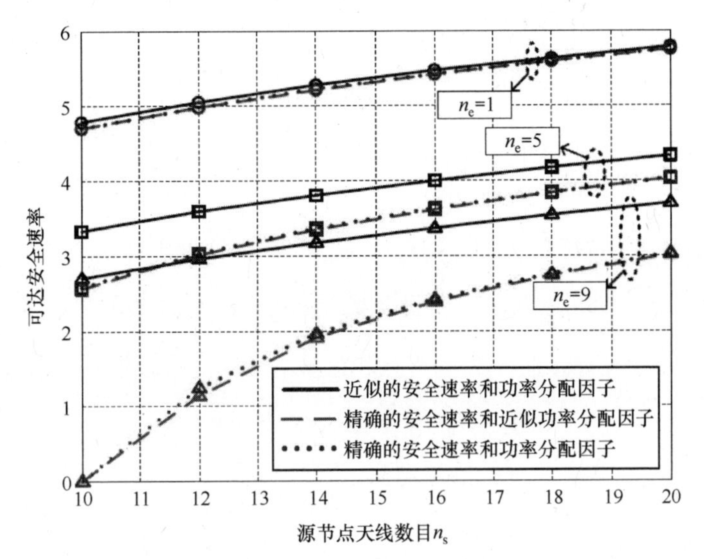

图 3.4 MISOME 信道下可达遍历安全速率比较（n_s=6，n_d=1，n_e=1,5,9 和 $\mathrm{SNR} = 10\mathrm{dB}$）

从图中可以发现，当 n_s 变大时，精确安全速率表达确实收敛到其渐近表达式。虽然渐近安全速率表达式在 n_s 较小情况时近似情况不好，但是与线性搜索情况相比，渐近功率分配能够实现更好的性能。

3.3.3 人工噪声辅助的安全预编码

采用人工噪声辅助信息传输也可以扩展到多天线目的节点场景，即 $n_d > 1$ 。在这种情况下，通过多个空间维度上编码可以实现更高的可达安全速率，而此时应当使人工噪声指向信息信号的零空间维度。

具体来说，考虑一个多天线窃听信道模型，其中源节点、目的节点和窃听节点的天线数目分别为 n_s、n_d 和 n_e，为了简化分析，假设 $n_d \leqslant n_s \leqslant n_e$ 。因此，源节点发送信号可以类似地写成

$$\boldsymbol{x} = \boldsymbol{s} + \boldsymbol{a} \tag{3.79}$$

信息信号 $\boldsymbol{s}$ 可以写为

$$\boldsymbol{s}=\boldsymbol{F}\boldsymbol{u} \tag{3.80}$$

式中：$\boldsymbol{F}\in\mathbb{C}^{n_s\times k_s}$ 为预编码矩阵；$\boldsymbol{u}\in\mathbb{C}^{k_s\times 1}$ 为均值为 $E\left[\boldsymbol{u}\boldsymbol{u}^{\mathrm{H}}\right]=\boldsymbol{I}_{k_s}$ 的编码符号向量。类似地，为了防止人工噪声在目的节点处产生干扰，人工噪声被指向目的节点信道的零空间，可以表示为

$$\boldsymbol{a}=\boldsymbol{N}_{\boldsymbol{H}_{\mathrm{d}}}\tilde{\boldsymbol{a}} \tag{3.81}$$

其中矩阵 $\boldsymbol{N}_{\boldsymbol{H}_{\mathrm{d}}}$ 的列构成矩阵 $\boldsymbol{H}_{\mathrm{d}}$ 零空间的正交基（即 $\boldsymbol{H}_{\mathrm{d}}\boldsymbol{N}_{\boldsymbol{H}_{\mathrm{d}}}=\boldsymbol{0}$ 且 $\boldsymbol{N}_{\boldsymbol{H}_{\mathrm{d}}}^{\mathrm{H}}\boldsymbol{N}_{\boldsymbol{H}_{\mathrm{d}}}=\boldsymbol{I}_{n_s-n_d}$），$\boldsymbol{a}\sim CN\left(0,\sigma_a^2\boldsymbol{I}_{n_s-n_d}\right)$ 是元素独立同分布的高斯向量。人工噪声向量也可以等效地写为一个元素独立同分布的高斯向量到 $\boldsymbol{H}_{\mathrm{d}}$ 零空间上的投影，即

$$\boldsymbol{a}=\boldsymbol{\Pi}_{\boldsymbol{H}_{\mathrm{d}}^{\mathrm{H}}}^{\perp}\breve{\boldsymbol{a}} \tag{3.82}$$

式中：$\boldsymbol{\Pi}_{\boldsymbol{H}_{\mathrm{d}}}^{\perp}\triangleq\boldsymbol{I}_{n_s}-\boldsymbol{H}_{\mathrm{d}}^{\mathrm{H}}\left(\boldsymbol{H}_{\mathrm{d}}\boldsymbol{H}_{\mathrm{d}}^{\mathrm{H}}\right)^{-1}\boldsymbol{H}_{\mathrm{d}}$ 为 $\boldsymbol{H}_{\mathrm{d}}^{\mathrm{H}}$ 的正交补投影；$\breve{\boldsymbol{a}}\sim CN\left(\boldsymbol{0},\sigma_a^2\boldsymbol{I}_{n_s}\right)$ 为 $n_s\times 1$ 高斯向量。因此，人工噪声的协方差矩阵可以表示为 $\boldsymbol{K}_a=\sigma_a^2\boldsymbol{N}_{\boldsymbol{h}_{\mathrm{d}}}\boldsymbol{N}_{\boldsymbol{h}_{\mathrm{d}}}^{\mathrm{H}}$ 或等效为 $\boldsymbol{K}_a=\sigma_a^2\boldsymbol{\Pi}_{\boldsymbol{N}_{\boldsymbol{h}_{\mathrm{d}}}}^{\perp}\left(\boldsymbol{\Pi}_{\boldsymbol{N}_{\boldsymbol{h}_{\mathrm{d}}}}^{\perp}\right)^{\mathrm{H}}$。目的节点和窃听节点处的接收信号可以写为

$$\boldsymbol{y}=\boldsymbol{H}_{\mathrm{d}}(\boldsymbol{F}\boldsymbol{u}+\boldsymbol{a})+\boldsymbol{w}=\boldsymbol{H}_{\mathrm{d}}\boldsymbol{F}\boldsymbol{u}+\boldsymbol{w} \tag{3.83}$$

$$\boldsymbol{z}=\boldsymbol{H}_{\mathrm{e}}(\boldsymbol{F}\boldsymbol{u}+\boldsymbol{a})+\boldsymbol{v}=\boldsymbol{H}_{\mathrm{e}}\boldsymbol{F}\boldsymbol{u}+\boldsymbol{v}' \tag{3.84}$$

式中：$\boldsymbol{v}'\triangleq\boldsymbol{H}_{\mathrm{e}}\boldsymbol{a}+\boldsymbol{v}$ 为等效噪声，服从均值为零、协方差矩阵为 $\boldsymbol{K}_{v'}=E\left[\boldsymbol{v}'\left(\boldsymbol{v}'\right)^{\mathrm{H}}\right]=\boldsymbol{H}_{\mathrm{e}}\boldsymbol{K}_{\mathrm{a}}\boldsymbol{H}_{\mathrm{e}}^{\mathrm{H}}+\boldsymbol{I}_{n_e}$ 的高斯分布。与式（3.58）推导类似，可达安全速率可以表示为

$$R_s=\log\frac{\det\left(\boldsymbol{I}_{n_d}+\boldsymbol{H}_{\mathrm{d}}\boldsymbol{F}\boldsymbol{F}^{\mathrm{H}}\boldsymbol{H}_{\mathrm{d}}^{\mathrm{H}}\right)}{\det\left(\boldsymbol{I}_{n_e}+\boldsymbol{H}_{\mathrm{e}}\boldsymbol{F}\boldsymbol{F}^{\mathrm{H}}\boldsymbol{H}_{\mathrm{e}}^{\mathrm{H}}\boldsymbol{K}_{v'}^{-1}\right)} \tag{3.85}$$

接着，对 $\boldsymbol{H}_{\mathrm{d}}$ 进行奇异值分解（Singular Value Decomposition，SVD），即

$$\boldsymbol{H}_{\mathrm{d}}=\boldsymbol{U}_{\mathrm{d}}\boldsymbol{\Delta}_{\mathrm{d}}\boldsymbol{V}_{\mathrm{d}}^{\mathrm{H}} \tag{3.86}$$

式中：$\boldsymbol{U}_{\mathrm{d}}\in\mathbb{C}^{n_d\times n_d}$ 是酉矩阵；$\boldsymbol{\Delta}_{\mathrm{d}}\in\mathbb{C}^{n_d\times n_d}$ 是具有正对角线元素的对角矩阵；$\boldsymbol{V}_{\mathrm{d}}\in\mathbb{C}^{n_s\times n_d}$ 是列正交的矩阵。令 $\boldsymbol{v}_1,\boldsymbol{v}_2,\cdots,\boldsymbol{v}_{n_d}$ 表示 $\boldsymbol{V}_{\mathrm{d}}$ 的列，即 $\boldsymbol{V}_{\mathrm{d}}=\left[\boldsymbol{v}_1\ \boldsymbol{v}_2\cdots\ \boldsymbol{v}_{n_d}\right]$，令矩阵 $\boldsymbol{N}_{\boldsymbol{V}_{\mathrm{d}}}=\left[\boldsymbol{v}_{n_d+1}\cdots\ \boldsymbol{v}_{n_s}\right]$ 的列构成 $\boldsymbol{V}_{\mathrm{d}}$ 零空间的正交基。根据文献[3]，考虑 $k_s=n_d$ 的情况，令

$$\boldsymbol{F}=\sqrt{P_s}\boldsymbol{V}_{\mathrm{d}} \tag{3.87}$$

且 $\boldsymbol{N}_{\boldsymbol{H}_{\mathrm{d}}}=\boldsymbol{N}_{\boldsymbol{V}_{\mathrm{d}}}$。然后，设置 $P_{\mathrm{s}}=\sigma_a^2=\bar{P}/n_{\mathrm{s}}$，采用与式（3.60）和式（3.61）类似的推导过程，式（3.85）中的可达安全速率可以计算如下

$$\begin{aligned}
R_{\mathrm{s}} &= \log\det\left(\boldsymbol{I}_{n_{\mathrm{d}}}+\frac{\bar{P}}{n_{\mathrm{s}}}\boldsymbol{\Lambda}_{\mathrm{d}}^2\right)+\log\det\left[\boldsymbol{V}_{\mathrm{d}}^{\mathrm{H}}\left(\boldsymbol{I}_{n_{\mathrm{s}}}+\frac{\bar{P}}{n_{\mathrm{s}}}\boldsymbol{H}_{\mathrm{e}}^{\mathrm{H}}\boldsymbol{H}_{\mathrm{e}}\right)^{-1}\boldsymbol{V}_{\mathrm{d}}\right] \\
&= \log\det\left\{\left(\boldsymbol{\Lambda}_{\mathrm{d}}^{-2}+\frac{\bar{P}}{n_{\mathrm{s}}}\boldsymbol{I}_{n_{\mathrm{d}}}\right)\left[\boldsymbol{U}_{\mathrm{d}}\boldsymbol{\Lambda}_{\mathrm{d}}\boldsymbol{V}_{\mathrm{d}}^{\mathrm{H}}\left(\boldsymbol{I}_{n_{\mathrm{s}}}+\frac{\bar{P}}{n_{\mathrm{s}}}\boldsymbol{H}_{\mathrm{e}}^{\mathrm{H}}\boldsymbol{H}_{\mathrm{e}}\right)^{-1}\boldsymbol{V}_{\mathrm{d}}\boldsymbol{\Lambda}_{\mathrm{d}}\boldsymbol{U}_{\mathrm{d}}^{\mathrm{H}}\right]\right\} \\
&= \log\det\left\{\left(\boldsymbol{\Lambda}_{\mathrm{d}}^{-2}+\frac{\bar{P}}{n_{\mathrm{s}}}\boldsymbol{I}_{n_{\mathrm{d}}}\right)\left[\boldsymbol{H}_{\mathrm{d}}\left(\boldsymbol{I}_{n_{\mathrm{s}}}+\frac{\bar{P}}{n_{\mathrm{s}}}\boldsymbol{H}_{\mathrm{e}}^{\mathrm{H}}\boldsymbol{H}_{\mathrm{e}}\right)^{-1}\boldsymbol{H}_{\mathrm{d}}^{\mathrm{H}}\right]\right\}
\end{aligned} \tag{3.88}$$

对 $\boldsymbol{H}_{\mathrm{d}}$ 和 $\boldsymbol{H}_{\mathrm{e}}$ 进行广义奇异值分解[7,8]，即

$$\boldsymbol{H}_{\mathrm{d}}=\boldsymbol{\Psi}_{\mathrm{d}}\sum\nolimits_{\mathrm{d}}\left[\boldsymbol{\Omega}^{-1}\boldsymbol{0}_{k\times(n_{\mathrm{s}}-k)}\right]\boldsymbol{\Psi}_{\mathrm{s}}^{\mathrm{H}} \tag{3.89}$$

$$\boldsymbol{H}_{\mathrm{e}}=\boldsymbol{\Psi}_{\mathrm{e}}\sum\nolimits_{\mathrm{e}}\left[\boldsymbol{\Omega}^{-1}\boldsymbol{0}_{k\times(n_{\mathrm{s}}-k)}\right]\boldsymbol{\Psi}_{\mathrm{s}}^{\mathrm{H}} \tag{3.90}$$

式中：$\boldsymbol{\Psi}_{\mathrm{d}}\in\mathbb{C}^{n_{\mathrm{d}}\times n_{\mathrm{d}}}$，$\boldsymbol{\Psi}_{\mathrm{e}}\in\mathbb{C}^{n_{\mathrm{e}}\times n_{\mathrm{e}}}$ 和 $\boldsymbol{\Psi}_{\mathrm{s}}\in\mathbb{C}^{n_{\mathrm{s}}\times n_{\mathrm{s}}}$ 是酉矩阵；$\boldsymbol{\Omega}\in\mathbb{C}^{k\times k}$ 是下三角形非奇异矩阵。此外，对于 $k=\mathrm{rank}\left(\left[\boldsymbol{H}_{\mathrm{d}}^{\mathrm{H}}\ \boldsymbol{H}_{\mathrm{e}}^{\mathrm{H}}\right]\right)$，$r=\dim\left(\mathrm{Null}(\boldsymbol{H}_{\mathrm{d}})^{\perp}\cap\mathrm{Null}(\boldsymbol{H}_{\mathrm{e}})\right)$ 和 $s=\dim\left(\mathrm{Null}(\boldsymbol{H}_{\mathrm{d}})^{\perp}\cap\mathrm{Null}(\boldsymbol{H}_{\mathrm{e}})^{\perp}\right)$

$$\sum\nolimits_{\mathrm{d}}=\begin{bmatrix}\boldsymbol{0} & \boldsymbol{0} & \boldsymbol{0}\\ \boldsymbol{0} & \boldsymbol{D}_{\mathrm{d}} & \boldsymbol{0}\\ \boldsymbol{0} & \boldsymbol{0} & \boldsymbol{I}_{\mathrm{r}}\end{bmatrix} \tag{3.91}$$

和

$$\sum\nolimits_{\mathrm{e}}=\begin{bmatrix}\boldsymbol{I}_{\text{k-r-s}} & \boldsymbol{0} & \boldsymbol{0}\\ \boldsymbol{0} & \boldsymbol{D}_{\mathrm{e}} & \boldsymbol{0}\\ \boldsymbol{0} & \boldsymbol{0} & \boldsymbol{0}\end{bmatrix} \tag{3.92}$$

分别为 $n_{\mathrm{d}}\times k$ 和 $n_{\mathrm{e}}\times k$ 阶矩阵，其中 $\boldsymbol{D}_{\mathrm{d}}=\mathrm{diag}\left(\sigma_{\mathrm{d},1}\ \sigma_{\mathrm{d},2}\ \cdots\ \sigma_{\mathrm{d,s}}\right)$ 和 $\boldsymbol{D}_{\mathrm{e}}=\mathrm{diag}\left(\sigma_{\mathrm{e},1}\ \sigma_{\mathrm{e},2}\ \cdots\ \sigma_{\mathrm{e,s}}\right)$ 是对角矩阵，其对角元素为正实数。广义奇异值为

$$\sigma_i=\frac{\sigma_{\mathrm{d},i}}{\sigma_{\mathrm{e},i}} \tag{3.93}$$

式中 $i=1,2,\cdots,n_{\mathrm{d}}$ 且 $\sigma_1\leqslant\sigma_2\leqslant\cdots\leqslant\sigma_{\mathrm{s}}$。在高信噪比区域，可达安全速率简化为[3]

$$\lim_{\bar{P}\to\infty} R_{\mathrm{s}}\left(\bar{P}\right)=\log\det\left[\boldsymbol{H}_{\mathrm{d}}\left(\boldsymbol{H}_{\mathrm{e}}^{\mathrm{H}}\boldsymbol{H}_{\mathrm{e}}\right)^{-1}\boldsymbol{H}_{\mathrm{d}}^{\mathrm{H}}\right]=\sum_{i=1}^{n_{\mathrm{d}}}\log\sigma_i^2 \tag{3.94}$$

示例 3.2 图 3.5 中分别给出了三种方案的可达安全速率。它们是：①理想信道状态信息情况下无人工噪声辅助的安全波束赋形（或预编码）；②非理想信道状态信息情况下无人工噪声辅助的安全波束赋形（或预编码）；③非理想信道状态信息情况下人工噪声辅助的安全波束赋形（或预编码）。分别考虑多输入单

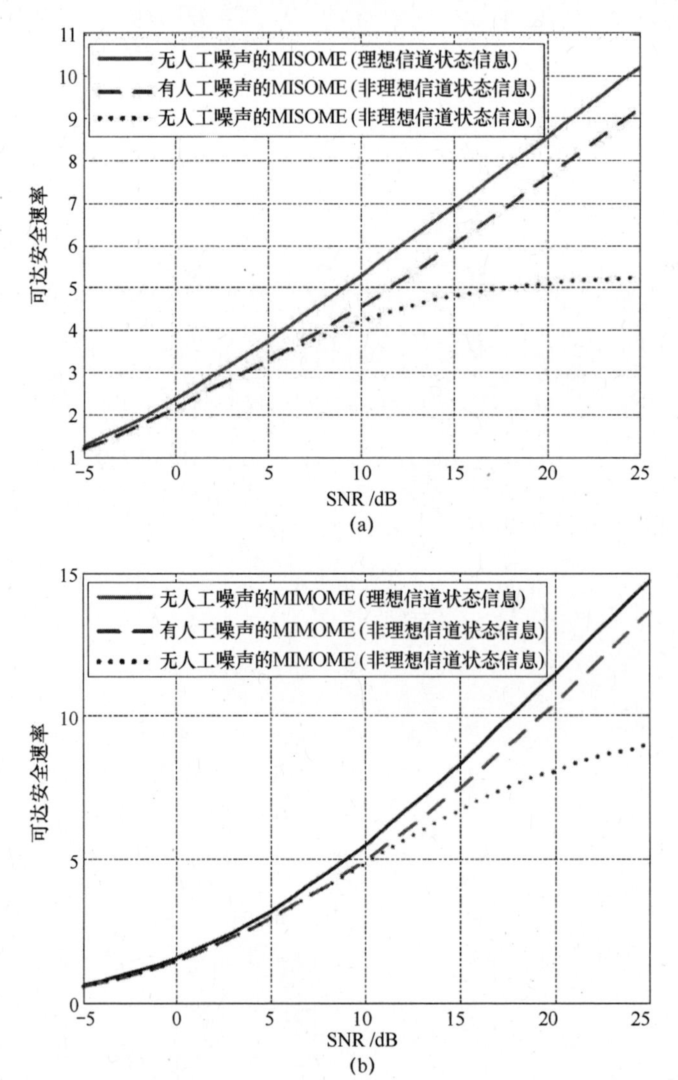

图 3.5　不同信道状态信息条件下有无人工噪声时的可达安全速率比较

（a）MISOME（ $n_{\mathrm{s}}=6$ ， $n_{\mathrm{d}}=1$ ， $n_{\mathrm{e}}=2$ ）；（b）MIMOME（ $n_{\mathrm{s}}=6$ ， $n_{\mathrm{d}}=2$ ， $n_{\mathrm{e}}=2$ ）。

输出多天线窃听（Multiple-Input Single-Output Multiantenna Eavesdropper，MISOME）（$n_{\mathrm{s}}=6,n_{\mathrm{d}}=1,n_{\mathrm{e}}=2$）和多输入多输出多天线窃听（Multiple-Input Multiple-Output Multiantenna Eavesdropper，MIMOME）（$n_{\mathrm{s}}=6,n_{\mathrm{d}}=2,n_{\mathrm{e}}=2$）两种不同场景，MISOME 场景中采用总功率约束 P，而 MIMOME 场景中采用功率协方差约束 $\boldsymbol{S}=\frac{P}{n_{\mathrm{s}}}\boldsymbol{I}_{n_{\mathrm{s}}}$。需要注意的是，功率协方差约束是总功率约束 P 的一种特例。非理想信道状态信息情况中，假设仅已知过时信道状态信息，其建模为

$$\boldsymbol{H}'_{\mathrm{d}}=\left(1-\alpha\right)\boldsymbol{H}_{\mathrm{d}}+\alpha\Delta\boldsymbol{H}_{\mathrm{d}}$$

$$\boldsymbol{H}'_{\mathrm{e}}=\left(1-\alpha\right)\boldsymbol{H}_{\mathrm{e}}+\alpha\Delta\boldsymbol{H}_{\mathrm{e}}$$

式中 α 设置为 0.2，且假设 $\boldsymbol{H}_{\mathrm{d}}$、$\Delta\boldsymbol{H}_{\mathrm{d}}$、$\boldsymbol{H}_{\mathrm{e}}$ 和 $\Delta\boldsymbol{H}_{\mathrm{e}}$ 中的元素都服从独立同分布的 $CN\left(0,1\right)$。假设信道经历平坦衰落且在每个传输时隙内信道保持不变。所有的人工噪声均在空间上均匀分布。从图中可以发现在 MISOME 和 MIMOME 两种场景中，非理想信道状态信息情况下人工噪声是实现高可达安全速率必要的条件，但在理想信道状态信息情况下单纯的波束赋形或预编码方案就足够好了，并不需要使用人工噪声。

3.4 多目的多窃听系统中人工噪声辅助的安全波束赋形

采用人工噪声保护或隐藏有用信息信号传输的技术也可以扩展到具有多个目的节点和窃听节点的系统当中。以广播场景为例，此时多个数据流被同时传输给不同的目的节点[15]。与 3.2.2 节类似，假设系统由一个具有 n_{s} 根天线的源节点，J 个单天线的目的节点和 K 个单天线的窃听节点组成。假设 $n_{\mathrm{s}}>J$，令 μ_j 表示发送到第 j 个目的节点的编码符号，其中 $E\left[\left|\mu_j\right|^2\right]=1$，$\boldsymbol{f}_j$ 表示相应的波束赋形向量。那么，源节点的发送信号可以表示为

$$\boldsymbol{x}=\sum_{j=1}^{J}\boldsymbol{f}_j\boldsymbol{u}_j+\boldsymbol{a} \tag{3.95}$$

式中 $\boldsymbol{a}\in\mathbb{C}^{n_{\mathrm{s}}\times 1}$ 为均值为零、协方差矩阵为 $\boldsymbol{K}_a$ 的人工噪声向量。目的节点 j 和窃听节点 k 处的接收信号可以表示为

$$y_j=\boldsymbol{h}_{\mathrm{d},j}\boldsymbol{f}_j\boldsymbol{u}_j+\boldsymbol{h}_{\mathrm{d},j}\sum_{l\neq j}\boldsymbol{f}_l\boldsymbol{u}_l+\boldsymbol{h}_{\mathrm{d},j}\boldsymbol{a}+w_j \tag{3.96}$$

和

$$z_k=\boldsymbol{h}_{\mathrm{e},k}\boldsymbol{f}_j\boldsymbol{u}_j+\boldsymbol{h}_{\mathrm{e},k}\sum_{l\neq j}\boldsymbol{f}_l\boldsymbol{u}_l+\boldsymbol{h}_{\mathrm{e},k}\boldsymbol{a}+v_j \tag{3.97}$$

式中 $\boldsymbol{h}_{\mathrm{d},j} \in \mathbb{C}^{1\times n_\mathrm{s}}$ 和 $\boldsymbol{h}_{\mathrm{e},k} \in \mathbb{C}^{1\times n_\mathrm{s}}$ 分别为源节点到目的节点 j 和窃听节点 k 的信道向量，且 ω_j 和 $\upsilon_k \sim CN(0,1)$ 都是加性高斯白噪声。与式（3.44）类似，目的节点 j 处的可达安全速率可以表示为

$$R_{\mathrm{s},j} = \log \frac{1+\dfrac{\boldsymbol{h}_{\mathrm{d},j}\boldsymbol{K}_j\boldsymbol{h}_{\mathrm{d},j}^{\mathrm{H}}}{1+\boldsymbol{h}_{\mathrm{d},j}\boldsymbol{K}_a\boldsymbol{h}_{\mathrm{d},j}^{\mathrm{H}}+\sum\limits_{l\neq j}\boldsymbol{h}_{\mathrm{d},j}\boldsymbol{K}_l\boldsymbol{h}_{\mathrm{d},j}^{\mathrm{H}}}}{1+\max\limits_k \dfrac{\boldsymbol{h}_{\mathrm{e},k}\boldsymbol{K}_j\boldsymbol{h}_{\mathrm{e},k}^{\mathrm{H}}}{1+\boldsymbol{h}_{\mathrm{e},k}\boldsymbol{K}_a\boldsymbol{h}_{\mathrm{e},k}^{\mathrm{H}}+\sum\limits_{l\neq j}\boldsymbol{h}_{\mathrm{e},k}\boldsymbol{K}_l\boldsymbol{h}_{\mathrm{e},k}^{\mathrm{H}}}} \tag{3.98}$$

式中 $\boldsymbol{K}_j=\boldsymbol{f}_j\boldsymbol{f}_j^{\mathrm{H}}$ 是秩为 1 的协方差矩阵，对应于源节点发送到目的节点 j 的信号，即 $\boldsymbol{f}_j\mu_j$。

一般来说，利用文献[15]和 3.2.2 节中的方法可以找到最佳波束赋形向量 $\{\boldsymbol{f}_j\}_{j=1}^{J}$ 和人工噪声协方差矩阵 $\boldsymbol{K}_a$。这里先以迫零方法作为一种简单示例，其中用户间干扰和人工噪声在每个目的节点处都被完全消除。特别地，令 $\boldsymbol{H}\triangleq\left[\boldsymbol{h}_{\mathrm{d},1}^{\mathrm{H}}\ \boldsymbol{h}_{\mathrm{d},2}^{\mathrm{H}}\ \cdots\ \boldsymbol{h}_{\mathrm{d},J}^{\mathrm{H}}\right]\in\mathbb{C}^{J\times n_\mathrm{s}}$ 表示到 J 个目的节点的信道向量的集合，且假设 $\boldsymbol{H}$ 是满秩的。采用迫零方法，可以选择 $\boldsymbol{f}_j$ 使得对于所有的 $i\neq j$，$\boldsymbol{h}_{\mathrm{d},i}\boldsymbol{f}_j=0$。人工噪声向量 $\boldsymbol{a}=\boldsymbol{N}_{\mathrm{H}}\tilde{\boldsymbol{a}}$，其中 $\tilde{\boldsymbol{a}}\sim CN\left(\boldsymbol{0},\sigma_a^2\boldsymbol{I}_{n_\mathrm{s}-J}\right)$，矩阵 $\boldsymbol{N}_{\mathrm{H}}\in\mathbb{C}^{n_\mathrm{s}\times(n_\mathrm{s}-J)}$ 的列构成矩阵 $\boldsymbol{H}$ 零空间的正交基。假设在源节点处发送到每个目的节点的信号都是等功率的，即对于所有 j，$\|\boldsymbol{f}_j\|^2=P_\mathrm{s}$。令 $P_\mathrm{s}=\alpha\overline{P}/J$ 和 $\sigma_a^2=(1-\alpha)\overline{P}/(n_\mathrm{s}-J)$，则总发送功率为 $JP_\mathrm{s}+(n_\mathrm{s}-J)\sigma_a^2=\overline{P}$，式（3.98）中可达安全速率可以简化为

$$\begin{aligned} R_{\mathrm{s},j} &= \log \frac{1+\boldsymbol{h}_{\mathrm{d},j}\boldsymbol{K}_a\boldsymbol{h}_{\mathrm{d},j}^{\mathrm{H}}}{1+\max\limits_k \dfrac{\boldsymbol{h}_{\mathrm{e},k}\boldsymbol{K}_j\boldsymbol{h}_{\mathrm{e},k}^{\mathrm{H}}}{1+\boldsymbol{h}_{\mathrm{e},k}\boldsymbol{K}_a\boldsymbol{h}_{\mathrm{e},k}^{\mathrm{H}}+\sum\limits_{l\neq j}\boldsymbol{h}_{\mathrm{e},k}\boldsymbol{K}_l\boldsymbol{h}_{\mathrm{e},k}^{\mathrm{H}}}} \\ &\geqslant \log\left(1+\frac{\alpha\overline{P}}{J}\boldsymbol{h}_{\mathrm{d},j}\tilde{\boldsymbol{f}}_j\tilde{\boldsymbol{f}}_j^{\mathrm{H}}\boldsymbol{h}_{\mathrm{d},j}^{\mathrm{H}}\right)-\log\left(\max_k\frac{\alpha(n_\mathrm{s}-J)\boldsymbol{h}_{\mathrm{e},k}\tilde{\boldsymbol{f}}_j\tilde{\boldsymbol{f}}_j^{\mathrm{H}}\boldsymbol{h}_{\mathrm{e},k}^{\mathrm{H}}}{(1-\alpha)J\boldsymbol{h}_{\mathrm{e},k}\boldsymbol{N}_{\mathrm{H}}\boldsymbol{N}_{\mathrm{H}}^{\mathrm{H}}\boldsymbol{h}_{\mathrm{e},k}^{\mathrm{H}}}\right) \end{aligned}$$

式中 $\tilde{\boldsymbol{f}}_j=\boldsymbol{f}_j/\|\boldsymbol{f}_j\|$ 为发送给目的节点 j 的信号对应的波束赋形方向。通过忽略接收噪声对信号的影响，可以得到可达安全速率的下界。第二项相对于 $\overline{P}$ 来说保持不变，这表明无论窃听节点的数目为多少，只要人工噪声辅助波束赋形方案的发送功率够高就能够实现正安全速率。在源节点处未知窃听节点的信道状态信息情况下，这一方案是可行的。

更一般地，如前所述，人工噪声不需要指向所有目的节点信道的零空间，而且波束赋形向量之间也不必须保持相互正交。特别地，与式（3.2.2）和文献[15]中类似，可以考虑在目的节点安全速率约束下最小化总发送功率，从而得到优选的人工噪声协方差矩阵 $\boldsymbol{K}_a$ 和波束赋形向量 $\boldsymbol{f}_j$， $j=1,2,\cdots,J$ 。假设源节点对目的节点和窃听节点的信道状态信息都已知，安全速率约束下功率最小化问题可以表示为[15]

$$\min_{\boldsymbol{K}_a,\boldsymbol{K}_j,\forall j}\sum_{j=1}^{J}\operatorname{tr}\left(\boldsymbol{K}_j\right)+\operatorname{tr}\left(\boldsymbol{K}_a\right)$$

$$\text{subject to}\frac{1+\dfrac{\boldsymbol{h}_{\mathrm{d},j}\boldsymbol{K}_a\boldsymbol{h}_{\mathrm{d},j}^{\mathrm{H}}}{1+\boldsymbol{h}_{\mathrm{d},j}\boldsymbol{K}_a\boldsymbol{h}_{\mathrm{d},j}^{\mathrm{H}}+\sum_{l\neq j}\boldsymbol{h}_{\mathrm{d},j}\boldsymbol{K}_1\boldsymbol{h}_{\mathrm{d},j}^{\mathrm{H}}}}{1+\max\limits_{k}\dfrac{\boldsymbol{h}_{\mathrm{e},k}\boldsymbol{K}_j\boldsymbol{h}_{\mathrm{e},k}^{\mathrm{H}}}{1+\boldsymbol{h}_{\mathrm{e},k}\boldsymbol{K}_a\boldsymbol{h}_{\mathrm{e},k}^{\mathrm{H}}+\sum_{l\neq j}\boldsymbol{h}_{\mathrm{e},k}\boldsymbol{K}_1\boldsymbol{h}_{\mathrm{e},k}^{\mathrm{H}}}}\geqslant 2^{R_{0,j}}$$

$$\boldsymbol{K}_a\geqslant\mathbf{0},\boldsymbol{K}_j\geqslant\mathbf{0},\operatorname{rank}\left(\boldsymbol{K}_j\right)=1,\forall j$$

通过引入辅助变量 $\alpha_1,\alpha_2,\cdots,\alpha_J$，上述问题可以等价为

$$\min_{\boldsymbol{K}_a,\boldsymbol{K}_j,\alpha j\forall j}\sum_{j=1}^{J}\operatorname{tr}\left(\boldsymbol{K}_j\right)+\operatorname{tr}\left(\boldsymbol{K}_a\right)$$

$$\text{subject to }\boldsymbol{h}_{\mathrm{d},j}\boldsymbol{K}_a\boldsymbol{h}_{\mathrm{d},j}^{\mathrm{H}}-\left(\alpha_j 2^{R_{0,j}}-1\right)\left(\sum_{l\neq j}\boldsymbol{h}_{\mathrm{d},j}\boldsymbol{K}_l\boldsymbol{h}_{\mathrm{d},j}^{\mathrm{H}}+\boldsymbol{h}_{\mathrm{d},j}\boldsymbol{K}_a\boldsymbol{h}_{\mathrm{d},j}^{\mathrm{H}}\right)\geqslant\alpha_j 2^{R_{0,j}}-1$$

$$\boldsymbol{h}_{\mathrm{e},k}\boldsymbol{K}_j\boldsymbol{h}_{\mathrm{e},k}^{\mathrm{H}}-\left(\alpha_j-1\right)\left(\sum_{l\neq j}\boldsymbol{h}_{\mathrm{e},k}\boldsymbol{K}_l\boldsymbol{h}_{\mathrm{e},k}^{\mathrm{H}}+\boldsymbol{h}_{\mathrm{d},j}\boldsymbol{K}_a\boldsymbol{h}_{\mathrm{d},j}^{\mathrm{H}}\right)\leqslant\alpha_j-1,\forall k$$

$$\boldsymbol{K}_a\geqslant\mathbf{0},\boldsymbol{K}_j\geqslant\mathbf{0},\operatorname{rank}\left(\boldsymbol{K}_j\right)=1,\alpha_j\geqslant 0,\forall j$$

与式（3.47a）类似，秩 1 约束使该问题仍然是非凸的。但是通过放松秩 1 约束，在固定 $\alpha_1,\alpha_2,\cdots,\alpha_J$ 情况下采用半定规划可以高效地解决该优化问题。然后，利用基于梯度的快速算法搜索得到最优变量 $\alpha_1,\alpha_2,\cdots,\alpha_J$ [15]。利用这种处理过程得到的解可能不满足秩 1 约束，因此仍需要采用随机化方法[17]从中提取满足秩为 1 的解。

3.5 小结与讨论

在本章中，首先介绍了在由单个源节点、目的节点和窃听节点组成的典型窃听信道中的安全波束赋形和预编码方案。波束赋形本质上是秩为 1 的数据传

输，即仅利用多天线发送一个数据流。而预编码基于多秩传输，即可以同时发送多个数据流。安全波束赋形方案中，通过设计最优安全波束赋形来实现安全速率的最大化。在源节点处已知目的节点和窃听节点信道的情况下，可以找到最优波赋形的精确解，其由广义特征向量解的形式给出。在采用安全预编码方案的场景中（目的节点配置多天线），在总功率约束下只能找到最优安全预编码的数值解，但是可以得到功率协方差约束下的精确解。最优预编码可以等效分解成多个独立的子信道，从而仅利用那些目的节点处比窃听节点处更好的子信道进行传输。

除了仅传输承载有用信息的信号外，也可以利用人工噪声辅助传输来降低窃听节点接收信号的质量。该方案也能够有效增加可达安全速率，尤其是在窃听节点处信道未完全已知或者系统中存在多个目的节点和窃听节点的场景。为了避免干扰目的节点，通常设计人工噪声指向到目的节点信道的零空间。但是，当源节点部分已知窃听节点的信道状态信息时，有时将人工噪声指向窃听节点方向是更为有利，因为这可以对窃听节点节点造成更强衰减，虽然这可能导致人工噪声泄漏到主信道中[36]。

值得注意的是，本章所介绍的安全波束赋形/预编码和人工噪声方案大多数都是基于安全速率最大化准则。实际上，推导安全速率需要系统采用随机编码且考虑理想安全，因而以安全速率为准则经常有一定的局限性。因此，已有文献中也考虑基于其他设计准则，例如基于安全中断或信干噪比。特别地，文献[37-39]讨论了基于安全中断准则进行安全波束赋形和人工噪声设计的问题，文献[36,40]研究了基于信干噪比准则进行设计的问题。读者可参考上述研究工作开展进一步的探讨。

参考文献

[1] Shafiee S, Liu N, Ulukus S (2009) Towards the secrecy capacity of the Gaussian MIMO wiretap channel: the 2-2-1 channel. IEEE Trans Inf Theory 55: 4033–4039

[2] Khisti A, Wornell G (2010) Secure transmission with multiple antennas I: the MISOME wiretap channel. IEEE Trans Inf Theory 56 (7) : 3088–3104

[3] Khisti A, Wornell G (2010) Secure transmission with multiple antennas. II. The MIMOME wiretap channel. IEEE Trans Inf Theory 56 (11): 5515–5532

[4] Oggier F, Hassibi B (2011) The secrecy capacity of the MIMO wiretap channel. IEEE Trans Inf Theory 57(8): 4961–4972

[5] Harville D A (2008) Matrix algebra from a statistician's perspective. Springer, Berlin 6.

[6] Golub G, Loan C F V (1996) Matrix computations, 3rd edn. The Johns Hopkins Univeristy Press, Baltimore

[7] Paige C C, Saunders M A (Jun. 1981) Towards a generalized singular value decomposition. SIAM J Numer Anal

18(3): 389–405

[8] Van Loan C F (Mar. 1976) Generalizing the singular value decomposition. SIAM J Numer Anal 13(1): 76–83

[9] Li J, Petropulu A P (2011) On beamforming solution for secrecy capacity of MIMO wiretap channels. In: Proceedings of IEEE Global Communications Conference (GLOBECOM) workshops, pp. 889–892

[10] Bustin R, Liu R, Poor H V, Shamai (Shitz) S (2009) An MMSE approach to the secrecy capacity of the MIMO Gaussian wiretap channel. EURASIP J Wireless Commun Netw

[11] Liang Y, Kramer G, Poor H V, Shamai (Shitz) S (2009) Compound wiretap channels. EURASIP J Wireless Commun Netw

[12] Li Q, Ma W-K (2011) Optimal and robust transmit designs for MISO channel secrecy by semidefinite programming. IEEE Trans Signal Processing 59(8): 3799–3812

[13] Li Q, Ma W-K (2011) Multicast secrecy rate maximization for MISO channels with multiple multi-antenna eavesdroppers. In: Proceedings of IEEE International Conference on Communications (ICC)

[14] Lei J, Han Z, Vázquez-Castro M A, Hjørungnes A (2011) Secure satellite communication systems design with individual secrecy rate constraints. IEEE Trans Inf Forensics Secur 6(3): 661–671

[15] Zheng G, Arapoglou P-D, Ottersten B (2012) Physical layer security in multibeam satellite systems. IEEE Trans Wireless Commun 11(2): 852–862

[16] Hamming RW (1962) Numerical Methods for Scientists and Engineers. McGraw-Hill, New York

[17] Luo Z-Q, MaW-K, So A M-C, Ye Y, Zhang S (May 2010) Semidefinite relaxation of quadratic optimization problems. IEEE Signal Processing Mag 27(3): 20–34

[18] Charnes A, Cooper W W (1962) Programming with linear fractional functionals. Naval Res Logistics Quart 9: 181–186

第 4 章　多天线无线中继系统中分布式安全波束赋形和预编码

摘要：本章介绍了多天线无线中继系统中安全波束赋形/预编码技术。利用多天线中继提供的空间自由度可以进一步增强物理层安全性能。但是，引入中继节点也带来了新的挑战，一方面额外的源-中继信息传递增加了被窃听的风险，另一方面中继节点本身是否可信、是否会窃听源节点信息也值得怀疑。此外，本章也讨论了多天线无线中继系统中采用的人工噪声技术。
关键词：中继；分布式天线系统；波束赋形；预编码；人工噪声；干扰；安全

如第 3 章中所述，安全波束赋形/预编码技术能够利用多天线系统的空间自由度来增大主信道与窃听信道之间的信道质量差异。有趣的是，即使每个终端都只配置单根天线，合法节点也可以利用中继（或者分布式多天线）系统来获得空间自由度。在传统的非安全领域，利用中继技术提高无线系统吞吐量和可靠性的研究已有很多[1]。在物理层安全研究中，中继节点不仅能够增强目的节点的信号接收，也能发送人工噪声或者干扰信号来弱化窃听节点的接收性能。然而，随着中继节点的介入，也应关注其带来的信息泄露风险：额外的源-中继传输以及中继本身是否可信。在无线中继系统的分布式安全波束赋形/预编码设计中，这些问题都必须加以解决。

一般而言，中继系统容量和相应优化的中继方式还未确知。本章考虑现有研究中广泛采用的两种中继方式，即译码转发（Decode and Forward，DF）和放大转发（Amplify and Forward，AF），并以它们的可达安全速率作为设计准则。也有其他文章研究其他中继方式下的物理层安全，如压缩转发（Compress and Forward，CF）[2]，但这里不做介绍。此外，基于现实考虑，假设所有终端均采用半双工工作方式，也就是说需要两个时隙完成一次中继传输。下面分别对可信和非可信中继系统中安全波束赋形/预编码展开介绍。

4.1　可信中继情况下分布式安全波束赋形/预编码

本节针对译码转发和放大转发两种中继方式，讨论可信中继情况下分布式安全波束赋形/预编码方案。

如图 4.1 所示，考虑一个典型的中继窃听信道模型，由一个源节点，一个目的节点，一个窃听节点，一个（或多个）中继节点组成。各类节点上天线数分别为 n_s、n_d、n_e 和 n_r。这里可能是分布式地存在 n_r 个单天线中继节点（如图中更小的实线模块所示），或是一个中继节点装有 n_r 根天线（如图中虚线灰色模块所示）。中继节点可以看成是源节点的分布式多天线，从而进行安全波束赋形/预编码。如果是一个中继节点配置 n_r 根天线的情况，则中继节点可以联合处理 n_r 路接收信号，并在总功率约束下进行发送方案设计。如果是分布式的 n_r 个单天线中继节点，则各中继节点只能独立处理各自的接收信号，并在单个节点功率约束下进行发送方案设计。在后续讨论中，将主要考虑单个中继装有 n_r 根天线的情况，同时也将在一些特定场景下讨论多个单天线中继的情况。

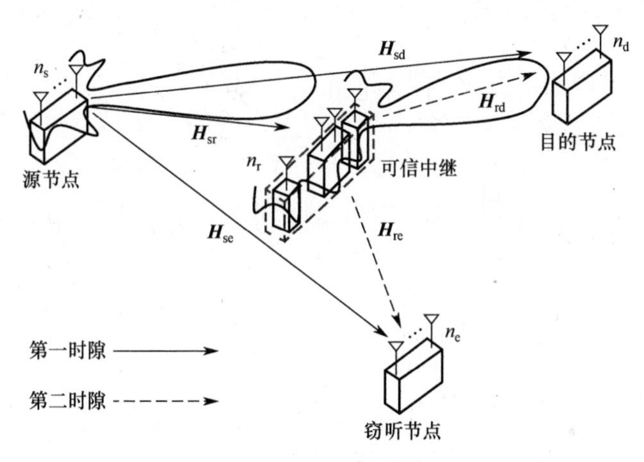

图 4.1　源和中继处安全波束赋形示意图

由于半双工约束，中继传输通常分为两个时隙。第一时隙（如图 4.1 中实线所示），源节点发送信号，中继节点、目的节点和窃听节点分别接收信号。假设源节点的发送信号记为 $\boldsymbol{x} \in \mathbb{C}^{n_s \times 1}$，则中继节点、目的节点和窃听节点的接收信号分别为

$$\begin{cases} \boldsymbol{y}_r^{(1)} = \boldsymbol{H}_{sr}\boldsymbol{x}_s + \boldsymbol{w}_r^{(1)} & \text{(4.1a)} \\ \boldsymbol{y}_d^{(1)} = \boldsymbol{H}_{sd}\boldsymbol{x}_s + \boldsymbol{w}_d^{(1)} & \text{(4.1b)} \\ \boldsymbol{y}_e^{(1)} = \boldsymbol{H}_{se}\boldsymbol{x}_s + \boldsymbol{w}_e^{(1)} & \text{(4.1c)} \end{cases}$$

式中 $\boldsymbol{H}_{sr} \in \mathbb{C}^{n_r \times n_s}$ 为源–中继信道；$\boldsymbol{H}_{sd} \in \mathbb{C}^{n_d \times n_s}$ 为源–目的信道；$\boldsymbol{H}_{se} \in \mathbb{C}^{n_e \times n_s}$ 为源–窃听信道，$\boldsymbol{w}_d^{(1)} \in \mathbb{C}^{n_d \times 1}$、$\boldsymbol{w}_r^{(1)} \in \mathbb{C}^{n_r \times 1}$ 和 $\boldsymbol{w}_e^{(1)} \in \mathbb{C}^{n_e \times 1}$ 分别为目的节点、中继节点和窃听节点处的加性高斯白噪声向量，其元素为独立同分布且均值为零、方

差为 1 的复高斯变量。

第二时隙（如图 4.1 中虚线所示），中继节点转发信号 $\boldsymbol{x}_\mathrm{r}$， $\boldsymbol{x}_\mathrm{r}$ 是中继节点接收信号 $\boldsymbol{y}_\mathrm{r}^{(1)}$ 的函数。因此，目的节点和窃听节点在第二时隙的接收信号可以分别表示为

$$\begin{cases} \boldsymbol{y}_\mathrm{d}^{(2)} = \boldsymbol{H}_\mathrm{rd}\boldsymbol{x}_\mathrm{r} + \boldsymbol{w}_\mathrm{d}^{(2)} & \text{(4.2a)} \\ \boldsymbol{y}_\mathrm{e}^{(2)} = \boldsymbol{H}_\mathrm{re}\boldsymbol{x}_\mathrm{r} + \boldsymbol{w}_\mathrm{e}^{(2)} & \text{(4.2b)} \end{cases}$$

式中：$\boldsymbol{H}_\mathrm{rd} \in \mathbb{C}^{n_\mathrm{d}\times n_\mathrm{r}}$ 为中继−目的信道；$\boldsymbol{H}_\mathrm{re} \in \mathbb{C}^{n_\mathrm{e}\times n_\mathrm{r}}$ 为中继−窃听信道；$\boldsymbol{w}_\mathrm{d}^{(2)}$ 和 $\boldsymbol{w}_\mathrm{e}^{(2)}$ 分别为目的节点和窃听节点处的加性高斯白噪声，其元素为独立同分布且均值为零、方差为 1 的复高斯变量。转发信号 $\boldsymbol{x}_\mathrm{r}$ 的具体形式将由中继方式决定，接下来将进行详细论述。

4.1.1 可信译码转发中继情况下分布式安全波束赋形/预编码

考虑译码转发中继方式，即中继节点首先译码得到源节点信息，再用相同码本进行编码后转发给目的节点。令源节点处的发送信号为 $\boldsymbol{x}_\mathrm{s}=\boldsymbol{F}_\mathrm{s}\boldsymbol{u}$， 其中 $\boldsymbol{F}_\mathrm{s} \in \mathbb{C}^{n_\mathrm{s}\times k}$ 为源节点处的预编码矩阵，$\boldsymbol{u}$ 为编码后符号向量，k 为信号维度。假设中继节点能成功译码第一时隙收到的源节点信息，并在第二时隙用相同码本进行编码后，将其转发给目的节点，则转发信号可表示为 $\boldsymbol{x}_\mathrm{r}=\boldsymbol{F}_\mathrm{r}\boldsymbol{u}$， 其中 $\boldsymbol{F}_\mathrm{r} \in \mathbb{C}^{n_\mathrm{r}\times k}$ 为中继节点处的预编码矩阵。这种情况下，目的节点处两个时隙的接收信号可表示为

$$\boldsymbol{y}_\mathrm{d} = \begin{bmatrix} \boldsymbol{y}_\mathrm{d}^{(1)} \\ \boldsymbol{y}_\mathrm{d}^{(2)} \end{bmatrix} = \begin{bmatrix} \boldsymbol{H}_\mathrm{sd}\boldsymbol{F}_\mathrm{s} \\ \boldsymbol{H}_\mathrm{rd}\boldsymbol{F}_\mathrm{r} \end{bmatrix}\boldsymbol{u} + \begin{bmatrix} \boldsymbol{w}_\mathrm{d}^{(1)} \\ \boldsymbol{w}_\mathrm{d}^{(2)} \end{bmatrix} = \boldsymbol{G}_\mathrm{d}\boldsymbol{u} + \boldsymbol{w}_\mathrm{d} \tag{4.3}$$

式中：$\boldsymbol{G}_\mathrm{d} \triangleq \left[\left(\boldsymbol{H}_\mathrm{sd}\boldsymbol{F}_\mathrm{s}\right)^\mathrm{T}\left(\boldsymbol{H}_\mathrm{rd}\boldsymbol{F}_\mathrm{r}\right)^\mathrm{T}\right]^\mathrm{T}$； $\boldsymbol{w}_\mathrm{d} \triangleq \left[\left(\boldsymbol{w}_\mathrm{d}^{(1)}\right)^\mathrm{T}\left(\boldsymbol{w}_\mathrm{d}^{(2)}\right)^\mathrm{T}\right]^\mathrm{T}$。窃听节点处两个时隙的接收信号可表示为

$$\boldsymbol{y}_\mathrm{e} = \begin{bmatrix} \boldsymbol{y}_\mathrm{e}^{(1)} \\ \boldsymbol{y}_\mathrm{e}^{(2)} \end{bmatrix} = \begin{bmatrix} \boldsymbol{H}_\mathrm{se}\boldsymbol{F}_\mathrm{s} \\ \boldsymbol{H}_\mathrm{re}\boldsymbol{F}_\mathrm{r} \end{bmatrix}\boldsymbol{u} + \begin{bmatrix} \boldsymbol{w}_\mathrm{e}^{(1)} \\ \boldsymbol{w}_\mathrm{e}^{(2)} \end{bmatrix} = \boldsymbol{G}_\mathrm{e}\boldsymbol{u} + \boldsymbol{w}_\mathrm{e} \tag{4.4}$$

式中：$\boldsymbol{G}_\mathrm{e} \triangleq \left[\left(\boldsymbol{H}_\mathrm{se}\boldsymbol{F}_\mathrm{s}\right)^\mathrm{T}\left(\boldsymbol{H}_\mathrm{re}\boldsymbol{F}_\mathrm{r}\right)^\mathrm{T}\right]^\mathrm{T}$； $\boldsymbol{w}_\mathrm{e} \triangleq \left[\left(\boldsymbol{w}_\mathrm{e}^{(1)}\right)^\mathrm{T}\left(\boldsymbol{w}_\mathrm{e}^{(2)}\right)^\mathrm{T}\right]^\mathrm{T}$。需要注意的是，为保证源节点和中继节点能够使用相同的码本，信号维度 k 必须同时小于 n_s 和 n_r，即 $k \leqslant \min(n_\mathrm{s}, n_\mathrm{r})$。源节点和中继节点处的发送功率分别表示为 $P_\mathrm{s} = \mathrm{tr}\left(\boldsymbol{F}_\mathrm{s}\boldsymbol{F}_\mathrm{s}^\mathrm{H}\right)$ 和 $P_\mathrm{r} = \mathrm{tr}\left(\boldsymbol{F}_\mathrm{r}\boldsymbol{F}_\mathrm{r}^\mathrm{H}\right)$。

给定 $\boldsymbol{F}_\mathrm{s}$ 和 $\boldsymbol{F}_\mathrm{r}$，且中继节点能成功译码源节点信息，则可达安全速率可以表示为

$$R_{\mathrm{DF}}^{(i)}\left(\boldsymbol{F}_{\mathrm{s}},\boldsymbol{F}_{\mathrm{r}}\right)=\frac{1}{2}\left[I\left(\boldsymbol{x}_{\mathrm{s}},\boldsymbol{x}_{\mathrm{r}};\boldsymbol{y}_{\mathrm{d}}\right)-I\left(\boldsymbol{x}_{\mathrm{s}},\boldsymbol{x}_{\mathrm{r}};\boldsymbol{y}_{\mathrm{e}}\right)\right]^{+} \tag{4.5}$$

其中

$$\begin{aligned}I\left(\boldsymbol{x}_{\mathrm{s}},\boldsymbol{x}_{\mathrm{r}};\boldsymbol{y}_{\mathrm{d}}\right)&=h\left(\boldsymbol{y}_{\mathrm{d}}\right)-h\left(\boldsymbol{y}_{\mathrm{d}}\middle|\boldsymbol{x}_{\mathrm{s}},\boldsymbol{x}_{\mathrm{r}}\right)\\&=\log_2\det\left(\boldsymbol{I}_{2n_{\mathrm{d}}}+\boldsymbol{G}_{\mathrm{d}}\boldsymbol{G}_{\mathrm{d}}^{\mathrm{H}}\right)\\&=\log_2\det\left(\boldsymbol{I}_k+\boldsymbol{G}_{\mathrm{d}}^{\mathrm{H}}\boldsymbol{G}_{\mathrm{d}}\right)\\&=\log_2\det\left(\boldsymbol{I}_k+\boldsymbol{F}_{\mathrm{s}}^{\mathrm{H}}\boldsymbol{H}_{\mathrm{sd}}^{\mathrm{H}}\boldsymbol{H}_{\mathrm{sd}}\boldsymbol{F}_{\mathrm{s}}+\boldsymbol{F}_{\mathrm{r}}^{\mathrm{H}}\boldsymbol{H}_{\mathrm{rd}}^{\mathrm{H}}\boldsymbol{H}_{\mathrm{rd}}\boldsymbol{F}_{\mathrm{r}}\right)\end{aligned} \tag{4.6}$$

且

$$\begin{aligned}I\left(\boldsymbol{x}_{\mathrm{s}},\boldsymbol{x}_{\mathrm{r}};\boldsymbol{y}_{\mathrm{e}}\right)&=h\left(\boldsymbol{y}_{\mathrm{e}}\right)-h\left(\boldsymbol{y}_{\mathrm{e}}\middle|\boldsymbol{x}_{\mathrm{s}},\boldsymbol{x}_{\mathrm{r}}\right)\\&=\log_2\det\left(\boldsymbol{I}_{2n_{\mathrm{e}}}+\boldsymbol{G}_{\mathrm{e}}\boldsymbol{G}_{\mathrm{e}}^{\mathrm{H}}\right)\\&=\log_2\det\left(\boldsymbol{I}_k+\boldsymbol{F}_{\mathrm{s}}^{\mathrm{H}}\boldsymbol{H}_{\mathrm{se}}^{\mathrm{H}}\boldsymbol{H}_{\mathrm{se}}\boldsymbol{F}_{\mathrm{s}}+\boldsymbol{F}_{\mathrm{r}}^{\mathrm{H}}\boldsymbol{H}_{\mathrm{re}}^{\mathrm{H}}\boldsymbol{H}_{\mathrm{re}}\boldsymbol{F}_{\mathrm{r}}\right)\end{aligned} \tag{4.7}$$

式（4.5）中系数1/2是由于需要两个时隙内传输相同码字。能够实现上述可达安全速率的条件是中继节点能够成功译码源节点信息。为保证中继节点能够成功译码，且保证源节点信息对窃听节点保密，源节点码字速率必须低于

$$R_{\mathrm{DF}}^{(ii)}\left(\boldsymbol{F}_{\mathrm{s}},\boldsymbol{F}_{\mathrm{r}}\right)=\frac{1}{2}\left[I\left(\boldsymbol{x}_{\mathrm{s}};\boldsymbol{y}_{\mathrm{r}}\right)-I\left(\boldsymbol{x}_{\mathrm{s}},\boldsymbol{x}_{\mathrm{r}};\boldsymbol{y}_{\mathrm{e}}\right)\right]^{+} \tag{4.8}$$

式中

$$\begin{aligned}I\left(\boldsymbol{x}_{\mathrm{s}};\boldsymbol{y}_{\mathrm{r}}\right)&=h\left(\boldsymbol{y}_{\mathrm{r}}\right)-h\left(\boldsymbol{y}_{\mathrm{r}}\middle|\boldsymbol{x}_{\mathrm{s}}\right)\\&=\log_2\det\left(\boldsymbol{I}_{n_{\mathrm{r}}}+\boldsymbol{H}_{\mathrm{sr}}\boldsymbol{F}_{\mathrm{s}}\boldsymbol{F}_{\mathrm{s}}^{\mathrm{H}}\boldsymbol{H}_{\mathrm{sr}}^{\mathrm{H}}\right)\\&=\log_2\det\left(\boldsymbol{I}_k+\boldsymbol{F}_{\mathrm{s}}^{\mathrm{H}}\boldsymbol{H}_{\mathrm{sr}}^{\mathrm{H}}\boldsymbol{H}_{\mathrm{sr}}\boldsymbol{F}_{\mathrm{s}}\right)\end{aligned} \tag{4.9}$$

$I\left(\boldsymbol{x}_{\mathrm{s}},\boldsymbol{x}_{\mathrm{r}};\boldsymbol{y}_{\mathrm{e}}\right)$已在式（4.7）中给出。综上所述，译码转发方式下可达安全速率最终可表示为

$$R_{\mathrm{DF}}\left(\boldsymbol{F}_{\mathrm{s}},\boldsymbol{F}_{\mathrm{r}}\right)=\min\left\{R_{\mathrm{DF}}^{(i)}\left(\boldsymbol{F}_{\mathrm{s}},\boldsymbol{F}_{\mathrm{r}}\right),R_{\mathrm{DF}}^{(ii)}\left(\boldsymbol{F}_{\mathrm{s}},\boldsymbol{F}_{\mathrm{r}}\right)\right\} \tag{4.10}$$

$$=\frac{1}{2}\left[\min\left\{I\left(\boldsymbol{x}_{\mathrm{s}},\boldsymbol{x}_{\mathrm{r}};\boldsymbol{y}_{\mathrm{d}}\right),I\left(\boldsymbol{x}_{\mathrm{s}};\boldsymbol{y}_{\mathrm{r}}\right)\right\}-I\left(\boldsymbol{x}_{\mathrm{s}},\boldsymbol{x}_{\mathrm{r}};\boldsymbol{y}_{\mathrm{e}}\right)\right]^{+} \tag{4.11}$$

$$\begin{aligned}=\frac{1}{2}\Bigg[\min\Bigg\{&\log_2\frac{\det\left(\boldsymbol{I}_k+\boldsymbol{F}_{\mathrm{s}}^{\mathrm{H}}\boldsymbol{H}_{\mathrm{sd}}^{\mathrm{H}}\boldsymbol{H}_{\mathrm{sd}}\boldsymbol{F}_{\mathrm{s}}+\boldsymbol{F}_{\mathrm{r}}^{\mathrm{H}}\boldsymbol{H}_{\mathrm{rd}}^{\mathrm{H}}\boldsymbol{H}_{\mathrm{rd}}\boldsymbol{F}_{\mathrm{r}}\right)}{\det\left(\boldsymbol{I}_k+\boldsymbol{F}_{\mathrm{s}}^{\mathrm{H}}\boldsymbol{H}_{\mathrm{se}}^{\mathrm{H}}\boldsymbol{H}_{\mathrm{se}}\boldsymbol{F}_{\mathrm{s}}+\boldsymbol{F}_{\mathrm{r}}^{\mathrm{H}}\boldsymbol{H}_{\mathrm{re}}^{\mathrm{H}}\boldsymbol{H}_{\mathrm{re}}\boldsymbol{F}_{\mathrm{r}}\right)},\\&\log_2\frac{\det\left(\boldsymbol{I}_k+\boldsymbol{F}_{\mathrm{s}}^{\mathrm{H}}\boldsymbol{H}_{\mathrm{sr}}^{\mathrm{H}}\boldsymbol{H}_{\mathrm{sr}}\boldsymbol{F}_{\mathrm{s}}\right)}{\det\left(\boldsymbol{I}_k+\boldsymbol{F}_{\mathrm{s}}^{\mathrm{H}}\boldsymbol{H}_{\mathrm{se}}^{\mathrm{H}}\boldsymbol{H}_{\mathrm{se}}\boldsymbol{F}_{\mathrm{s}}+\boldsymbol{F}_{\mathrm{r}}^{\mathrm{H}}\boldsymbol{H}_{\mathrm{re}}^{\mathrm{H}}\boldsymbol{H}_{\mathrm{re}}\boldsymbol{F}_{\mathrm{r}}\right)}\Bigg\}\Bigg]^{+}\end{aligned} \tag{4.12}$$

然后以最大化式（4.12）中可达安全速率为目标，可以求得源节点、中继节点各自的预编码矩阵。然而，由于以下原因，这一问题很难求解。首先，可达安全速率表达式是两个对数函数最小值的形式。最大化其中一项的预编码矩阵可能导致另一项更小，导致后者主要影响可达安全速率。其次，寻找同时最大化这两项的预编码矩阵是一个与 3.1.2 节中类似的优化问题，即使在无中继节点情况下，这一问题也很难求解且无闭式解。下面，将对文献[3,4]考虑的一些特殊情况进行讨论。

讨论 1：在译码转发方式下，中继节点转发信息时可以选择与源节点不同的码本。此时，源节点、中继节点发送的信号可分别表示为 $\boldsymbol{x}_{\mathrm{s}}=\boldsymbol{F}_{\mathrm{s}}\boldsymbol{u}_{\mathrm{s}}$ 和 $\boldsymbol{x}_{\mathrm{r}}=\boldsymbol{F}_{\mathrm{r}}\boldsymbol{u}_{\mathrm{r}}$，而 $\boldsymbol{u}_{\mathrm{s}}$ 和 $\boldsymbol{u}_{\mathrm{r}}$ 的维度分别为 k_{s} 和 k_{r}。假设源节点码本和中继节点码本相互独立，则可达安全速率可表示为

$$
\begin{aligned}
&R_{\mathrm{DF}}\left(\boldsymbol{F}_{\mathrm{s}},\boldsymbol{F}_{\mathrm{r}}\right)\\
&=\frac{1}{2}\left[\min\left\{\log_2\frac{\det\left[\left(\boldsymbol{I}_{n_{\mathrm{d}}}+\boldsymbol{H}_{\mathrm{sd}}\boldsymbol{F}_{\mathrm{s}}\boldsymbol{F}_{\mathrm{s}}^{\mathrm{H}}\boldsymbol{H}_{\mathrm{sd}}^{\mathrm{H}}\right)\left(\boldsymbol{I}_{n_{\mathrm{d}}}+\boldsymbol{H}_{\mathrm{rd}}\boldsymbol{F}_{\mathrm{r}}\boldsymbol{F}_{\mathrm{r}}^{\mathrm{H}}\boldsymbol{H}_{\mathrm{rd}}^{\mathrm{H}}\right)\right]}{\det\left[\left(\boldsymbol{I}_{n_{\mathrm{e}}}+\boldsymbol{H}_{\mathrm{se}}\boldsymbol{F}_{\mathrm{s}}\boldsymbol{F}_{\mathrm{s}}^{\mathrm{H}}\boldsymbol{H}_{\mathrm{se}}^{\mathrm{H}}\right)\left(\boldsymbol{I}_{n_{\mathrm{e}}}+\boldsymbol{H}_{\mathrm{re}}\boldsymbol{F}_{\mathrm{r}}\boldsymbol{F}_{\mathrm{r}}^{\mathrm{H}}\boldsymbol{H}_{\mathrm{re}}^{\mathrm{H}}\right)\right]},\right.\right.\\
&\qquad\left.\left.\log_2\frac{\det\left(\boldsymbol{I}_{n_{\mathrm{r}}}+\boldsymbol{H}_{\mathrm{sr}}\boldsymbol{F}_{\mathrm{s}}\boldsymbol{F}_{\mathrm{s}}^{\mathrm{H}}\boldsymbol{H}_{\mathrm{sr}}^{\mathrm{H}}\right)}{\det\left[\left(\boldsymbol{I}_{n_{\mathrm{e}}}+\boldsymbol{H}_{\mathrm{se}}\boldsymbol{F}_{\mathrm{s}}\boldsymbol{F}_{\mathrm{s}}^{\mathrm{H}}\boldsymbol{H}_{\mathrm{se}}^{\mathrm{H}}\right)\left(\boldsymbol{I}_{n_{\mathrm{e}}}+\boldsymbol{H}_{\mathrm{re}}\boldsymbol{F}_{\mathrm{r}}\boldsymbol{F}_{\mathrm{r}}^{\mathrm{H}}\boldsymbol{H}_{\mathrm{re}}^{\mathrm{H}}\right)\right]}\right\}\right]^{+}
\end{aligned}
\tag{4.13}
$$

然后，最大化式（4.13）中可达安全速率可得源节点和中继节点处的预编码矩阵。

特别地，考虑源节点、目的节点和窃听节点都只有单根天线，且中继节点装有多根天线的特例，即 $n_{\mathrm{s}}=n_{\mathrm{d}}=n_{\mathrm{e}}=1$，$n_{\mathrm{r}}>1$。此时，信道矩阵 $\boldsymbol{H}_{\mathrm{sr}}$、$\boldsymbol{H}_{\mathrm{rd}}$ 和 $\boldsymbol{H}_{\mathrm{re}}$ 分别替换为列向量 $\boldsymbol{h}_{\mathrm{sr}}\in\mathbb{C}^{n_{\mathrm{r}}\times 1}$ 和行向量 $\boldsymbol{h}_{\mathrm{rd}}\in\mathbb{C}^{1\times n_{\mathrm{r}}}$、$\boldsymbol{h}_{\mathrm{re}}\in\mathbb{C}^{1\times n_{\mathrm{e}}}$。类似地，信道矩阵 $\boldsymbol{H}_{\mathrm{sd}}$ 和 $\boldsymbol{H}_{\mathrm{se}}$ 分别替换为标量 h_{sd} 和 h_{se}。由于 $n_{\mathrm{s}}=1$，源节点信号维度 k 总是 1。因此，第一时隙源节点的发送信号可以表示为 $x_{\mathrm{s}}=\sqrt{P_{\mathrm{s}}}u$，其中 $u\in CN\left(0,1\right)$。在中继节点采用相同的码本，则中继节点第二时隙发送的信号可以写为 $\boldsymbol{x}_{\mathrm{r}}=\boldsymbol{f}_{\mathrm{r}}u$，其中 $\left\|\boldsymbol{f}_{\mathrm{r}}\right\|^2=P_{\mathrm{r}}$。值得指出的是，因为 $n_{\mathrm{s}}=k=1$，$\boldsymbol{F}_{\mathrm{s}}$ 简化为 $\sqrt{P_{\mathrm{s}}}$，$\boldsymbol{F}_{\mathrm{r}}$ 替换为列向量 $\boldsymbol{f}_{\mathrm{r}}$。根据式（4.12），给定 $\left(P_{\mathrm{s}},\boldsymbol{f}_{\mathrm{r}}\right)$ 条件下的可达安全速率可表示为

$$
R_{\mathrm{DF}}\left(P_{\mathrm{s}},\boldsymbol{f}_{\mathrm{r}}\right)=\frac{1}{2}\left[\min\left\{\log_2\frac{1+P_{\mathrm{s}}\left|h_{\mathrm{sd}}\right|^2+\boldsymbol{f}_{\mathrm{r}}^{\mathrm{H}}\boldsymbol{h}_{\mathrm{rd}}^{\mathrm{H}}\boldsymbol{h}_{\mathrm{rd}}\boldsymbol{f}_{\mathrm{r}}}{1+P_{\mathrm{s}}\left|h_{\mathrm{se}}\right|^2+\boldsymbol{f}_{\mathrm{r}}^{\mathrm{H}}\boldsymbol{h}_{\mathrm{re}}^{\mathrm{H}}\boldsymbol{h}_{\mathrm{re}}\boldsymbol{f}_{\mathrm{r}}},\log_2\frac{1+P_{\mathrm{s}}\left\|\boldsymbol{h}_{\mathrm{sr}}\right\|^2}{1+P_{\mathrm{s}}\left|h_{\mathrm{se}}\right|^2+\boldsymbol{f}_{\mathrm{r}}^{\mathrm{H}}\boldsymbol{h}_{\mathrm{re}}^{\mathrm{H}}\boldsymbol{h}_{\mathrm{re}}\boldsymbol{f}_{\mathrm{r}}}\right\}\right]^{+}
\tag{4.14}
$$

我们目标是在总功率约束 $P_{\mathrm{s}}+P_{\mathrm{r}}=\bar{P}$ 下，寻找最优的 P_{s} 和 $\boldsymbol{f}_{\mathrm{r}}$ 最大化可达安全速率。

注意到，当 $\|\boldsymbol{h}_{\mathrm{sr}}\|^2<|h_{\mathrm{sd}}|^2$ 时，只要 P_{s} 和 $\boldsymbol{f}_{\mathrm{r}}$ 不同时为 0，就有

$$1+P_{\mathrm{s}}\|\boldsymbol{h}_{\mathrm{sr}}\|^2 \leqslant 1+P_{\mathrm{s}}|h_{\mathrm{sd}}|^2+\boldsymbol{f}_{\mathrm{r}}^{\mathrm{H}}\boldsymbol{h}_{\mathrm{rd}}^{\mathrm{H}}\boldsymbol{h}_{\mathrm{rd}}\boldsymbol{f}_{\mathrm{r}} \tag{4.15}$$

此时，可达安全速率可表示为

$$R_{\mathrm{DF}}\left(P_{\mathrm{s}},\boldsymbol{f}_{\mathrm{r}};\|\boldsymbol{h}_{\mathrm{sr}}\|^2<|h_{\mathrm{sd}}|^2\right)=\frac{1}{2}\left[\log_2\frac{1+P_{\mathrm{s}}\|\boldsymbol{h}_{\mathrm{sr}}\|^2}{1+P_{\mathrm{s}}|h_{\mathrm{se}}|^2+\boldsymbol{f}_{\mathrm{r}}^{\mathrm{H}}\boldsymbol{h}_{\mathrm{re}}^{\mathrm{H}}\boldsymbol{h}_{\mathrm{re}}\boldsymbol{f}_{\mathrm{r}}}\right]^+ \tag{4.16}$$

在总功率 $P_{\mathrm{s}}+P_{\mathrm{r}}=\bar{P}$ 约束下，令 $P_{\mathrm{s}}=\bar{P}$，且 $\boldsymbol{f}_{\mathrm{r}}=\mathbf{0}$，则上式中可达安全速率达到最大化。

另一方面，当 $\|\boldsymbol{h}_{\mathrm{sr}}\|^2\geqslant|h_{\mathrm{sd}}|^2$ 时，总能找到 $(P_{\mathrm{s}},\boldsymbol{f}_{\mathrm{r}})$ 使得

$$\frac{1+P_{\mathrm{s}}|h_{\mathrm{sd}}|^2+\boldsymbol{f}_{\mathrm{r}}^{\mathrm{H}}\boldsymbol{h}_{\mathrm{rd}}^{\mathrm{H}}\boldsymbol{h}_{\mathrm{rd}}\boldsymbol{f}_{\mathrm{r}}}{1+P_{\mathrm{s}}|h_{\mathrm{se}}|^2+\boldsymbol{f}_{\mathrm{r}}^{\mathrm{H}}\boldsymbol{h}_{\mathrm{re}}^{\mathrm{H}}\boldsymbol{h}_{\mathrm{re}}\boldsymbol{f}_{\mathrm{r}}}\leqslant\frac{1+P_{\mathrm{s}}\|\boldsymbol{h}_{\mathrm{sr}}\|^2}{1+P_{\mathrm{s}}|h_{\mathrm{se}}|^2+\boldsymbol{f}_{\mathrm{r}}^{\mathrm{H}}\boldsymbol{h}_{\mathrm{re}}^{\mathrm{H}}\boldsymbol{h}_{\mathrm{re}}\boldsymbol{f}_{\mathrm{r}}} \tag{4.17}$$

令 $\tilde{\boldsymbol{f}}_{\mathrm{r}}=\boldsymbol{f}_{\mathrm{r}}/\sqrt{P_{\mathrm{r}}}$ 表示波束赋形方向，式（4.17）中条件可等效表示为 $P_{\mathrm{r}}\tilde{\boldsymbol{f}}_{\mathrm{r}}^{\mathrm{H}}\boldsymbol{h}_{\mathrm{rd}}^{\mathrm{H}}\boldsymbol{h}_{\mathrm{rd}}\tilde{\boldsymbol{f}}_{\mathrm{r}}<P_{\mathrm{s}}\left(\|\boldsymbol{h}_{\mathrm{sr}}\|^2-|h_{\mathrm{sd}}|^2\right)$。在总功率 $P_{\mathrm{s}}+P_{\mathrm{r}}=\bar{P}$ 约束下，可得源节点发送功率需满足的条件为

$$P_{\mathrm{s}}\geqslant\bar{P}\frac{\tilde{\boldsymbol{f}}_{\mathrm{r}}^{\mathrm{H}}\boldsymbol{h}_{\mathrm{rd}}^{\mathrm{H}}\boldsymbol{h}_{\mathrm{rd}}\tilde{\boldsymbol{f}}_{\mathrm{r}}}{\tilde{\boldsymbol{f}}_{\mathrm{r}}^{\mathrm{H}}\left[\left(\|\boldsymbol{h}_{\mathrm{sr}}\|^2-|h_{\mathrm{sd}}|^2\right)\boldsymbol{I}+\boldsymbol{h}_{\mathrm{rd}}^{\mathrm{H}}\boldsymbol{h}_{\mathrm{rd}}\right]\tilde{\boldsymbol{f}}_{\mathrm{r}}}\triangleq P_{\mathrm{s,min}}\left(\tilde{\boldsymbol{f}}_{\mathrm{r}}\right) \tag{4.18}$$

式中 $P_{\mathrm{s,min}}\left(\tilde{\boldsymbol{f}}_{\mathrm{r}}\right)$ 可视为式（4.14）中保证安全速率不被第二项限制所需的最小发送功率。由 Rayleigh-Rits 定理[5]可得 $0\leqslant\min_{f:\|f\|=1}P_{\mathrm{s,min}}\left(\tilde{\boldsymbol{f}}\right)\leqslant\bar{P}$，因此，总是存在一个 P_{s} 使得式（4.18）成立。相应地，可达安全速率可表示为

$$R_{\mathrm{DF}}\left(P_{\mathrm{s}},\boldsymbol{f}_{\mathrm{r}};\|\boldsymbol{h}_{\mathrm{sr}}\|^2\geqslant|h_{\mathrm{sd}}|^2\right)=\frac{1}{2}\left[\log_2\frac{1+P_{\mathrm{s}}|h_{\mathrm{sd}}|^2+\boldsymbol{f}_{\mathrm{r}}^{\mathrm{H}}\boldsymbol{h}_{\mathrm{rd}}^{\mathrm{H}}\boldsymbol{h}_{\mathrm{rd}}\boldsymbol{f}_{\mathrm{r}}}{1+P_{\mathrm{s}}|h_{\mathrm{se}}|^2+\boldsymbol{f}_{\mathrm{r}}^{\mathrm{H}}\boldsymbol{h}_{\mathrm{re}}^{\mathrm{H}}\boldsymbol{h}_{\mathrm{re}}\boldsymbol{f}_{\mathrm{r}}}\right]^+ \tag{4.19}$$

$$=\frac{1}{2}\left[\log_2\frac{\tilde{\boldsymbol{f}}_{\mathrm{r}}^{\mathrm{H}}\left(\boldsymbol{I}_{n_{\mathrm{r}}}+P_{\mathrm{s}}|h_{\mathrm{sd}}|^2\boldsymbol{I}_{n_{\mathrm{r}}}+P_{\mathrm{r}}\boldsymbol{h}_{\mathrm{rd}}^{\mathrm{H}}\boldsymbol{h}_{\mathrm{rd}}\right)\tilde{\boldsymbol{f}}_{\mathrm{r}}}{\tilde{\boldsymbol{f}}_{\mathrm{r}}^{\mathrm{H}}\left(\boldsymbol{I}_{n_{\mathrm{r}}}+P_{\mathrm{s}}|h_{\mathrm{se}}|^2\boldsymbol{I}_{n_{\mathrm{r}}}+P_{\mathrm{r}}\boldsymbol{h}_{\mathrm{re}}^{\mathrm{H}}\boldsymbol{h}_{\mathrm{re}}\right)\tilde{\boldsymbol{f}}_{\mathrm{r}}}\right]^+ \tag{4.20}$$

由于对数函数的单调性，最大化安全速率等效于最大化上式中的比值项。因此，优化问题可建模如下：

$$
\begin{cases}
\max\limits_{P_{\rm s},P_{\rm r},\tilde{\boldsymbol f}_{\rm r}} \dfrac{\tilde{\boldsymbol f}_{\rm r}^{\rm H}\left(\boldsymbol I_{n_{\rm r}}+P_{\rm s}\left|h_{\rm sd}\right|^2\boldsymbol I_{n_{\rm r}}+P_{\rm r}\boldsymbol h_{\rm rd}^{\rm H}\boldsymbol h_{\rm rd}\right)\tilde{\boldsymbol f}_{\rm r}}{\tilde{\boldsymbol f}_{\rm r}^{\rm H}\left(\boldsymbol I_{n_{\rm r}}+P_{\rm s}\left|h_{\rm se}\right|^2\boldsymbol I_{n_{\rm r}}+P_{\rm r}\boldsymbol h_{\rm re}^{\rm H}\boldsymbol h_{\rm re}\right)\tilde{\boldsymbol f}_{\rm r}} & \text{(4.21a)}\\
\text{subject to}\quad P_{\rm s,min}\left(\tilde{\boldsymbol f}_{\rm r}\right)\leqslant P_{\rm s}\leqslant\overline{P},P_{\rm r}=\overline{P}-P_{\rm s}, & \text{(4.21b)}\\
\left\|\tilde{\boldsymbol f}_{\rm r}\right\|^2=1 & \text{(4.21c)}
\end{cases}
$$

上述优化问题通常是非凸的，难以求得闭式解。虽然联合优化$P_{\rm s}$、$P_{\rm r}$和$\tilde{\boldsymbol f}_{\rm r}$很困难，但是，在给定$P_{\rm s}$和$P_{\rm r}$条件下，单独优化得到最优的波束赋形向量$\tilde{\boldsymbol f}_{\rm r}$是可行的，反之亦然。利用这一特性，通过交替爬坡优化算法就能得到上述问题的近似最优解，介绍如下。

具体而言，给定$P_{\rm s}$和$P_{\rm r}$条件下，类似3.1节中所述方法，最优波束赋形向量可通过的求导方法得到，如下式所示：

$$
\tilde{\boldsymbol f}_{\rm r}^{*}=\boldsymbol\psi_{\max}\left(\boldsymbol I_{n_{\rm r}}+P_{\rm s}\left|h_{\rm sd}\right|^2\boldsymbol I_{n_{\rm r}}+P_{\rm r}\boldsymbol h_{\rm rd}^{\rm H}\boldsymbol h_{\rm rd},\boldsymbol I_{n_{\rm r}}+P_{\rm s}\left|h_{\rm se}\right|^2\boldsymbol I_{n_{\rm r}}+P_{\rm r}\boldsymbol h_{\rm re}^{\rm H}\boldsymbol h_{\rm re}\right) \quad (4.22)
$$

式中$\boldsymbol\psi_{\max}\left(\boldsymbol{A},\boldsymbol{B}\right)$为矩阵对$\left(\boldsymbol{A},\boldsymbol{B}\right)$最大广义特征值对应的归一化特征向量。相应地，这种情况下可达安全速率可表示为

$$
R_{\rm DF}^{(i)}\left(P_{\rm s},P_{\rm r}\right)=\frac{1}{2}\left[\log_2\lambda_{\max}\left(\boldsymbol I_{n_{\rm r}}+P_{\rm s}\left|h_{\rm sd}\right|^2\boldsymbol I_{n_{\rm r}}+P_{\rm r}\boldsymbol h_{\rm rd}^{\rm H}\boldsymbol h_{\rm rd},\boldsymbol I_{n_{\rm r}}+P_{\rm s}\left|h_{\rm se}\right|^2\boldsymbol I_{n_{\rm r}}+P_{\rm r}\boldsymbol h_{\rm re}^{\rm H}\boldsymbol h_{\rm re}\right)\right]^{+} \quad (4.23)
$$

式中$\lambda_{\max}\left(\boldsymbol{A},\boldsymbol{B}\right)$为矩阵对$\left(\boldsymbol{A},\boldsymbol{B}\right)$的最大广义特征值。另一方面，当$\tilde{\boldsymbol f}_{\rm r}$取值固定时，功率分配问题可建模为

$$
\max_{P_{\rm s}} \frac{1+P_{\rm s}\left|h_{\rm sd}\right|^2+\left(\overline{P}-P_{\rm s}\right)\left|\boldsymbol h_{\rm rd}\tilde{\boldsymbol f}_{\rm r}\right|^2}{1+P_{\rm s}\left|h_{\rm se}\right|^2+\left(\overline{P}-P_{\rm s}\right)\left|\boldsymbol h_{\rm re}\tilde{\boldsymbol f}_{\rm r}\right|^2} \quad (4.24a)
$$

$$
\text{subject to}\quad P_{\rm s,min}\left(\tilde{\boldsymbol f}_{\rm r}\right)\leqslant P_{\rm s}\leqslant\overline{P} \quad (4.24b)
$$

由于在$bc>da$条件下，函数$f\left(x\right)=\left(a+bx\right)/\left(c+dx\right)$是$x$的单调增函数，则源节点和中继节点间的最优功率分配为

$$
P_{\rm s}^{*}=\begin{cases}
\overline{P}, & \dfrac{\left|h_{\rm sd}\right|^2-\left|\boldsymbol h_{\rm rd}\tilde{\boldsymbol f}_{\rm r}\right|^2}{1+\overline{P}\left|\boldsymbol h_{\rm rd}\tilde{\boldsymbol f}_{\rm r}\right|^2}>\dfrac{\left|h_{\rm se}\right|^2-\left|\boldsymbol h_{\rm re}\tilde{\boldsymbol f}_{\rm r}\right|^2}{1+\overline{P}\left|\boldsymbol h_{\rm re}\tilde{\boldsymbol f}_{\rm r}\right|^2}\\
P_{\rm s,min}\left(\tilde{\boldsymbol f}_{\rm r}\right), & \dfrac{\left|h_{\rm sd}\right|^2-\left|\boldsymbol h_{\rm rd}\tilde{\boldsymbol f}_{\rm r}\right|^{22}}{1+\overline{P}\left|\boldsymbol h_{\rm rd}\tilde{\boldsymbol f}_{\rm r}\right|^2}\leqslant\dfrac{\left|h_{\rm se}\right|^2-\left|\boldsymbol h_{\rm re}\tilde{\boldsymbol f}_{\rm r}\right|^2}{1+\overline{P}\left|\boldsymbol h_{\rm re}\tilde{\boldsymbol f}_{\rm r}\right|^2}
\end{cases} \quad (4.25)
$$

$$
P_{\rm r}^{*}=\overline{P}-P_{\rm s}^{*} \quad (4.26)
$$

基于以上结果，可采用文献[3]中爬坡算法求解，具体如下。

步骤 1 选择 $\tilde{\boldsymbol{f}}_{\mathrm{r}}$ 的随机初始化值，满足 $\left\|\tilde{\boldsymbol{f}}_{\mathrm{r}}\right\|^2=1$， $P_{\mathrm{s,min}}\left(\tilde{\boldsymbol{f}}_{\mathrm{r}}\right)\leqslant \bar{P}$ 。

步骤 2 根据给定的 $\tilde{\boldsymbol{f}}_{\mathrm{r}}$，分别由式（4.25）和式（4.26）计算源节点和中继节点功率。

步骤 3 根据给定的 P_{s} 和 P_{r}，由式（4.22）计算最优的波束赋形方向向量 $\tilde{\boldsymbol{f}}_{\mathrm{r}}$ 。

步骤 4 迭代进行步骤 2 和步骤 3，直到收敛。

需要注意的是，如果最大广义特征值不是关于 P_{s} 和 P_{r} 的凸函数，一般爬坡算法并不能保证收敛于最优解。如果想要得到全局最优解，可采用传统的随机搜索算法，但相应的迭代次数将大大增加。关于随机搜索算法的更多细节可参考文献[3,6]。上述结果可扩展到目的节点、窃听节点都装有多根天线的情况，此时应将信道向量 $\boldsymbol{h}_{\mathrm{rd}}$ 和 $\boldsymbol{h}_{\mathrm{re}}$ 替换成信道矩阵 $\boldsymbol{H}_{\mathrm{rd}}$ 和 $\boldsymbol{H}_{\mathrm{re}}$ 。

另外，可以将上述结果扩展到具有 n_{r} 个单天线中继的情况，即 n_{r} 个中继天线分布式地部署在 n_{r} 单天线中继上，每个中继仅装配单根天线。假设每个中继节点可以调整各自增益及相位，联合实现需要的波束赋形效果。与前面的类似，目的节点和窃听节点处的接收信号可将式（4.3）和式（4.4）中 $\boldsymbol{H}_{\mathrm{sr}}$、$\boldsymbol{H}_{\mathrm{rd}}$ 和 $\boldsymbol{H}_{\mathrm{re}}$ 替换为 $\boldsymbol{h}_{\mathrm{sr}}=\left[h_{\mathrm{s,r_1}} \ \cdots \ h_{\mathrm{s,r}_{n_{\mathrm{r}}}}\right]^{\mathrm{T}}$、$\boldsymbol{h}_{\mathrm{rd}}=\left[h_{\mathrm{r_1,d}} \ \cdots \ h_{\mathrm{r}_{n_{\mathrm{r}}},\mathrm{d}}\right]$ 和 $\boldsymbol{h}_{\mathrm{re}}=\left[h_{\mathrm{r_1,e}} \ \cdots \ h_{\mathrm{r}_{n_{\mathrm{r}}},\mathrm{e}}\right]$，$\boldsymbol{H}_{\mathrm{sd}}$ 和 $\boldsymbol{H}_{\mathrm{se}}$ 替换为 h_{sd} 和 h_{se}，其中元素 $h_{\mathrm{s,r_i}}$、$h_{\mathrm{r_i,d}}$ 和 $h_{\mathrm{r_i,e}}$ 分别表示源节点到第 i 个中继节点、第 i 个中继节点到目的节点和第 i 个中继节点到窃听节点的信道。在这种条件下，中继节点的波束赋形向量可表示为 $\boldsymbol{f}_{\mathrm{r}}=\left[f_{\mathrm{r_1}} \ \cdots \ f_{\mathrm{r}_{n_{\mathrm{r}}}}\right]^{\mathrm{T}}$，其中 f_{r_i} 为第 i 个中继节点的发送增益。类似于式（4.14），这种情况下可达安全速率可以表示为

$$R_{\mathrm{DF}}\left(P_{\mathrm{s}},\boldsymbol{f}_{\mathrm{r}}\right)=\frac{1}{2}\left[\min\left\{\log_2\frac{1+P_{\mathrm{s}}\left|h_{\mathrm{sd}}\right|^2+\boldsymbol{f}_{\mathrm{r}}^{\mathrm{H}}\boldsymbol{h}_{\mathrm{rd}}^{\mathrm{H}}\boldsymbol{h}_{\mathrm{rd}}\boldsymbol{f}_{\mathrm{r}}}{1+P_{\mathrm{s}}\left|h_{\mathrm{se}}\right|^2+\boldsymbol{f}_{\mathrm{r}}^{\mathrm{H}}\boldsymbol{h}_{\mathrm{re}}^{\mathrm{H}}\boldsymbol{h}_{\mathrm{re}}\boldsymbol{f}_{\mathrm{r}}},\right.\right.$$
$$\left.\left.\min_{i=1,\cdots,n_{\mathrm{r}}}\log_2\frac{1+P_{\mathrm{s}}\left|h_{\mathrm{s,ri}}\right|^2}{1+P_{\mathrm{s}}\left|h_{\mathrm{se}}\right|^2+\boldsymbol{f}_{\mathrm{r}}^{\mathrm{H}}\boldsymbol{h}_{\mathrm{re}}^{\mathrm{H}}\boldsymbol{h}_{\mathrm{re}}\boldsymbol{f}_{\mathrm{r}}}\right\}\right]^{+} \tag{4.27}$$

第二项为源节点与各中继节点之间可达安全速率的最小值。这代表了确保中继节点正确译码条件下的最大可达安全速率。

假设源节点和中继节点满足总功率约束条件 $P_{\mathrm{s}}+\sum_{i=1}^{n_{\mathrm{r}}}P_{\mathrm{r}_i}=\bar{P}$，其中 $P_{\mathrm{r}_i}=\left|f_{\mathrm{r}_i}\right|^2$ 为第 i 个中继节点的发送功率。类似于多天线中继的情况，如果存在一个中继节点 i 满足 $\left|h_{\mathrm{s,r}_i}\right|^2<\left|h_{\mathrm{sd}}\right|^2$，则只要 P_{s} 和 $\boldsymbol{f}_{\mathrm{r}}$ 不同时为零，就有

$$1+P_{\mathrm{s}}\left|h_{\mathrm{s,r}_i}\right|^2<1+P_{\mathrm{s}}\left|h_{\mathrm{sd}}\right|^2+\boldsymbol{f}_{\mathrm{r}}^{\mathrm{H}}\boldsymbol{h}_{\mathrm{rd}}^{\mathrm{H}}\boldsymbol{h}_{\mathrm{rd}}\boldsymbol{f}_{\mathrm{r}} \tag{4.28}$$

此时，可达安全速率表示为

$$\begin{aligned}&R_{\mathrm{DF}}\left(P_{\mathrm{s}},\boldsymbol{f}_{\mathrm{r}};\exists\, i \text{ s.t. } \left|h_{\mathrm{s,r}_i}\right|^2<\left|h_{\mathrm{sd}}\right|^2\right)\\&=\frac{1}{2}\left[\min_{i=1,\cdots,n_{\mathrm{r}}}\log_2\frac{1+P_{\mathrm{s}}\left|h_{\mathrm{s,r}_i}\right|^2}{1+P_{\mathrm{s}}\left|h_{\mathrm{se}}\right|^2+\boldsymbol{f}_{\mathrm{r}}^{\mathrm{H}}\boldsymbol{h}_{\mathrm{re}}^{\mathrm{H}}\boldsymbol{h}_{\mathrm{re}}\boldsymbol{f}_{\mathrm{r}}}\right]^+\end{aligned} \tag{4.29}$$

且在总功率约束 $P_{\mathrm{s}}+\sum_{i=1}^{n_{\mathrm{r}}}P_{\mathrm{r}_i}=\bar{P}$ 条件下，当 $P_{\mathrm{s}}=\bar{P}$ 和 $\boldsymbol{f}_{\mathrm{r}}=\boldsymbol{0}$（即 $\sum_{i=1}^{n_{\mathrm{r}}}P_{\mathrm{r}_i}=0$）时取得最大值。

另一方面，如果对于任意中继节点 i 都有 $\left|h_{\mathrm{s,r}_i}\right|^2\geqslant\left|h_{\mathrm{sd}}\right|^2$，则存在 P_{s} 和 $\boldsymbol{f}_{\mathrm{r}}$ 使得下式对任意 i 都成立，即

$$\frac{1+P_{\mathrm{s}}\left|h_{\mathrm{sd}}\right|^2+\boldsymbol{f}_{\mathrm{r}}^{\mathrm{H}}\boldsymbol{h}_{\mathrm{rd}}^{\mathrm{H}}\boldsymbol{h}_{\mathrm{rd}}\boldsymbol{f}_{\mathrm{r}}}{1+P_{\mathrm{s}}\left|h_{\mathrm{se}}\right|^2+\boldsymbol{f}_{\mathrm{r}}^{\mathrm{H}}\boldsymbol{h}_{\mathrm{re}}^{\mathrm{H}}\boldsymbol{h}_{\mathrm{re}}\boldsymbol{f}_{\mathrm{r}}}\leqslant\frac{1+P_{\mathrm{s}}\left|h_{\mathrm{s,r}_i}\right|^2}{1+P_{\mathrm{s}}\left|h_{\mathrm{se}}\right|^2+\boldsymbol{f}_{\mathrm{r}}^{\mathrm{H}}\boldsymbol{h}_{\mathrm{re}}^{\mathrm{H}}\boldsymbol{h}_{\mathrm{re}}\boldsymbol{f}_{\mathrm{r}}} \tag{4.30}$$

由总功率约束条件 $P_{\mathrm{s}}+\sum_{i=1}^{n_r}P_{\mathrm{r}_i}=\bar{P}$ 可得 $\sum_{i=1}^{n_r}P_{\mathrm{r}_i}=\bar{P}-P_{\mathrm{s}}$，进而可得

$$P_{\mathrm{s}}\geqslant\bar{P}\frac{\tilde{\boldsymbol{f}}_{\mathrm{r}}^{\mathrm{H}}\boldsymbol{h}_{\mathrm{rd}}^{\mathrm{H}}\boldsymbol{h}_{\mathrm{rd}}\tilde{\boldsymbol{f}}_{\mathrm{r}}}{\tilde{\boldsymbol{f}}_{\mathrm{r}}\left[\left(\left|h_{\mathrm{s,r}_i}\right|^2-\left|h_{\mathrm{sd}}\right|^2\right)\boldsymbol{I}+\boldsymbol{h}_{\mathrm{rd}}^{\mathrm{H}}\boldsymbol{h}_{\mathrm{rd}}\right]\tilde{\boldsymbol{f}}_{\mathrm{r}}}\triangleq P_{\mathrm{s,min}}^{i}(\tilde{\boldsymbol{f}}_{\mathrm{r}}) \tag{4.31}$$

类似地，$P_{\mathrm{s,min}}^{i}(\tilde{\boldsymbol{f}}_{\mathrm{r}})$ 可视为保证安全速率不受源–中继链路限制的源节点最小发送功率。在此情况下，可达安全速率为

$$R_{\mathrm{DF}}\left(P_{\mathrm{s}},\boldsymbol{f}_{\mathrm{r}};\ \left|h_{\mathrm{s,r}_i}\right|^2\geqslant\left|h_{\mathrm{sd}}\right|^2,\forall i\right)=\frac{1}{2}\left[\log_2\frac{\tilde{\boldsymbol{f}}_{\mathrm{r}}^{\mathrm{H}}\left(\boldsymbol{I}_{n_{\mathrm{r}}}+P_{\mathrm{s}}\left|h_{\mathrm{sd}}\right|^2\boldsymbol{I}_{n_{\mathrm{r}}}+P_{\mathrm{r}}\boldsymbol{h}_{\mathrm{rd}}^{\mathrm{H}}\boldsymbol{h}_{\mathrm{rd}}\right)\tilde{\boldsymbol{f}}_{\mathrm{r}}}{\tilde{\boldsymbol{f}}_{\mathrm{r}}^{\mathrm{H}}\left(\boldsymbol{I}_{n_{\mathrm{r}}}+P_{\mathrm{s}}\left|h_{\mathrm{se}}\right|^2\boldsymbol{I}_{n_{\mathrm{r}}}+P_{\mathrm{r}}\boldsymbol{h}_{\mathrm{re}}^{\mathrm{H}}\boldsymbol{h}_{\mathrm{re}}\right)\tilde{\boldsymbol{f}}_{\mathrm{r}}}\right]^+ \tag{4.32}$$

式中：$\tilde{\boldsymbol{f}}_{\mathrm{r}}\triangleq\boldsymbol{f}_{\mathrm{r}}/\sqrt{P_{\mathrm{r}}}$ 为联合波束赋形的方向向量；$P_{\mathrm{r}}=\sum_{i=1}^{n_r}P_{r_i}$ 为中继的总功率。类似式（4.21），优化问题可建模为

$$\max_{P_s,P_r,\tilde{f}_r}\quad\frac{\tilde{\boldsymbol{f}}_{\mathrm{r}}^{\mathrm{H}}\left(\boldsymbol{I}_{n_{\mathrm{r}}}+P_{\mathrm{s}}\left|h_{\mathrm{sd}}\right|^2\boldsymbol{I}_{n_{\mathrm{r}}}+P_{\mathrm{r}}\boldsymbol{h}_{\mathrm{rd}}^{\mathrm{H}}\boldsymbol{h}_{\mathrm{rd}}\right)\tilde{\boldsymbol{f}}_{\mathrm{r}}}{\tilde{\boldsymbol{f}}_{\mathrm{r}}^{\mathrm{H}}\left(\boldsymbol{I}_{n_{\mathrm{r}}}+P_{\mathrm{s}}\left|h_{\mathrm{se}}\right|^2\boldsymbol{I}_{n_{\mathrm{r}}}+P_{\mathrm{r}}\boldsymbol{h}_{\mathrm{re}}^{\mathrm{H}}\boldsymbol{h}_{\mathrm{re}}\right)\tilde{\boldsymbol{f}}_{\mathrm{r}}} \tag{4.33a}$$

$$\text{subject to}\quad\max_{i=1,\cdots,n_{\mathrm{r}}}P_{\mathrm{s,min}}^{i}\left(\tilde{\boldsymbol{f}}_{\mathrm{r}}\right)\leqslant P_{\mathrm{s}}\leqslant\bar{P},P_{\mathrm{r}}=\bar{P}-P_{\mathrm{s}} \tag{4.33b}$$

$$\left\|\tilde{\boldsymbol{f}}_{\mathrm{r}}\right\|^2=1 \tag{4.33c}$$

与前面情况类似，给定 P_{s} 和 P_{r} 条件下的最优联合波束赋形向量为

$$\boldsymbol{f}_{\mathrm{r}}^{*}=\sqrt{P_{\mathrm{r}}}\boldsymbol{\psi}_{\max}\left(\boldsymbol{I}_{n_{\mathrm{r}}}+P_{\mathrm{s}}\left|h_{\mathrm{sd}}\right|^{2}\boldsymbol{I}_{n_{\mathrm{r}}}+P_{\mathrm{r}}\boldsymbol{h}_{\mathrm{rd}}^{\mathrm{H}}\boldsymbol{h}_{\mathrm{rd}},\boldsymbol{I}_{n_{\mathrm{r}}}+P_{\mathrm{s}}\left|h_{\mathrm{se}}\right|^{2}\boldsymbol{I}_{n_{\mathrm{r}}}+P_{\mathrm{r}}\boldsymbol{h}_{\mathrm{re}}^{\mathrm{H}}\boldsymbol{h}_{\mathrm{re}}\right) \tag{4.34}$$

相应地，可达安全速率为

$$R_{\mathrm{DF}}^{(i)*}\left(P_{\mathrm{s}},P_{\mathrm{r}}\right)=\frac{1}{2}\left[\log_{2}\lambda_{\max}\left(\boldsymbol{I}_{n_{\mathrm{r}}}+P_{\mathrm{s}}\left|h_{\mathrm{sd}}\right|^{2}\boldsymbol{I}_{n_{\mathrm{r}}}+P_{\mathrm{r}}\boldsymbol{h}_{\mathrm{rd}}^{\mathrm{H}}\boldsymbol{h}_{\mathrm{rd}},\boldsymbol{I}_{n_{\mathrm{r}}}+P_{\mathrm{s}}\left|h_{\mathrm{se}}\right|^{2}\boldsymbol{I}_{n_{\mathrm{r}}}+P_{\mathrm{r}}\boldsymbol{h}_{\mathrm{re}}^{\mathrm{H}}\boldsymbol{h}_{\mathrm{re}}\right)\right]^{+} \tag{4.35}$$

另一方面，对于给定的波束赋形向量 $\tilde{\boldsymbol{f}}_{\mathrm{r}}$，最优的源节点功率和中继节点功率为

$$P_{\mathrm{s}}^{*}=\begin{cases}\bar{P}, & \dfrac{\left|h_{\mathrm{sd}}\right|^{2}-\left|\boldsymbol{h}_{\mathrm{rd}}\tilde{\boldsymbol{f}}_{\mathrm{r}}\right|^{2}}{1+\bar{P}\left|\boldsymbol{h}_{\mathrm{rd}}\tilde{\boldsymbol{f}}_{\mathrm{r}}\right|^{2}}>\dfrac{\left|h_{\mathrm{se}}\right|^{2}-\left|\boldsymbol{h}_{\mathrm{re}}\tilde{\boldsymbol{f}}_{\mathrm{r}}\right|^{2}}{1+\bar{P}\left|\boldsymbol{h}_{\mathrm{re}}\tilde{\boldsymbol{f}}_{\mathrm{r}}\right|^{2}} \\ \max\limits_{i=1,\cdots,n_{\mathrm{r}}}P_{\mathrm{s,min}}^{(i)}\left(\tilde{\boldsymbol{f}}_{\mathrm{r}}\right), & \dfrac{\left|h_{\mathrm{sd}}\right|^{2}-\left|\boldsymbol{h}_{\mathrm{rd}}\tilde{\boldsymbol{f}}_{\mathrm{r}}\right|^{2}}{1+\bar{P}\left|\boldsymbol{h}_{\mathrm{rd}}\tilde{\boldsymbol{f}}_{\mathrm{r}}\right|^{2}}\leqslant\dfrac{\left|h_{\mathrm{se}}\right|^{2}-\left|\boldsymbol{h}_{\mathrm{re}}\tilde{\boldsymbol{f}}_{\mathrm{r}}\right|^{2}}{1+\bar{P}\left|\boldsymbol{h}_{\mathrm{re}}\tilde{\boldsymbol{f}}_{\mathrm{r}}\right|^{2}}\end{cases} \tag{4.36}$$

和

$$P_{\mathrm{r}}^{*}=\bar{P}-P_{\mathrm{s}}^{*} \tag{4.37}$$

基于以上结果，式（4.33）中优化问题同样可采用之前所述的爬坡算法进行求解（至少是近似解）。

有趣的是，观察式（4.27）可发现，对于多个单天线中继节点的情况，随着天线数的增加，一方面能够增大分集增益，另一方面又因为难以保证所有中继节点都成功译码，反而限制了可达安全速率。因此，可以采用智能中继选择策略，进一步提高可达安全速率。在文献[3]中，作者提出了一种基于式（4.31）中 $P_{\mathrm{s,min}}^{(i)}$ 值的中继选择方法：假设中继节点按 $P_{\mathrm{s,min}}^{(i)}$ 值排序编号 $P_{\mathrm{s,min}}^{(1)}\left(\tilde{\boldsymbol{f}}_{\mathrm{r}}\right)\leqslant P_{\mathrm{s,min}}^{(2)}\left(\tilde{\boldsymbol{f}}_{\mathrm{r}}\right)\leqslant\cdots\leqslant P_{\mathrm{s,min}}^{(n_{\mathrm{r}})}\left(\tilde{\boldsymbol{f}}_{\mathrm{r}}\right)$，选择排名前 J 的中继节点参与转发（即选择 J 个最小源功率约束 $P_{\mathrm{s,min}}^{(i)}$ 的中继，$i=1,2,\cdots,J$）。这一方案放松了发送节点的功率限制条件，但同时降低了第二时隙波束赋形的空间自由度。最优值 J 可用穷举法获得。

值得注意的是，在上述讨论中，仅仅考虑了中继节点的总功率约束。实际情况中，往往需要考虑单个中继节点的功率约束。文献[4]对此进行了研究，并提出采用半正定松弛方法进行求解。

4.1.2 可信放大转发中继情况下分布式安全波束赋形/预编码

本节将讨论可信放大转发中继情况下分布式安全波束赋形/预编码技术。依然采用两时隙发送策略：第一时隙，中继节点接收源节点信号；第二时隙，中

继节点线性放大转发接收到的源节点信号。具体过程如下：

第一时隙，源节点发送信号 $\boldsymbol{x}_\mathrm{s}=\boldsymbol{F}_\mathrm{s}\boldsymbol{u}$，其中 $\boldsymbol{F}_\mathrm{s}\in\mathbb{C}^{n_\mathrm{s}\times k}$ 为源节点处的预编码矩阵，$\boldsymbol{u}\in\mathrm{CN}(0,I_k)$ 为编码后的符号向量，k 为信号维度。源节点信号发送功率为 $P_\mathrm{s}=E\left[\left\|\boldsymbol{x}_\mathrm{s}\right\|^2\right]=\mathrm{tr}\left(\boldsymbol{F}_\mathrm{s}\boldsymbol{F}_\mathrm{s}^\mathrm{H}\right)$，中继节点、目的节点和窃听节点处的接收信号仍如式（4.1）中所示。

第二时隙，中继节点对第一时隙接收信号进行放大转发，转发信号可写为

$$\boldsymbol{x}_\mathrm{r}=\boldsymbol{F}_\mathrm{r}\boldsymbol{y}_\mathrm{r}^{(1)} \tag{4.38}$$

式中：$\boldsymbol{F}_\mathrm{r}\in\mathbb{C}^{n_\mathrm{s}\times n_\mathrm{s}}$ 为中继节点处的预编码矩阵。相应地，中继节点发送功率可表示为 $P_\mathrm{r}=E\left[\left\|\boldsymbol{x}_\mathrm{r}\right\|^2\right]=\mathrm{tr}\left[\boldsymbol{F}_\mathrm{r}\left(\boldsymbol{H}_\mathrm{sr}\boldsymbol{F}_\mathrm{s}\boldsymbol{F}_\mathrm{s}^\mathrm{H}\boldsymbol{H}_\mathrm{sr}^\mathrm{H}+\boldsymbol{I}_{n_\mathrm{r}}\right)\boldsymbol{F}_\mathrm{r}^\mathrm{H}\right]$。目的节点、窃听节点接收信号仍如式（4.2）中所示。

为便于表述，将两个时隙中目的节点和窃听节点的接收信号联合写成等效向量形式，即

$$\boldsymbol{y}_\mathrm{d}=\begin{bmatrix}\boldsymbol{y}_\mathrm{d}^{(1)}\\ \boldsymbol{y}_\mathrm{d}^{(2)}\end{bmatrix}=\underbrace{\begin{bmatrix}\boldsymbol{H}_\mathrm{sd}\\ \boldsymbol{H}_\mathrm{rd}\boldsymbol{F}_\mathrm{r}\boldsymbol{H}_\mathrm{sr}\end{bmatrix}}_{\triangleq\tilde{\boldsymbol{H}}_\mathrm{sd}}\boldsymbol{x}_\mathrm{s}+\underbrace{\begin{bmatrix}\boldsymbol{w}_\mathrm{d}^{(1)}\\ \boldsymbol{H}_\mathrm{rd}\boldsymbol{F}_\mathrm{r}\boldsymbol{w}_\mathrm{r}^{(1)}+\boldsymbol{w}_\mathrm{d}^{(2)}\end{bmatrix}}_{\triangleq\tilde{\boldsymbol{w}}_\mathrm{d}} \tag{4.39}$$

$$\triangleq\tilde{\boldsymbol{H}}_\mathrm{sd}\boldsymbol{x}_\mathrm{s}+\tilde{\boldsymbol{w}}_\mathrm{d} \tag{4.40}$$

和

$$\boldsymbol{y}_\mathrm{e}=\begin{bmatrix}\boldsymbol{y}_\mathrm{e}^{(1)}\\ \boldsymbol{y}_\mathrm{e}^{(2)}\end{bmatrix}=\underbrace{\begin{bmatrix}\boldsymbol{H}_\mathrm{se}\\ \boldsymbol{H}_\mathrm{re}\boldsymbol{F}_\mathrm{r}\boldsymbol{H}_\mathrm{sr}\end{bmatrix}}_{\triangleq\tilde{\boldsymbol{H}}_\mathrm{se}}\boldsymbol{x}_\mathrm{s}+\underbrace{\begin{bmatrix}\boldsymbol{w}_\mathrm{e}^{(1)}\\ \boldsymbol{H}_\mathrm{re}\boldsymbol{F}_\mathrm{r}\boldsymbol{w}_\mathrm{r}^{(1)}+\boldsymbol{w}_\mathrm{e}^{(2)}\end{bmatrix}}_{\triangleq\tilde{\boldsymbol{w}}_\mathrm{e}} \tag{4.41}$$

$$=\tilde{\boldsymbol{H}}_\mathrm{se}\boldsymbol{x}_\mathrm{s}+\tilde{\boldsymbol{w}}_\mathrm{e} \tag{4.42}$$

式中：$\tilde{\boldsymbol{H}}_\mathrm{sd}$ 和 $\tilde{\boldsymbol{H}}_\mathrm{se}$ 分别为等效的源-目的信道和源-窃听信道；$\tilde{\boldsymbol{w}}_\mathrm{d}$ 和 $\tilde{\boldsymbol{w}}_\mathrm{e}$ 分别为等效的噪声向量，其协方差矩阵分别为

$$\boldsymbol{K}_{\tilde{\boldsymbol{w}}_\mathrm{d}}=E\left[\tilde{\boldsymbol{w}}_\mathrm{d}\tilde{\boldsymbol{w}}_\mathrm{d}^\mathrm{H}\right]=\begin{bmatrix}\boldsymbol{I}_{n_\mathrm{d}} & 0\\ 0 & \boldsymbol{I}_{n_\mathrm{d}}+\boldsymbol{H}_\mathrm{rd}\boldsymbol{F}_\mathrm{r}\boldsymbol{F}_\mathrm{r}^\mathrm{H}\boldsymbol{H}_\mathrm{rd}^\mathrm{H}\end{bmatrix} \tag{4.43}$$

和

$$\boldsymbol{K}_{\tilde{\boldsymbol{w}}_\mathrm{e}}=E\left[\tilde{\boldsymbol{w}}_\mathrm{e}\tilde{\boldsymbol{w}}_\mathrm{e}^\mathrm{H}\right]=\begin{bmatrix}\boldsymbol{I}_{n_\mathrm{e}} & 0\\ 0 & \boldsymbol{I}_{n_\mathrm{e}}+\boldsymbol{H}_\mathrm{re}\boldsymbol{F}_\mathrm{r}\boldsymbol{F}_\mathrm{r}^\mathrm{H}\boldsymbol{H}_\mathrm{re}^\mathrm{H}\end{bmatrix} \tag{4.44}$$

若将 $\boldsymbol{x}_\mathrm{s}$ 视为信道输入，$\boldsymbol{y}_\mathrm{d}$ 和 $\boldsymbol{y}_\mathrm{e}$ 视为在目的节点和窃听节点处等效的信道输出，放大转发系统可视为类似于式（2.16）中的等效 MIMO 系统。因此，可达安全速率为

$$R_{\mathrm{AF}}\left(\boldsymbol{F}_{\mathrm{s}},\boldsymbol{F}_{\mathrm{r}}\right)=\frac{1}{2}\left[I\left(\boldsymbol{x}_{\mathrm{s}};\boldsymbol{y}_{\mathrm{d}}\right)-I\left(\boldsymbol{x}_{\mathrm{s}};\boldsymbol{y}_{\mathrm{e}}\right)\right]^{+} \tag{4.45}$$

式中

$$\begin{aligned}I\left(\boldsymbol{x}_{\mathrm{s}};\boldsymbol{y}_{\mathrm{d}}\right)&=\log\det\left(\boldsymbol{I}_{k}+\boldsymbol{F}_{\mathrm{s}}^{\mathrm{H}}\tilde{\boldsymbol{H}}_{\mathrm{sd}}^{\mathrm{H}}\boldsymbol{K}_{\tilde{\boldsymbol{w}}_{\mathrm{d}}}^{-1}\tilde{\boldsymbol{H}}_{\mathrm{sd}}\boldsymbol{F}_{\mathrm{s}}\right)\\&=\log\ \det\left(\boldsymbol{I}_{k}+\boldsymbol{F}_{\mathrm{s}}^{\mathrm{H}}\begin{bmatrix}\boldsymbol{H}_{\mathrm{sd}}\\\boldsymbol{H}_{\mathrm{rd}}\boldsymbol{F}_{\mathrm{r}}\boldsymbol{H}_{\mathrm{sr}}\end{bmatrix}^{\mathrm{H}}\begin{bmatrix}\boldsymbol{I}_{n_{\mathrm{d}}}&0\\0&\boldsymbol{I}_{n_{\mathrm{d}}}+\boldsymbol{H}_{\mathrm{rd}}\boldsymbol{F}_{\mathrm{r}}\boldsymbol{F}_{\mathrm{r}}^{\mathrm{H}}\boldsymbol{H}_{\mathrm{rd}}^{\mathrm{H}}\end{bmatrix}^{-1}\begin{bmatrix}\boldsymbol{H}_{\mathrm{sd}}\\\boldsymbol{H}_{\mathrm{rd}}\boldsymbol{F}_{\mathrm{r}}\boldsymbol{H}_{\mathrm{sr}}\end{bmatrix}\boldsymbol{F}_{\mathrm{s}}\right)\\&=\log\ \det\left[\boldsymbol{I}_{k}+\boldsymbol{F}_{\mathrm{s}}^{\mathrm{H}}\boldsymbol{H}_{\mathrm{sd}}^{\mathrm{H}}\boldsymbol{H}_{\mathrm{sd}}\boldsymbol{F}_{\mathrm{s}}+\boldsymbol{F}_{\mathrm{s}}^{\mathrm{H}}\boldsymbol{H}_{\mathrm{sr}}^{\mathrm{H}}\boldsymbol{F}_{\mathrm{r}}^{\mathrm{H}}{}_{\mathrm{r}}\boldsymbol{H}_{\mathrm{rd}}^{\mathrm{H}}\left(\boldsymbol{I}+\boldsymbol{H}_{\mathrm{rd}}\boldsymbol{F}_{\mathrm{r}}\boldsymbol{F}_{\mathrm{r}}^{\mathrm{H}}\boldsymbol{H}_{\mathrm{rd}}^{\mathrm{H}}\right)^{-1}\boldsymbol{H}_{\mathrm{rd}}\boldsymbol{F}_{\mathrm{r}}\boldsymbol{H}_{\mathrm{sr}}\boldsymbol{F}_{\mathrm{s}}\right]\end{aligned}$$

类似地

$$\begin{aligned}I\left(\boldsymbol{x}_{\mathrm{s}};\boldsymbol{y}_{\mathrm{e}}\right)=\log\det\Big[&\boldsymbol{I}_{k}+\boldsymbol{F}_{\mathrm{s}}^{\mathrm{H}}\boldsymbol{H}_{\mathrm{se}}^{\mathrm{H}}\boldsymbol{H}_{\mathrm{se}}\boldsymbol{F}_{\mathrm{s}}+\boldsymbol{F}_{\mathrm{s}}^{\mathrm{H}}\boldsymbol{H}_{\mathrm{sr}}^{\mathrm{H}}\boldsymbol{F}_{\mathrm{r}}^{\mathrm{H}}\boldsymbol{H}_{\mathrm{re}}^{\mathrm{H}}\left(\boldsymbol{I}+\boldsymbol{H}_{\mathrm{re}}\boldsymbol{F}_{\mathrm{r}}\boldsymbol{F}_{\mathrm{r}}^{\mathrm{H}}\boldsymbol{H}_{\mathrm{re}}^{\mathrm{H}}\right)^{-1}\\&\boldsymbol{H}_{\mathrm{re}}\boldsymbol{F}_{\mathrm{r}}\boldsymbol{H}_{\mathrm{sr}}\boldsymbol{F}_{\mathrm{s}}\Big]\end{aligned}$$

因此，目标任务是根据约束条件 $\mathrm{tr}\left(\boldsymbol{F}_{\mathrm{s}}\boldsymbol{F}_{\mathrm{s}}^{\mathrm{H}}\right)=P_{\mathrm{s}}$ 和 $\mathrm{tr}\left[\boldsymbol{F}_{\mathrm{r}}\left(\boldsymbol{H}_{\mathrm{sr}}\boldsymbol{F}_{\mathrm{s}}\boldsymbol{F}_{\mathrm{s}}^{\mathrm{H}}\boldsymbol{H}_{\mathrm{sr}}^{\mathrm{H}}+\boldsymbol{I}_{n_{\mathrm{r}}}\right)\boldsymbol{F}_{\mathrm{r}}^{\mathrm{H}}\right]=P_{\mathrm{r}}$（可能还有总功率约束 $P_{\mathrm{s}}+P_{\mathrm{r}}=\bar{P}$），设计源节点和中继节点处的预编码矩阵，以使可达安全速率最大化。由可达安全速率表达式（对于 $\boldsymbol{F}_{\mathrm{s}}$ 和 $\boldsymbol{F}_{\mathrm{r}}$ 均为非凸）和中继节点功率约束可知，$\boldsymbol{F}_{\mathrm{s}}$ 和 $\boldsymbol{F}_{\mathrm{r}}$ 相互耦合。因此，同时联合优化 $\boldsymbol{F}_{\mathrm{s}}$ 和 $\boldsymbol{F}_{\mathrm{r}}$ 通常难以解决，即使在不考虑物理层安全的传统场景中也是如此。在不考虑安全的传统应用场景中，许多研究采用交替优化方法进行求解，即在固定 $\boldsymbol{F}_{\mathrm{s}}$ 和 $\boldsymbol{F}_{\mathrm{r}}$ 中某一个情况下交替优化另一个。然而，考虑物理层安全需求时，即使是单独优化 $\boldsymbol{F}_{\mathrm{s}}$ 或 $\boldsymbol{F}_{\mathrm{r}}$ 也很困难。因此，通常只能得到次优解法，例如迫零波束赋形。下面以一种较简单、可解的场景为例，来揭示中继的优势。

考虑源节点、目的节点和窃听节点都只配置单根天线的特例，即 $n_{\mathrm{s}}=n_{\mathrm{d}}=n_{\mathrm{e}}=1$。而 n_{r} 个中继天线分布式地部署在 n_{r} 个中继节点上，即每个中继配置单根天线。此时，式（4.1）和式（4.2）中的信道矩阵 $\boldsymbol{H}_{\mathrm{sr}}$、$\boldsymbol{H}_{\mathrm{rd}}$ 和 $\boldsymbol{H}_{\mathrm{re}}$ 分别替换为列向量 $\boldsymbol{h}_{\mathrm{sr}}\in\mathbb{C}^{n_{\mathrm{r}}\times 1}$ 和行向量 $\boldsymbol{h}_{\mathrm{rd}}\in\mathbb{C}^{1\times n_{\mathrm{r}}}$、$\boldsymbol{h}_{\mathrm{re}}\in\mathbb{C}^{1\times n_{\mathrm{r}}}$，信道矩阵 $\boldsymbol{H}_{\mathrm{sd}}$ 和 $\boldsymbol{H}_{\mathrm{se}}$ 分别替换为标量 h_{sd} 和 h_{se}。其中，$\boldsymbol{h}_{\mathrm{sr}}=\left[h_{\mathrm{s,r_1}}\ \cdots\ h_{\mathrm{s,r_{n_r}}}\right]^{\mathrm{T}}$、$\boldsymbol{h}_{\mathrm{rd}}=\left[h_{\mathrm{r_1,d}}\ \cdots\ h_{\mathrm{r_{n_r},d}}\right]$ 和 $\boldsymbol{h}_{\mathrm{re}}=\left[h_{\mathrm{r_1,e}}\ \cdots\ h_{\mathrm{r_{n_r},e}}\right]$ 中元素 $h_{\mathrm{s,r}_i}$、$h_{\mathrm{r}_i\mathrm{,d}}$ 和 $h_{\mathrm{r}_i\mathrm{,e}}$ 分别表示源节点到第 i 个中继节点、第 i 个中继节点到目的节点和第 i 个中继节点到窃听节点的信道。

在上述分布式天线假设情况下，各个中继节点只能接收和处理接收信号向

量 $\boldsymbol{y}_{\mathrm{r}}^{(1)}=\left[y_{r_1}^{(1)} \cdots y_{r_{n_{\mathrm{r}}}}^{(1)}\right]^{\mathrm{T}}$ 中对应的一个元素，如第 i 个中继节点对应 $y_{r_i}^{(1)}$。因此，中继节点预编码矩阵是一个对角阵形式，即

$$\boldsymbol{F}_{\mathrm{r}}=\operatorname{diag}\left(\boldsymbol{f}_{\mathrm{r}}\right)=\operatorname{diag}\left(f_{r_1} \cdots f_{r_{n_{\mathrm{r}}}}\right) \tag{4.46}$$

式中：$\boldsymbol{f}_{\mathrm{r}} \triangleq\left[f_{r_1} \cdots f_{r_{n_{\mathrm{r}}}}\right]^{\mathrm{T}}$ 中的 f_{r_i} 为第 i 个中继节点的转发增益。由此可得中继节点发送功率可以表示为

$$P_{\mathrm{r}}=\operatorname{tr}\left[P_{\mathrm{s}} \boldsymbol{F}_{\mathrm{r}}\left(\boldsymbol{h}_{\mathrm{sr}} \boldsymbol{h}_{\mathrm{sr}}^{\mathrm{H}}+\boldsymbol{I}_{n_{\mathrm{r}}}\right) \boldsymbol{F}_{\mathrm{r}}^{\mathrm{H}}\right]=\boldsymbol{f}_{\mathrm{r}}^{\mathrm{H}} \boldsymbol{D}_{\mathrm{sr}} \boldsymbol{f}_{\mathrm{r}} \tag{4.47}$$

其中 $\boldsymbol{D}_{\mathrm{sr}} \triangleq P_{\mathrm{s}} \operatorname{diag}\left(\boldsymbol{h}_{\mathrm{sr}}\right)^{\mathrm{H}} \operatorname{diag}\left(\boldsymbol{h}_{\mathrm{sr}}\right)+\boldsymbol{I}_{n_{\mathrm{r}}}$。由式（4.45）可得可达安全速率为

$$\begin{aligned}
R_{\mathrm{AF}}\left(P_{\mathrm{s}}, \boldsymbol{F}_{\mathrm{r}}\right) & =\frac{1}{2}\left[\log \frac{1+P_{\mathrm{s}}\left|h_{\mathrm{sd}}\right|^2+\dfrac{P_{\mathrm{s}} \boldsymbol{h}_{\mathrm{sr}}^{\mathrm{H}} \boldsymbol{F}_{\mathrm{r}}^{\mathrm{H}} \boldsymbol{h}_{\mathrm{rd}}^{\mathrm{H}} \boldsymbol{F}_{\mathrm{r}} \boldsymbol{h}_{\mathrm{sr}}}{1+\boldsymbol{h}_{\mathrm{rd}} \boldsymbol{F}_{\mathrm{r}} \boldsymbol{F}_{\mathrm{r}}^{\mathrm{H}} \boldsymbol{h}_{\mathrm{rd}}}}{1+P_{\mathrm{s}}\left|h_{\mathrm{se}}\right|^2+\dfrac{P_{\mathrm{s}} \boldsymbol{h}_{\mathrm{sr}}^{\mathrm{H}} \boldsymbol{F}_{\mathrm{r}}^{\mathrm{H}} \boldsymbol{h}_{\mathrm{re}}^{\mathrm{H}} \boldsymbol{F}_{\mathrm{r}} \boldsymbol{h}_{\mathrm{sr}}}{1+\boldsymbol{h}_{\mathrm{re}} \boldsymbol{F}_{\mathrm{r}} \boldsymbol{F}_{\mathrm{r}}^{\mathrm{H}} \boldsymbol{h}_{\mathrm{re}}}}\right]^{+} \\
& =\frac{1}{2}\left[\log \frac{1+P_{\mathrm{s}}\left|h_{\mathrm{sd}}\right|^2+\dfrac{\boldsymbol{f}_{\mathrm{r}}^{\mathrm{H}} \boldsymbol{R}_{\mathrm{srd}} \boldsymbol{f}_{\mathrm{r}}}{1+\boldsymbol{f}_{\mathrm{r}}^{\mathrm{H}} \boldsymbol{R}_{\mathrm{rd}} \boldsymbol{f}_{\mathrm{r}}}}{1+P_{\mathrm{s}}\left|h_{\mathrm{se}}\right|^2+\dfrac{\boldsymbol{f}_{\mathrm{r}}^{\mathrm{H}} \boldsymbol{R}_{\mathrm{sre}} \boldsymbol{f}_{\mathrm{r}}}{1+\boldsymbol{f}_{\mathrm{r}}^{\mathrm{H}} \boldsymbol{R}_{\mathrm{re}} \boldsymbol{f}_{\mathrm{r}}}}\right]^{+}
\end{aligned} \tag{4.48}$$

式中：$\boldsymbol{R}_{\mathrm{srd}} \triangleq P_{\mathrm{s}} \operatorname{diag}\left(\boldsymbol{h}_{\mathrm{sr}}\right)^{\mathrm{H}} \boldsymbol{h}_{\mathrm{rd}}^{\mathrm{H}} \boldsymbol{h}_{\mathrm{rd}} \operatorname{diag}\left(\boldsymbol{h}_{\mathrm{sr}}\right)$；$\boldsymbol{R}_{\mathrm{rd}} \triangleq \operatorname{diag}\left(\boldsymbol{h}_{\mathrm{rd}}\right)^{\mathrm{H}} \operatorname{diag}\left(\boldsymbol{h}_{\mathrm{rd}}\right)$；$\boldsymbol{R}_{\mathrm{sre}} \triangleq P_{\mathrm{s}} \operatorname{diag}\left(\boldsymbol{h}_{\mathrm{sr}}\right)^{\mathrm{H}} \boldsymbol{h}_{\mathrm{re}}^{\mathrm{H}} \boldsymbol{h}_{\mathrm{re}} \operatorname{diag}\left(\boldsymbol{h}_{\mathrm{sr}}\right)$；$\boldsymbol{R}_{\mathrm{re}} \triangleq \operatorname{diag}\left(\boldsymbol{h}_{\mathrm{re}}\right)^{\mathrm{H}} \operatorname{diag}\left(\boldsymbol{h}_{\mathrm{re}}\right)$。根据式（4.47）中的中继节点功率表达式，可达安全速率表达式可进一步表示为

$$R_{\mathrm{AF}}\left(P_{\mathrm{s}}, P_{\mathrm{r}}, \boldsymbol{f}_{\mathrm{r}}\right)=\frac{1}{2}\left[\log \left(\frac{\boldsymbol{f}_{\mathrm{r}}^{\mathrm{H}} \tilde{\boldsymbol{R}}_{\mathrm{srd}} \boldsymbol{f}_{\mathrm{r}}}{\boldsymbol{f}_{\mathrm{r}}^{\mathrm{H}} \tilde{\boldsymbol{R}}_{\mathrm{sre}} \boldsymbol{f}_{\mathrm{r}}} \cdot \frac{\boldsymbol{f}_{\mathrm{r}}^{\mathrm{H}} \tilde{\boldsymbol{R}}_{\mathrm{re}} \boldsymbol{f}_{\mathrm{r}}}{\boldsymbol{f}_{\mathrm{r}}^{\mathrm{H}} \tilde{\boldsymbol{R}}_{\mathrm{rd}} \boldsymbol{f}_{\mathrm{r}}}\right)\right]^{+} \tag{4.49}$$

式中：$\tilde{\boldsymbol{R}}_{\mathrm{rd}} \triangleq P_{\mathrm{r}}^{-1} \boldsymbol{D}_{\mathrm{sr}}+\boldsymbol{R}_{\mathrm{rd}}$；$\tilde{\boldsymbol{R}}_{\mathrm{re}} \triangleq P_{\mathrm{r}}^{-1} \boldsymbol{D}_{\mathrm{sr}}+\boldsymbol{R}_{\mathrm{re}}$；$\tilde{\boldsymbol{R}}_{\mathrm{srd}} \triangleq\left(1+P_{\mathrm{s}}\left|h_{\mathrm{sd}}\right|^2\right) \tilde{\boldsymbol{R}}_{\mathrm{rd}}+\boldsymbol{R}_{\mathrm{srd}}$；$\tilde{\boldsymbol{R}}_{\mathrm{sre}} \triangleq\left(1+P_{\mathrm{s}}\left|h_{\mathrm{se}}\right|^2\right) \tilde{\boldsymbol{R}}_{\mathrm{re}}+\boldsymbol{R}_{\mathrm{sre}}$。优化问题可建模如下[3]

$$\max_{P_{\mathrm{s}}, \boldsymbol{f}_{\mathrm{r}}} \quad \frac{\boldsymbol{f}_{\mathrm{r}}^{\mathrm{H}} \tilde{\boldsymbol{R}}_{\mathrm{srd}} \boldsymbol{f}_{\mathrm{r}}}{\boldsymbol{f}_{\mathrm{r}}^{\mathrm{H}} \tilde{\boldsymbol{R}}_{\mathrm{sre}} \boldsymbol{f}_{\mathrm{r}}} \cdot \frac{\boldsymbol{f}_{\mathrm{r}}^{\mathrm{H}} \tilde{\boldsymbol{R}}_{\mathrm{re}} \boldsymbol{f}_{\mathrm{r}}}{\boldsymbol{f}_{\mathrm{r}}^{\mathrm{H}} \tilde{\boldsymbol{R}}_{\mathrm{rd}} \boldsymbol{f}_{\mathrm{r}}} \tag{4.50a}$$

$$\text{subject to} \quad P_{\mathrm{s}}+P_{\mathrm{r}}=\bar{P} \tag{4.50b}$$

$$\boldsymbol{f}_{\mathrm{r}}^{\mathrm{H}} \boldsymbol{D}_{\mathrm{sr}} \boldsymbol{f}_{\mathrm{r}}=P_{\mathrm{r}} \tag{4.50c}$$

注意到在上述问题中，优化目标是两个广义瑞利商的乘积[5]。使乘积中第一项和第二项最大化的波束赋形向量分别为 $\tilde{\boldsymbol{f}}_{\mathrm{r}}^{(1)}=\boldsymbol{\psi}_{\max}\left(\tilde{\boldsymbol{R}}_{\mathrm{srd}}, \tilde{\boldsymbol{R}}_{\mathrm{sre}}\right)$ 和

$\tilde{\boldsymbol{f}}_{\mathrm{r}}^{(2)}=\boldsymbol{\psi}_{\max}\left(\tilde{\boldsymbol{R}}_{\mathrm{re}},\tilde{\boldsymbol{R}}_{\mathrm{rd}}\right)$，其中$\boldsymbol{\psi}_{\max}\left(\boldsymbol{A},\boldsymbol{B}\right)$为矩阵对$\left(\boldsymbol{A},\boldsymbol{B}\right)$最大广义特征值对应的广义特征向量。考虑中继节点功率约束P_{r}，中继节点波束赋形向量可分别表示为

$$\boldsymbol{f}_{\mathrm{r}}^{(1)}=\sqrt{\frac{P_{\mathrm{r}}}{\left(\tilde{\boldsymbol{f}}_{\mathrm{r}}^{(1)}\right)^{\mathrm{H}}\boldsymbol{D}_{\mathrm{sr}}\tilde{\boldsymbol{f}}_{\mathrm{r}}^{(1)}}}\tilde{\boldsymbol{f}}_{\mathrm{r}}^{(1)}\text{，}\quad \boldsymbol{f}_{\mathrm{r}}^{(2)}=\sqrt{\frac{P_{\mathrm{r}}}{\left(\tilde{\boldsymbol{f}}_{\mathrm{r}}^{(2)}\right)^{\mathrm{H}}\boldsymbol{D}_{\mathrm{sr}}\tilde{\boldsymbol{f}}_{\mathrm{r}}^{(2)}}}\tilde{\boldsymbol{f}}_{\mathrm{r}}^{(2)}$$

然而，使两项乘积最大化的波束赋形向量是难以求解的。文献[3]中，作者提出了一种只优化乘积中第一项的解决方案，即$\boldsymbol{f}_{\mathrm{r}}^{*}=\boldsymbol{f}_{\mathrm{r}}^{(1)}$，并证明了当中继–目的信道和中继–窃听信道的信道增益相接近时或者中继节点接收功率远大于目的节点接收功率时，这一方案是近似最优的。源节点和中继节点之间的最优功率分配可以通过简单的线性搜索得到，也可以采用传统的随机搜索算法[3,6]。

4.2 非可信中继情况下分布式安全波束赋形/预编码

在考虑安全的应用场景中采用中继协助传输需要考虑的问题之一就是中继节点是否可信。文献[2]和文献[7]最早从信息论角度对此进行了研究，认为中继节点既能协助传输，又可能试图窃听源节点的保密信息。将中继节点视为窃听节点，文献[2]和文献[7]在中继节点疑义度接近消息信息熵的约束下推导了可达安全速率。需要注意的是，因为不允许中继节点进行译码，译码转发中继方式在此不适用。大多数研究都是针对放大转发和压缩转发方式进行的[2,7]。已有研究结果表明，当在目的节点处直传链路和中继链路的联合信号质量优于中继（窃听者）处的接收信号，则即使是不可信中继，也能获得性能增益。接下来，将对放大转发中继方式下源节点和中继节点处的预编码进行阐述。

如图 4.2 所示，考虑存在一个不可信中继的多天线无线中继系统。源节点、中继节点和目的节点处配置的天线数分别为n_{s}、n_{r}和n_{d}。其中，中继节点在放大转发源节点信号的同时，又作为窃听者窃听信息。类似 4.1 节所述，信号传输过程分为两个时隙。不同之处在于没有单独的窃听节点。在第一时隙，源节点发送信号$\boldsymbol{x}_{\mathrm{s}}=\boldsymbol{F}_{\mathrm{s}}\boldsymbol{u}$，其中$\boldsymbol{F}_{\mathrm{s}}\in\mathbb{C}^{n_{\mathrm{s}}\times k}$为源节点处预编码矩阵，$\boldsymbol{u}\in CN\left(0,\boldsymbol{I}_{k}\right)$为编码后的符号向量，$k$为信号维度。源节点发送功率为$P_{\mathrm{s}}=\mathrm{tr}\left(\boldsymbol{F}_{\mathrm{s}}\boldsymbol{F}_{\mathrm{s}}^{\mathrm{H}}\right)$。中继节点（也是窃听节点）和目的节点的接收信号分别为

$$\boldsymbol{y}_{\mathrm{r}}^{(1)}=\boldsymbol{H}_{\mathrm{sr}}\boldsymbol{x}_{\mathrm{s}}+\boldsymbol{w}_{\mathrm{r}}^{(1)} \tag{4.51a}$$

$$\boldsymbol{y}_{\mathrm{d}}^{(1)}=\boldsymbol{H}_{\mathrm{sd}}\boldsymbol{x}_{\mathrm{s}}+\boldsymbol{w}_{\mathrm{d}}^{(1)} \tag{4.51b}$$

其中各符号含义和式（4.1）中一致。

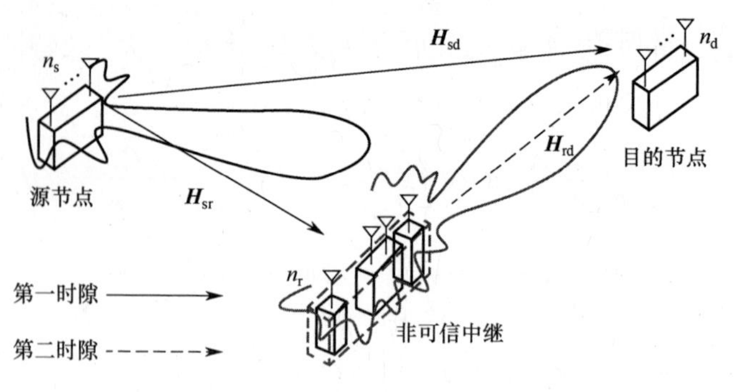

图 4.2 非可信中继条件下的安全波束赋形

在第二时隙，中继节点将接收到的第一时隙信号线性放大后转发给目的节点，中继节点处的发送信号可写为 $\boldsymbol{x}_{\mathrm{r}}=\boldsymbol{F}_{\mathrm{r}}\boldsymbol{y}_{\mathrm{r}}^{(1)}$，其中 $\boldsymbol{F}_{\mathrm{r}}\in\mathbb{C}^{n_{\mathrm{r}}\times n_{\mathrm{r}}}$ 为中继节点处的预编码矩阵。相应地，中继节点发送功率可表示为 $P_{\mathrm{r}}=E\left[\left\|\boldsymbol{x}_{\mathrm{r}}\right\|^2\right]=\mathrm{tr}\left[\boldsymbol{F}_{\mathrm{r}}\left(\boldsymbol{H}_{\mathrm{sr}}\boldsymbol{F}_{\mathrm{s}}\boldsymbol{F}_{\mathrm{s}}^{\mathrm{H}}\boldsymbol{H}_{\mathrm{sr}}^{\mathrm{H}}+\boldsymbol{I}_{n_{\mathrm{r}}}\right)\boldsymbol{F}_{\mathrm{r}}^{\mathrm{H}}\right]$。目的节点处对应的接收信号可表示为

$$\boldsymbol{y}_{\mathrm{d}}^{(2)}=\boldsymbol{H}_{\mathrm{rd}}\boldsymbol{x}_{\mathrm{r}}+\boldsymbol{w}_{\mathrm{d}}^{(2)} \tag{4.52}$$

其中各符号含义与式（4.2a）中一致。目的节点两个时隙的接收信号可合并表示为等效接收信号向量，如式（4.39）所示。由于中继节点被视为窃听节点，可达安全速率可表示为

$$R_{\mathrm{AF,u}}\left(\boldsymbol{F}_{\mathrm{s}},\boldsymbol{F}_{\mathrm{r}}\right)=\frac{1}{2}\left[I\left(\boldsymbol{x}_{\mathrm{s}};\boldsymbol{y}_{\mathrm{d}}\right)-I\left(\boldsymbol{x}_{\mathrm{s}};\boldsymbol{y}_{r}^{(1)}\right)\right]^{+} \tag{4.53}$$

式中

$$\begin{aligned}I\left(\boldsymbol{x}_{\mathrm{s}};\boldsymbol{y}_{\mathrm{d}}\right)=\log\det[&\boldsymbol{I}_k+\boldsymbol{F}_{\mathrm{s}}^{\mathrm{H}}\boldsymbol{H}_{\mathrm{sd}}^{\mathrm{H}}\boldsymbol{H}_{\mathrm{sd}}\boldsymbol{F}_{\mathrm{s}}+\boldsymbol{F}_{\mathrm{s}}^{\mathrm{H}}\boldsymbol{H}_{\mathrm{sr}}^{\mathrm{H}}\boldsymbol{F}_{\mathrm{r}}^{\mathrm{H}}{}_{\mathrm{r}}\boldsymbol{H}_{\mathrm{rd}}^{\mathrm{H}}\left(\boldsymbol{I}+\boldsymbol{H}_{\mathrm{rd}}\boldsymbol{F}_{\mathrm{r}}\boldsymbol{F}_{\mathrm{r}}^{\mathrm{H}}\boldsymbol{H}_{\mathrm{rd}}^{\mathrm{H}}\right)^{-1}\\&\boldsymbol{H}_{\mathrm{rd}}\boldsymbol{F}_{\mathrm{r}}\boldsymbol{H}_{\mathrm{sr}}\boldsymbol{F}_{\mathrm{s}}]\end{aligned} \tag{4.54}$$

$$I\left(\boldsymbol{x}_{\mathrm{s}};\boldsymbol{y}_{\mathrm{r}}^{(1)}\right)=\log\det\left(\boldsymbol{I}_{n_{\mathrm{r}}}+\boldsymbol{H}_{\mathrm{sr}}\boldsymbol{F}_{\mathrm{s}}\,\boldsymbol{F}_{\mathrm{s}}^{\mathrm{H}}\boldsymbol{H}_{\mathrm{sr}}^{\mathrm{H}}\right) \tag{4.55}$$

由此，通过最大化可达安全速率，可设计得到源节点和中继节点处的预编码矩阵。然而，跟之前的原因类似，联合最优化问题仍然很难求解。在大多数研究中，仍是采用爬坡算法或者交替优化方法来得到 $\boldsymbol{F}_{\mathrm{s}}$ 和 $\boldsymbol{F}_{\mathrm{r}}$。在 $\boldsymbol{F}_{\mathrm{r}}$ 固定条件下，设计最优 $\boldsymbol{F}_{\mathrm{s}}$ 类似于 3.1.2 节中相应的过程，其中 $\boldsymbol{H}_{\mathrm{sd}}$ 和 $\boldsymbol{H}_{\mathrm{re}}$ 分别是到目的节点和到窃听节点的信道矩阵。由于存在多个信号维度，通常只有在功率协方差约束条件下才能得到 $\boldsymbol{F}_{\mathrm{s}}$ 的显式表达式，在总功率约束条件下只能通过数值方法求解。

考虑文献[8]中研究的特例，即信号维度 k 为 1。也就是说，源节点采用秩为 1 的波束赋形向量 $\boldsymbol{f}_{\mathrm{s}}$。此时，源节点发送信号可写为 $\boldsymbol{x}_{\mathrm{s}}=\boldsymbol{f}_{\mathrm{s}}u$，其中 $u\in CN\left(0,1\right)$

为编码后符号。此时，可达安全速率可表示为

$$R_{\mathrm{AF,u}}\left(\boldsymbol{F}_{\mathrm{s}},\boldsymbol{F}_{\mathrm{r}}\right)=\frac{1}{2}\log\left(\frac{1+\boldsymbol{f}_{\mathrm{s}}^{\mathrm{H}}\boldsymbol{Q}_{\mathrm{sd}}\left(\boldsymbol{F}_{\mathrm{r}}\right)\boldsymbol{f}_{\mathrm{s}}}{1+\boldsymbol{f}_{\mathrm{s}}^{\mathrm{H}}\boldsymbol{Q}_{\mathrm{sr}}\boldsymbol{f}_{\mathrm{s}}}\right) \tag{4.56}$$

式中：$\boldsymbol{Q}_{\mathrm{sd}}\left(\boldsymbol{F}_{\mathrm{r}}\right)\triangleq\boldsymbol{H}_{\mathrm{sd}}^{\mathrm{H}}\boldsymbol{H}_{\mathrm{sd}}+\boldsymbol{H}_{\mathrm{sr}}^{\mathrm{H}}\boldsymbol{F}_{\mathrm{r}}^{\mathrm{H}}\boldsymbol{H}_{\mathrm{rd}}^{\mathrm{H}}\left(\boldsymbol{I}+\boldsymbol{H}_{\mathrm{rd}}\boldsymbol{F}_{\mathrm{r}}\boldsymbol{F}_{\mathrm{r}}^{\mathrm{H}}\boldsymbol{H}_{\mathrm{rd}}^{\mathrm{H}}\right)^{-1}\boldsymbol{H}_{\mathrm{rd}}\boldsymbol{F}_{\mathrm{r}}\boldsymbol{H}_{\mathrm{sr}}$，$\boldsymbol{Q}_{\mathrm{sr}}\triangleq\boldsymbol{H}_{\mathrm{sr}}^{\mathrm{H}}\boldsymbol{H}_{\mathrm{sr}}$。观察上式可发现，对数函数中只有分子部分与中继节点预编码矩阵 $\boldsymbol{F}_{\mathrm{r}}$ 有关。采用文献[8]所提方法，可对源节点和中继节点预编码矩阵进行交替优化，即当 $\boldsymbol{F}_{\mathrm{r}}$ 固定时，先优化得到源节点预编码 $\boldsymbol{f}_{\mathrm{s}}$，反之亦然。需要指出的是，在每次迭代过程中，必须满足功率约束条件 $\boldsymbol{f}_{\mathrm{s}}^{\mathrm{H}}\boldsymbol{f}_{\mathrm{s}}\leqslant P_{\mathrm{s}}$ 和 $\mathrm{tr}\left[\boldsymbol{F}_{\mathrm{r}}\left(\boldsymbol{H}_{\mathrm{sr}}\boldsymbol{f}_{\mathrm{s}}\boldsymbol{f}_{\mathrm{s}}^{\mathrm{H}}\boldsymbol{H}_{\mathrm{sr}}^{\mathrm{H}}+\boldsymbol{I}_{n_{\mathrm{r}}}\right)\boldsymbol{F}_{\mathrm{r}}^{\mathrm{H}}\right]\leqslant P_{\mathrm{r}}$。

首先考虑在给定 $\boldsymbol{F}_{\mathrm{r}}$ 情况下，优化 $\boldsymbol{f}_{\mathrm{s}}$。在中继节点预编码矩阵 $\boldsymbol{F}_{\mathrm{r}}$ 给定条件下，可以准确给出 $\boldsymbol{f}_{\mathrm{s}}$ 的约束条件为 $\boldsymbol{f}_{\mathrm{s}}^{\mathrm{H}}\boldsymbol{H}_{\mathrm{sr}}^{\mathrm{H}}\boldsymbol{F}_{\mathrm{r}}^{\mathrm{H}}\boldsymbol{F}_{\mathrm{r}}\boldsymbol{H}_{\mathrm{sr}}\boldsymbol{f}_{\mathrm{s}}\leqslant P_{\mathrm{r}}-\mathrm{tr}\left(\boldsymbol{F}_{\mathrm{r}}^{\mathrm{H}}\boldsymbol{F}_{\mathrm{r}}\right)$。因此，可将源节点编码矩阵 $\boldsymbol{f}_{\mathrm{s}}$ 的优化问题建模为二阶约束下的二次规划问题，即

$$\max_{\boldsymbol{f}_{\mathrm{s}}}\quad\frac{1+\boldsymbol{f}_{\mathrm{s}}^{\mathrm{H}}\boldsymbol{Q}_{\mathrm{sd}}\left(\boldsymbol{F}_{\mathrm{r}}\right)\boldsymbol{f}_{\mathrm{s}}}{1+\boldsymbol{f}_{\mathrm{s}}^{\mathrm{H}}\boldsymbol{Q}_{\mathrm{sr}}\boldsymbol{f}_{\mathrm{s}}} \tag{4.57a}$$

$$\text{subject to}\quad\boldsymbol{f}_{\mathrm{s}}^{\mathrm{H}}\boldsymbol{f}_{\mathrm{s}}\leqslant P_{\mathrm{s}} \tag{4.57b}$$

$$\boldsymbol{f}_{\mathrm{s}}^{\mathrm{H}}\boldsymbol{H}_{\mathrm{sr}}^{\mathrm{H}}\boldsymbol{F}_{\mathrm{r}}^{\mathrm{H}}\boldsymbol{F}_{\mathrm{r}}\boldsymbol{H}_{\mathrm{sr}}\boldsymbol{f}_{\mathrm{s}}\leqslant P_{\mathrm{r}}-\mathrm{tr}\left(\boldsymbol{F}_{\mathrm{r}}^{\mathrm{H}}\boldsymbol{F}_{\mathrm{r}}\right) \tag{4.57c}$$

采用文献[8]中提出的方法可以得到式（4.57）中优化问题的解。

具体而言，首先采用文献[9]中所提方法，将式（4.57）中问题松弛为一个分数半正定规划问题，并可进一步使用 Charnes-Cooper 变换将其转化为一个半正定规划问题，如下所示[8]：

$$\max_{Z,v}\quad\mathrm{tr}\left(\tilde{\boldsymbol{Q}}_{\mathrm{sd}}\boldsymbol{Z}\right) \tag{4.58a}$$

$$\text{subject to}\quad\mathrm{tr}\left(\tilde{\boldsymbol{Q}}_{\mathrm{sr}}\boldsymbol{Z}\right)=1 \tag{4.58b}$$

$$\mathrm{tr}\left(\boldsymbol{A}_1\boldsymbol{Z}\right)\leqslant vP_{\mathrm{s}} \tag{4.58c}$$

$$\mathrm{tr}\left(\boldsymbol{A}_2\boldsymbol{Z}\right)\leqslant v\left[P_{\mathrm{r}}-\mathrm{tr}\left(\boldsymbol{F}_{\mathrm{r}}^{\mathrm{H}}\boldsymbol{F}_{\mathrm{r}}\right)\right] \tag{4.58d}$$

$$\mathrm{tr}\left(\boldsymbol{A}_3\boldsymbol{Z}\right)=v \tag{4.58e}$$

$$v\geqslant 0 \tag{4.58f}$$

式中：$\tilde{\boldsymbol{Q}}_{\mathrm{sd}}\triangleq\mathrm{diag}\left(\boldsymbol{Q}_{\mathrm{sd}}\ \ 1\right)$；$\tilde{\boldsymbol{Q}}_{\mathrm{sr}}\triangleq\mathrm{diag}\left(\boldsymbol{Q}_{\mathrm{sr}}\ \ 1\right)$；$\boldsymbol{A}_1\triangleq\mathrm{diag}\left(\boldsymbol{I}_{n_{\mathrm{s}}}\ \ 0\right)$；$\boldsymbol{A}_2\triangleq\mathrm{diag}\left(\boldsymbol{H}_{\mathrm{sr}}^{\mathrm{H}}\boldsymbol{F}_{\mathrm{r}}^{\mathrm{H}}\boldsymbol{F}_{\mathrm{r}}\boldsymbol{H}_{\mathrm{sr}}\ \ 0\right)$；$\boldsymbol{A}_3\triangleq\mathrm{diag}\left(\boldsymbol{O}_{n_{\mathrm{s}}}\ \ 1\right)$；$\boldsymbol{O}_{n_{\mathrm{s}}}\in\mathbb{C}^{n_{\mathrm{s}}\times n_{\mathrm{s}}}$ 为全零矩阵。然后可以采用下面算法得到。

优化 $\boldsymbol{f}_{\mathrm{s}}$ 的算法：

步骤 1 得到式（4.58）的最优解 $\left(\boldsymbol{Z}^{*},v^{*}\right)$ 和最大目标函数值 η^{*}，令 $X^{*}=\boldsymbol{Z}^{*}/v^{*}$。

步骤 2 如果 $\operatorname{rank}\left(\boldsymbol{X}^{*}\right)=1$，则将 $\boldsymbol{X}^{*}$ 分解表示为 $\boldsymbol{X}^{*}=\boldsymbol{x}^{*}\left(\boldsymbol{x}^{*}\right)^{\mathrm{H}}$，然后执行步骤 4。

步骤 3 如果 $\operatorname{rank}\left(\boldsymbol{X}^{*}\right)\geqslant 2$，寻找 $\boldsymbol{X}^{*}$ 满足以下条件

$$\left(\boldsymbol{x}^{*}\right)^{\mathrm{H}}\left(\tilde{\boldsymbol{Q}}_{\mathrm{sd}}-\eta^{*}\tilde{\boldsymbol{Q}}_{\mathrm{sr}}\right)\boldsymbol{x}^{*}=\operatorname{tr}\left[\left(\tilde{\boldsymbol{Q}}_{\mathrm{sd}}-\eta^{*}\tilde{\boldsymbol{Q}}_{\mathrm{sr}}\right)\boldsymbol{X}^{*}\right]$$

$$\left(\boldsymbol{x}^{*}\right)^{\mathrm{H}}\boldsymbol{A}_{i}\boldsymbol{x}^{*}=\operatorname{tr}\left(\boldsymbol{A}_{i}\boldsymbol{X}^{*}\right),\quad i=1,2,3$$

步骤 4 令 $\boldsymbol{x}^{*}=\left[\boldsymbol{v}^{\mathrm{T}}\ t\right]^{\mathrm{T}}$，则最优的源节点预编码矩阵为 $\boldsymbol{f}_{\mathrm{s}}^{*}=\boldsymbol{v}/t$。

下面，在给定 $\boldsymbol{f}_{\mathrm{s}}$ 条件下优化 $\boldsymbol{F}_{\mathrm{r}}$。注意到，当 $\boldsymbol{f}_{\mathrm{s}}$ 给定时，在式（4.56）中只有分子，即目的节点互信息量，与 $\boldsymbol{F}_{\mathrm{r}}$ 有关。因此，这一优化问题等效于传统的不考虑物理层安全条件下的中继节点预编码问题，建模如下：

$$\max_{\boldsymbol{F}_{\mathrm{r}}}\quad \log\left[1+\boldsymbol{f}_{\mathrm{s}}^{\mathrm{H}}\boldsymbol{Q}_{\mathrm{sd}}\left(\boldsymbol{F}_{\mathrm{r}}\right)\boldsymbol{f}_{\mathrm{s}}\right] \tag{4.59a}$$

$$\text{subject to}\quad \operatorname{tr}\left[\boldsymbol{F}_{\mathrm{r}}\left(\boldsymbol{H}_{\mathrm{sr}}\boldsymbol{f}_{\mathrm{s}}\boldsymbol{f}_{\mathrm{s}}^{\mathrm{H}}\boldsymbol{H}_{\mathrm{sr}}^{\mathrm{H}}+\boldsymbol{I}_{n_{\mathrm{r}}}\right)\boldsymbol{F}_{\mathrm{r}}^{\mathrm{H}}\right]\leqslant P_{\mathrm{r}} \tag{4.59b}$$

上述问题可用文献[8,10]中方法求解，主要过程如下。

将 $\boldsymbol{H}_{\mathrm{rd}}$ 进行奇异值分解为 $\boldsymbol{H}_{\mathrm{rd}}=\boldsymbol{U}_{\mathrm{rd}}\varSigma_{\mathrm{rd}}\boldsymbol{V}_{\mathrm{rd}}^{\mathrm{H}}$，其中 $\boldsymbol{U}_{\mathrm{rd}}\in\mathbb{C}^{n_{\mathrm{d}}\times p}$，$\boldsymbol{V}_{\mathrm{rd}}\in\mathbb{C}^{n_{\mathrm{r}}\times p}$ 为酉矩阵，$\varSigma_{\mathrm{rd}}\in\mathbb{C}^{p\times p}$ 为对角矩阵，对角线上元素由 $\boldsymbol{H}_{\mathrm{rd}}$ 的奇异值按降序排列，$p=\operatorname{rank}\left(\boldsymbol{H}_{\mathrm{rd}}\right)$。文献[10]证明了最优的中继预编码矩阵具有以下结构

$$\boldsymbol{F}_{\mathrm{r}}=\boldsymbol{V}_{\mathrm{rd}}\boldsymbol{a}\boldsymbol{u}_{\mathrm{sr}}^{\mathrm{H}} \tag{4.60}$$

式中：$\boldsymbol{u}_{\mathrm{sr}}\triangleq\boldsymbol{H}_{\mathrm{sr}}\boldsymbol{f}_{\mathrm{s}}/\left\|\boldsymbol{H}_{\mathrm{sr}}\boldsymbol{f}_{\mathrm{s}}\right\|$ 为给定 $\boldsymbol{f}_{\mathrm{s}}$ 条件下等效的源—中继信道，$\boldsymbol{a}\in\mathbb{C}^{p\times 1}$ 为调整中继节点功率使其满足约束条件的向量。

此外，由矩阵求逆定理，式（4.59）中对数函数中的第二项可以表示为

$$\begin{aligned}
&\boldsymbol{f}_{\mathrm{s}}^{\mathrm{H}}\boldsymbol{Q}_{\mathrm{sd}}\left(\boldsymbol{F}_{\mathrm{r}}\right)\boldsymbol{f}_{\mathrm{s}}\\
&=\boldsymbol{f}_{\mathrm{s}}^{\mathrm{H}}\boldsymbol{H}_{\mathrm{sd}}^{\mathrm{H}}\boldsymbol{H}_{\mathrm{sd}}\boldsymbol{f}_{\mathrm{s}}+\boldsymbol{f}_{\mathrm{s}}^{\mathrm{H}}\boldsymbol{H}_{\mathrm{sr}}^{\mathrm{H}}\boldsymbol{F}_{\mathrm{r}}^{\mathrm{H}}\boldsymbol{H}_{\mathrm{rd}}^{\mathrm{H}}\left(\boldsymbol{I}+\boldsymbol{H}_{\mathrm{rd}}\boldsymbol{F}_{\mathrm{r}}\boldsymbol{F}_{\mathrm{r}}^{\mathrm{H}}\boldsymbol{H}_{\mathrm{rd}}^{\mathrm{H}}\right)^{-1}\boldsymbol{H}_{\mathrm{rd}}\boldsymbol{F}_{\mathrm{r}}\boldsymbol{H}_{\mathrm{sr}}\boldsymbol{f}_{\mathrm{s}}\\
&=\boldsymbol{f}_{\mathrm{s}}^{\mathrm{H}}\left(\boldsymbol{H}_{\mathrm{sd}}^{\mathrm{H}}\boldsymbol{H}_{\mathrm{sd}}+\boldsymbol{H}_{\mathrm{sr}}^{\mathrm{H}}\boldsymbol{H}_{\mathrm{sr}}\right)\boldsymbol{f}_{\mathrm{s}}-\boldsymbol{f}_{\mathrm{s}}^{\mathrm{H}}\boldsymbol{H}_{\mathrm{sr}}^{\mathrm{H}}\left(\boldsymbol{I}+\boldsymbol{F}_{\mathrm{r}}^{\mathrm{H}}\boldsymbol{H}_{\mathrm{rd}}^{\mathrm{H}}\boldsymbol{H}_{\mathrm{rd}}\boldsymbol{F}_{\mathrm{r}}\right)^{-1}\boldsymbol{H}_{\mathrm{sr}}\boldsymbol{f}_{\mathrm{s}}\\
&=\boldsymbol{f}_{\mathrm{s}}^{\mathrm{H}}\left(\boldsymbol{H}_{\mathrm{sd}}^{\mathrm{H}}\boldsymbol{H}_{\mathrm{sd}}+\boldsymbol{H}_{\mathrm{sr}}^{\mathrm{H}}\boldsymbol{H}_{\mathrm{sr}}\right)\boldsymbol{f}_{\mathrm{s}}-\frac{\left\|\boldsymbol{H}_{\mathrm{sr}}\boldsymbol{f}_{\mathrm{s}}\right\|^{2}}{1+\boldsymbol{a}^{\mathrm{H}}\varSigma_{\mathrm{rd}}^{2}\boldsymbol{a}}
\end{aligned}$$

其中用式（4.60）中最优预编码矩阵结构替代 $\boldsymbol{F}_\mathrm{r}$ 可得最后一个等式关系。根据式（4.60），中继节点功率约束条件亦可写为

$$\boldsymbol{a}^\mathrm{H}\boldsymbol{a}\left(1+\left\|\boldsymbol{H}_\mathrm{sr}\boldsymbol{f}_\mathrm{s}\right\|^2\right)\leqslant P_\mathrm{r} \tag{4.61}$$

由于只有第三项中的分母与 $\boldsymbol{F}_\mathrm{r}$ 有关，优化问题可退化为

$$\max_{a}\quad \boldsymbol{a}^\mathrm{H}\Sigma_\mathrm{rd}^\mathrm{H}\Sigma_\mathrm{rd}\boldsymbol{a} \tag{4.62a}$$

$$\text{subject to }\left\|\boldsymbol{a}\right\|^2\leqslant P_\mathrm{r}\Big/\left(1+\left\|\boldsymbol{H}_\mathrm{sr}\boldsymbol{f}_\mathrm{s}\right\|^2\right) \tag{4.62b}$$

因为 Σ_rd 中奇异值按降序排列，可得式（4.62）中优化问题的解为

$$\boldsymbol{a}^*=\sqrt{\frac{P_\mathrm{r}}{1+\left\|\boldsymbol{H}_\mathrm{sr}\boldsymbol{f}_\mathrm{s}\right\|^2}}\boldsymbol{e}_1 \tag{4.63}$$

式中：$\boldsymbol{e}_1$ 为 $p\times1$ 的向量，第一个元素为 1，其余元素全为 0。因此，最优的中继节点预编码矩阵可写为

$$\boldsymbol{F}_\mathrm{r}=\frac{\sqrt{P_\mathrm{r}\Big/\left(1+\left\|\boldsymbol{H}_\mathrm{sr}\boldsymbol{f}_\mathrm{s}\right\|^2\right)}}{\left\|\boldsymbol{H}_\mathrm{sr}\boldsymbol{f}_\mathrm{s}\right\|}\boldsymbol{v}_{\mathrm{rd},1}\boldsymbol{f}_\mathrm{s}^\mathrm{H}\boldsymbol{H}_\mathrm{sr}^\mathrm{H} \tag{4.64}$$

式中 $\boldsymbol{v}_{\mathrm{rd},1}$ 为 $\boldsymbol{V}_\mathrm{rd}$ 的第一列。上述解的形式表明，最优的中继节点预编码矩阵一方面既要匹配等效的源-中继信道，又要匹配 $\boldsymbol{H}_\mathrm{rd}$ 的最大特征值。

上述两个优化步骤（给定 $\boldsymbol{F}_\mathrm{r}$ 优化 $\boldsymbol{f}_\mathrm{s}$ 和给定 $\boldsymbol{f}_\mathrm{s}$ 优化 $\boldsymbol{F}_\mathrm{r}$）可以迭代执行，直到可达安全速率不再提高。虽然这一方法不一定能得到全局最优解，但是提供了一种能得到 $\boldsymbol{f}_\mathrm{s}$ 和 $\boldsymbol{F}_\mathrm{r}$ 的有效设计且较易实现的方法。

另一方面，也可仅考虑类似于 4.1.2 节中所述的特例，即源节点和目的节点都只配置单根天线，而 n_r 个中继天线分布式地部署在 n_r 个中继节点上，即每个中继配置单根天线。这些中继节点是非可信的，视之为窃听者。此时，信道矩阵 $\boldsymbol{H}_\mathrm{sr}$ 和 $\boldsymbol{H}_\mathrm{rd}$ 分别被替换为列向量 $\boldsymbol{h}_\mathrm{sr}\in\mathbb{C}^{n_\mathrm{r}\times1}$ 和行向量 $\boldsymbol{h}_\mathrm{rd}\in\mathbb{C}^{1\times n_\mathrm{r}}$，信道矩阵 $\boldsymbol{H}_\mathrm{sd}$ 被替换为标量 h_sd。向量 $\boldsymbol{h}_\mathrm{sr}$ 和 $\boldsymbol{h}_\mathrm{rd}$ 中元素 $h_{\mathrm{s,r}_i}$ 和 $h_{\mathrm{r}_i,\mathrm{d}}$ 分别表示源节点到第 i 个中继节点和第 i 个中继节点到目的节点的信道。源节点的发送信号可以表示为 $x_\mathrm{s}=\sqrt{P_\mathrm{s}}u$，其中 $u\in CN(0,1)$。

因此，第一时隙中继节点（同时也是窃听节点）和目的节点的接收信号可分别表示为

$$\boldsymbol{y}_\mathrm{r}^{(1)}=\boldsymbol{h}_\mathrm{sr}x_\mathrm{s}+\boldsymbol{w}_\mathrm{r}^{(1)} \tag{4.65a}$$

$$y_\mathrm{d}^{(1)}=h_\mathrm{sd}x_\mathrm{s}+w_\mathrm{d}^{(1)} \tag{4.65b}$$

在第二时隙，各中继节点线性放大转发第一时隙各自收到的信号。由于第

i 个中继节点仅能收到的是 $\boldsymbol{y}_{\rm r}^{(1)}$ 中的第 i 个元素，因此全部中继节点的发送信号可表示为 $\boldsymbol{x}_{\rm r}=\boldsymbol{F}_{\rm r}\boldsymbol{y}_{\rm r}^{(1)}$，其中预编码矩阵 $\boldsymbol{F}_{\rm r}={\rm diag}(\boldsymbol{f}_{\rm r})={\rm diag}\left(f_{r_1}\ \cdots\ f_{r_{n_{\rm r}}}\right)$ 为对角矩阵，$\boldsymbol{f}_{\rm r}=\left[f_{r_1}\ \cdots\ f_{r_{n_{\rm r}}}\right]^{\rm T}$。类似于式（4.47），中继节点发送功率可表示为

$$P_{\rm r}={\rm tr}\left[\boldsymbol{F}_{\rm r}\left(P_{\rm s}\boldsymbol{h}_{\rm sr}\boldsymbol{h}_{\rm sr}^{\rm H}+\boldsymbol{I}_{n_{\rm r}}\right)\boldsymbol{F}_{\rm r}^{\rm H}\right]=\boldsymbol{f}_{\rm r}^{\rm H}\boldsymbol{D}_{\rm r}\boldsymbol{f}_{\rm r} \tag{4.66}$$

式中 $\boldsymbol{D}_{\rm r}\triangleq P_{\rm s}{\rm diag}(\boldsymbol{h}_{\rm sr})^{\rm H}{\rm diag}(\boldsymbol{h}_{\rm sr})+\boldsymbol{I}_{n_{\rm r}}$。相应地，第二时隙目的节点接收信号为

$$y_{\rm d}^{(2)}=\boldsymbol{h}_{\rm rd}\boldsymbol{x}_{\rm r}+w_{\rm d}^{(2)} \tag{4.67}$$

目的节点两时隙接收信号可合并表示为

$$\boldsymbol{y}_{\rm d}=\begin{bmatrix}y_{\rm d}^{(1)}\\ y_{\rm d}^{(2)}\end{bmatrix}=\begin{bmatrix}h_{\rm sd}\\ \boldsymbol{h}_{\rm rd}\boldsymbol{F}_{\rm r}\boldsymbol{h}_{\rm sr}\end{bmatrix}x_{\rm s}+\begin{bmatrix}w_{\rm d}^{(1)}\\ \boldsymbol{h}_{\rm rd}\boldsymbol{F}_{\rm r}\boldsymbol{w}_{\rm r}^{(1)}+w_{\rm d}^{(2)}\end{bmatrix} \tag{4.68}$$

假设中继节点之间是不合作的，相互之间不共享接收信号，则可达安全速率可表示为

$$\begin{aligned}R_{\rm AF,u}(P_{\rm s},\boldsymbol{F}_{\rm r})&=\frac{1}{2}\left[I(x_{\rm s};\boldsymbol{y}_{\rm d})-\min_{i=1,\cdots,n_{\rm r}}I\left(x_{\rm s};y_{{\rm r}_i}^{(1)}\right)\right]\\&=\frac{1}{2}\log\frac{1+P_{\rm s}|h_{\rm sd}|^2+\dfrac{P_{\rm s}\boldsymbol{h}_{\rm sr}^{\rm H}\boldsymbol{F}_{\rm r}^{\rm H}\boldsymbol{h}_{\rm rd}^{\rm H}\boldsymbol{F}_{\rm r}\boldsymbol{h}_{\rm sr}}{1+\boldsymbol{h}_{\rm rd}\boldsymbol{F}_{\rm r}\boldsymbol{F}_{\rm r}^{\rm H}\boldsymbol{h}_{\rm rd}}}{1+\min\limits_{i=1,\cdots,n_{\rm r}}P_{\rm s}\left|h_{{\rm s,r}_i}\right|^2}\end{aligned} \tag{4.69}$$

$$=\frac{1}{2}\log\frac{1+P_{\rm s}|h_{\rm sd}|^2+\dfrac{\boldsymbol{f}_{\rm r}^{\rm H}\boldsymbol{R}_{\rm srd}\boldsymbol{f}_{\rm r}}{1+\boldsymbol{f}_{\rm r}^{\rm H}\boldsymbol{R}_{\rm rd}\boldsymbol{f}}}{1+\min\limits_{i=1,\cdots,n_{\rm r}}P_{\rm s}\left|h_{{\rm s,r}_i}\right|^2} \tag{4.70}$$

式中 $\boldsymbol{R}_{\rm srd}\triangleq P_{\rm s}{\rm diag}(\boldsymbol{h}_{\rm sr})^{\rm H}\boldsymbol{h}_{\rm rd}^{\rm H}\boldsymbol{h}_{\rm rd}{\rm diag}(\boldsymbol{h}_{\rm sr})$；$\boldsymbol{R}_{\rm rd}\triangleq{\rm diag}(\boldsymbol{h}_{\rm rd})^{\rm H}{\rm diag}(\boldsymbol{h}_{\rm rd})$。此时，通过最大化如下比值即可得到最优的 $\boldsymbol{f}_{\rm r}$，即

$$\frac{\boldsymbol{f}_{\rm r}^{\rm H}\boldsymbol{R}_{\rm srd}\boldsymbol{f}_{\rm r}}{1+\boldsymbol{f}_{\rm r}^{\rm H}\boldsymbol{R}_{\rm rd}\boldsymbol{f}_{\rm r}}=\frac{\boldsymbol{f}_{\rm r}^{\rm H}\boldsymbol{R}_{\rm srd}\boldsymbol{f}_{\rm r}}{\boldsymbol{f}_{\rm r}^{\rm H}\tilde{\boldsymbol{R}}_{\rm rd}\boldsymbol{f}_{\rm r}} \tag{4.71}$$

式中 $\tilde{\boldsymbol{R}}_{\rm rd}\triangleq P_{\rm r}^{-1}\left[P_{\rm s}{\rm diag}(\boldsymbol{h}_{\rm sr})^{\rm H}{\rm diag}(\boldsymbol{h}_{\rm sr})+\boldsymbol{I}_{n_{\rm r}}\right]+\boldsymbol{R}_{\rm rd}$。因此，最优的中继波束赋形向量为

$$\boldsymbol{f}_{\rm r}=\sqrt{\frac{P_{\rm r}}{\left(\tilde{\boldsymbol{f}}_{\rm r}^*\right)^{\rm H}\boldsymbol{D}_{\rm r}\tilde{\boldsymbol{f}}_{\rm r}^*}}\cdot\tilde{\boldsymbol{f}}_{\rm r}^* \tag{4.72}$$

式中 $\tilde{\boldsymbol{f}}_{\rm r}^*=\psi_{\max}\left(\boldsymbol{R}_{\rm srd},\tilde{\boldsymbol{R}}_{\rm rd}\right)$ 为最优的波束赋形方向向量。通过设置 $P_{\rm r}=\bar{P}-P_{\rm s}$，并

在$[0,\bar{P}]$对P_s进行简单的线性搜索，可以在功率约束$P_s+P_r=\bar{P}$下得到源节点功率P_s和中继节点功率P_r间的最优功率分配方案。当然，也可采用前节所述的随机搜索方法[3,6]。

例 4.1 非可信中继条件下安全速率和安全中断概率随中继节点（同时也是窃听节点）位置的变化关系如图 4.3 所示。中继窃听信道模型如图 4.1 所示，令$n_s=n_d=n_e=1$，$n_r=2$。假设所有信道系数相互独立且都服从零均值单位方差的复高斯分布，路径损耗系数设为$\alpha=2$。假设源节点、目的节点位置分别为（0, 0）和（1, 0）。考虑两种情况进行对比：不采用中继协助传输（此时，退化为传统的单输入单输出多天线窃听 SISOME 场景）和采用非可信放大转发中继协助传输。第一种情况只需要一个时隙完成一次信号传输，第二种情况需要两个时隙完成一次信号传输。中继节点位置从（0, 0.02）变化到（2, 0.02），发送

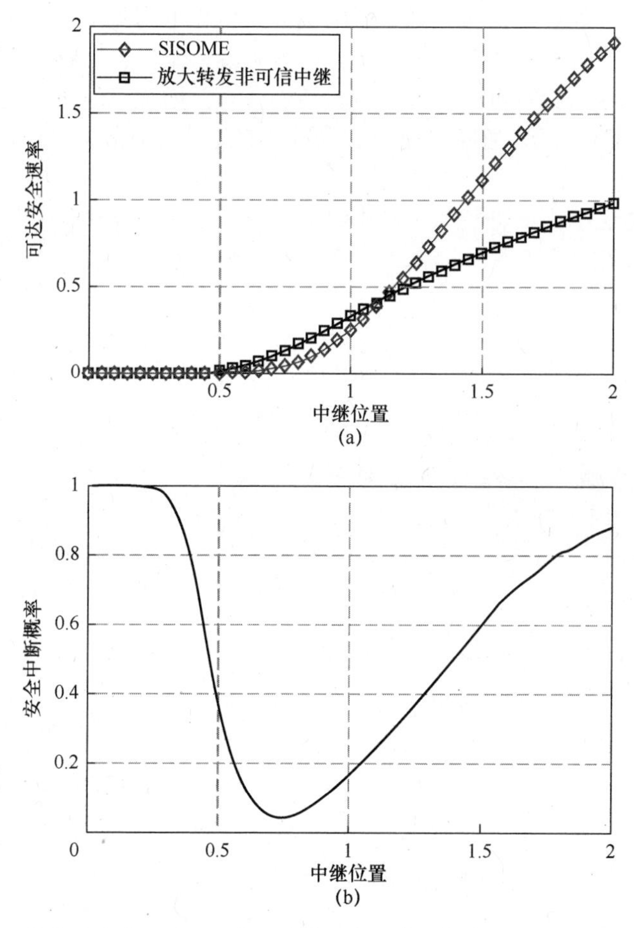

图 4.3　非可信中继条件下的可达安全速率和安全中断概率，$n_s=n_d=n_e=1$，$n_r=2$

信噪比固定为 10dB，考虑源节点和目的节点总功率约束。由图 4.3（a）可知，当中继节点靠近目的节点时，非可信放大转发中继方案能够获得比直传方案更好的性能。由图 4.3（b）可知，当中继节点位于（0.7, 0.02）时，安全中断概率最小。此时，目的节点既能从源和中继传输获益最多，又能避免泄露过多信息给中继（即窃听节点）。

4.3 人工噪声辅助的分布式安全波束赋形/预编码

通过增强目的节点处的接收性能或弱化窃听节点处的接收性能，中继波束赋形/预编码能够有效改善物理层安全性能。但因为需要两个时隙完成一次信号传输，带宽利用效率降低了 50%，因此采用中继转发信息并不总是有利的。此外，当中继节点处接收性能不好，或中继节点更靠近窃听节点时，中继转发也不一定有效。此时，就要考虑利用部分中继资源来发送人工噪声，而不是信息转发，从而降低窃听节点处的信号接收性能，有效增加可达安全速率。类似于无中继情况（第 3 章），当发送端无法精确已知窃听信道信息时，采用人工噪声尤其有效。

本节将考虑以下两种场景：①中继节点只发送人工噪声信号以阻塞窃听节点接收[3]；②中继节点既发送人工噪声信号也转发源节点信号[11,12]。当中继节点作为纯粹的干扰者，不需要接收源节点信号，只需要一个时隙即可完成一次信号传输。当需要同时发送人工噪声和信息信号时，中继节点要对预编码矩阵和干扰信号协方差进行联合设计，以实现在增强目的节点接收的同时降低对目的节点干扰的目的。这些技术将在下面详细介绍。

4.3.1 中继节点作为纯协同干扰节点

本小节假设中继节点作为纯协同干扰节点，只发送人工噪声信号以恶化窃听节点接收，而不发送有用信息信号。由于中继节点不需要接收源节点信号，因此只需要一个时隙就能完成一次信号传输。

考虑如图 4.4 所示的多天线无线系统，包含一个源节点、一个目的节点、一个窃听节点和一个作为纯协同干扰节点的中继。各节点配置的天线数目分别为 n_{s}、n_{d}、n_{r} 和 n_{e}。源节点发送有用信息信号的同时中继节点仅发送人工噪声。源节点发送信号为 $\boldsymbol{x}_{\mathrm{s}}=\boldsymbol{F}_{\mathrm{s}}\boldsymbol{u}$，其中 $\boldsymbol{F}_{\mathrm{s}}\in\mathbb{C}^{n_{\mathrm{s}}\times k}$ 为源节点预编码矩阵，$\boldsymbol{u}\in CN\left(0,\boldsymbol{I}_k\right)$ 为编码后符号向量，k 为信号维度数。则输入信号协方差矩阵为 $\boldsymbol{K}_{\boldsymbol{x}_{\mathrm{s}}}\triangleq E\left(\boldsymbol{x}_{\mathrm{s}}\boldsymbol{x}_{\mathrm{s}}^{\mathrm{H}}\right)=\boldsymbol{F}_{\mathrm{s}}\boldsymbol{F}_{\mathrm{s}}^{\mathrm{H}}$。由于仅需要单个时隙传输，目的节点和窃听节点处的接收信号可以表示为

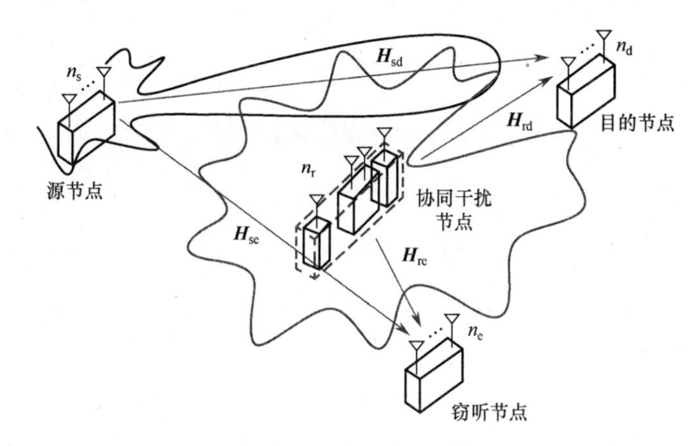

图 4.4 中继节点为纯干扰节点

$$\boldsymbol{y}_{\mathrm{d}}=\boldsymbol{H}_{\mathrm{sd}}\boldsymbol{x}_{\mathrm{s}}+\boldsymbol{H}_{\mathrm{rd}}\boldsymbol{a}+\boldsymbol{w}_{\mathrm{d}} \tag{4.73a}$$

$$\boldsymbol{y}_{\mathrm{e}}=\boldsymbol{H}_{\mathrm{se}}\boldsymbol{x}_{\mathrm{s}}+\boldsymbol{H}_{\mathrm{re}}\boldsymbol{a}+\boldsymbol{w}_{\mathrm{e}} \tag{4.73b}$$

式中 $\boldsymbol{w}_{\mathrm{d}}\in CN\left(0,\boldsymbol{I}_{n_{\mathrm{d}}}\right)$、$\boldsymbol{w}_{\mathrm{e}}\in CN\left(0,\boldsymbol{I}_{n_{\mathrm{d}}}\right)$ 分别为目的节点和窃听节点处的加性高斯白噪声。目的节点和窃听节点处的等效噪声协方差矩阵分别表示为 $\boldsymbol{I}_{n_{\mathrm{d}}}+\boldsymbol{H}_{\mathrm{rd}}\boldsymbol{K}_{\boldsymbol{a}}\boldsymbol{H}_{\mathrm{rd}}^{\mathrm{H}}$ 和 $\boldsymbol{I}_{n_{\mathrm{e}}}+\boldsymbol{H}_{\mathrm{re}}\boldsymbol{K}_{\boldsymbol{a}}\boldsymbol{H}_{\mathrm{re}}^{\mathrm{H}}$。则可达安全速率可以表示为

$$\begin{aligned}R_{CJ}\left(\boldsymbol{K}_{X_{\mathrm{s}}},\boldsymbol{K}_{\boldsymbol{a}}\right)&=I\left(\boldsymbol{x}_{\mathrm{s}};\boldsymbol{y}_{\mathrm{d}}\right)-I\left(\boldsymbol{x}_{\mathrm{s}};\boldsymbol{y}_{\mathrm{e}}\right)\\&=\log\frac{\det\left[\boldsymbol{I}_{n_{\mathrm{s}}}+\boldsymbol{K}_{X_{\mathrm{s}}}\boldsymbol{H}_{\mathrm{sd}}^{\mathrm{H}}\left(\boldsymbol{I}_{n_{\mathrm{d}}}+\boldsymbol{H}_{\mathrm{rd}}\boldsymbol{K}_{\boldsymbol{a}}\boldsymbol{H}_{\mathrm{rd}}^{\mathrm{H}}\right)^{-1}\boldsymbol{H}_{\mathrm{sd}}\right]}{\det\left[\boldsymbol{I}_{n_{\mathrm{s}}}+\boldsymbol{K}_{X_{\mathrm{s}}}\boldsymbol{H}_{\mathrm{se}}^{\mathrm{H}}\left(\boldsymbol{I}_{n_{\mathrm{e}}}+\boldsymbol{H}_{\mathrm{re}}\boldsymbol{K}_{\boldsymbol{a}}\boldsymbol{H}_{\mathrm{re}}^{\mathrm{H}}\right)^{-1}\mathbf{H}_{\mathrm{se}}\right]}\end{aligned} \tag{4.74}$$

在总功率或单个功率约束条件下，以最大化可达安全速率为优化目标，可以得到输入信号和人工噪声信号的协方差矩阵的优化设计。然而，通常难以得到上述问题的最优解，相关文献给出了几种次优解算法。

例如，文献[13]首先假设在没有协同干扰节点存在的情况下，即 $\boldsymbol{K}_{\boldsymbol{a}}=\mathbf{0}$，考虑功率约束 $\boldsymbol{K}_{x_{\mathrm{s}}}\preceq\boldsymbol{S}$ 条件下，得到输入信号协方差矩阵。然后，在保证不降低源–目的节点互信息量（可视为广义的迫零约束）条件下得到人工噪声信号协方差矩阵 $\boldsymbol{K}_{\boldsymbol{a}}$。

在没有协同人工噪声节点存在时，求解优化安全预编码 $\boldsymbol{F}_{\mathrm{s}}$（等效于求解优化的输入协方差矩阵 $\boldsymbol{K}_{x_{\mathrm{s}}}$）与 3.1.2 节中讨论的情况一致，可以对 $\boldsymbol{I}_{n_{\mathrm{s}}}+(\boldsymbol{S}^{\frac{1}{2}})^{\mathrm{H}}\boldsymbol{H}_{\mathrm{se}}^{\mathrm{H}}\boldsymbol{H}_{\mathrm{se}}\boldsymbol{S}^{\frac{1}{2}}$ 和 $\boldsymbol{I}_{n_{\mathrm{s}}}+(\boldsymbol{S}^{\frac{1}{2}})^{\mathrm{H}}\boldsymbol{H}_{\mathrm{sd}}^{\mathrm{H}}\boldsymbol{H}_{\mathrm{sd}}\boldsymbol{S}^{\frac{1}{2}}$ 进行广义特征值分解得到。令 $\boldsymbol{C}$ 为两个对称正定矩阵 $\boldsymbol{I}_{n_{\mathrm{s}}}+(\boldsymbol{S}^{\frac{1}{2}})^{\mathrm{H}}\boldsymbol{H}_{\mathrm{se}}^{\mathrm{H}}\boldsymbol{H}_{\mathrm{se}}\boldsymbol{S}^{\frac{1}{2}}$ 和 $\boldsymbol{I}_{n_{\mathrm{s}}}+(\boldsymbol{S}^{\frac{1}{2}})^{\mathrm{H}}\boldsymbol{H}_{\mathrm{sd}}^{\mathrm{H}}\boldsymbol{H}_{\mathrm{sd}}\boldsymbol{S}^{\frac{1}{2}}$ 的可逆广义特

征向量矩阵，且满足

$$\boldsymbol{C}^{\mathrm{H}}\left[\boldsymbol{I}_{n_{\mathrm{s}}}+\left(\boldsymbol{S}^{\frac{1}{2}}\right)^{\mathrm{H}}\boldsymbol{H}_{\mathrm{se}}^{\mathrm{H}}\boldsymbol{H}_{\mathrm{se}}\boldsymbol{S}^{\frac{1}{2}}\right]\boldsymbol{C}=\boldsymbol{I}_{n_{\mathrm{s}}} \tag{4.75}$$

$$\boldsymbol{C}^{\mathrm{H}}\left[\boldsymbol{I}_{n_{\mathrm{s}}}+\left(\boldsymbol{S}^{\frac{1}{2}}\right)^{\mathrm{H}}\boldsymbol{H}_{\mathrm{sd}}^{\mathrm{H}}\boldsymbol{H}_{\mathrm{sd}}\boldsymbol{S}^{\frac{1}{2}}\right]\boldsymbol{C}=\boldsymbol{\Lambda}_{\mathrm{d}} \tag{4.76}$$

式中 $\boldsymbol{\Lambda}_{\mathrm{d}}=\mathrm{diag}\left(\lambda_1\cdots\lambda_{n_{\mathrm{s}}}\right)$ 为正定对角矩阵。令 b 为 $\boldsymbol{\Lambda}_{\mathrm{d}}$ 中大于 1 的元素个数，且 $\lambda_1\geqslant\cdots\geqslant\lambda_b\geqslant1\geqslant\cdots\geqslant\lambda_{n_{\mathrm{s}}}$。令 $\boldsymbol{\Lambda}_{\mathrm{d1}}=\mathrm{diag}\left(\lambda_1\cdots\lambda_b\right)$，$\boldsymbol{\Lambda}_{\mathrm{d}}=\mathrm{diag}\left(\lambda_{\mathrm{b+1}}\cdots\lambda_{n_{\mathrm{s}}}\right)$，则有

$$\boldsymbol{\Lambda}_{\mathrm{d}}=\begin{bmatrix}\boldsymbol{\Lambda}_{\mathrm{d1}} & \boldsymbol{0}\\ \boldsymbol{0} & \boldsymbol{\Lambda}_{\mathrm{d2}}\end{bmatrix}$$

令 $\boldsymbol{C}=\left[\boldsymbol{C}_1\ \boldsymbol{C}_2\right]$，其中 $\boldsymbol{C}_1$ 和 $\boldsymbol{C}_2$ 分别为 $n_{\mathrm{s}}\times b$ 和 $n_{\mathrm{s}}\times\left(n_{\mathrm{s}}-b\right)$ 的子矩阵。由 3.1.2 节中相关推导，$\boldsymbol{K}_{\boldsymbol{a}}=\boldsymbol{0}$ 条件下最优输入信号协方差矩阵可以通过下式计算，即

$$\boldsymbol{K}_{\boldsymbol{X}_{\mathrm{s}}|\boldsymbol{K}_{\boldsymbol{a}}=\boldsymbol{0}}^{*}=\boldsymbol{F}_{\mathrm{s}}\boldsymbol{F}_{\mathrm{s}}^{\mathrm{H}}=\boldsymbol{S}^{\frac{1}{2}}\boldsymbol{C}\begin{bmatrix}\left(\boldsymbol{C}_1^{\mathrm{H}}\boldsymbol{C}_1\right)^{-1} & \boldsymbol{0}\\ \boldsymbol{0} & \boldsymbol{0}\end{bmatrix}\boldsymbol{C}^{\mathrm{H}}\left(\boldsymbol{S}^{\frac{1}{2}}\right)^{\mathrm{H}} \tag{4.77}$$

式中：$\boldsymbol{C}=\left[\boldsymbol{C}_1\ \boldsymbol{C}_2\right]$，$\boldsymbol{C}_1$ 为 $n_{\mathrm{s}}\times b$ 的子矩阵。注意到上述的 $\boldsymbol{K}_{\boldsymbol{x}_{\mathrm{s}}|\boldsymbol{K}_{\boldsymbol{a}}=0}^{*}$ 满足功率协方差约束 $\boldsymbol{0}\preceq\boldsymbol{K}_{\boldsymbol{x}_{\mathrm{s}}|\boldsymbol{K}_{\boldsymbol{a}}=0}^{*}\preceq\boldsymbol{S}$。

在给定输入信号协方差矩阵 $\boldsymbol{K}_{\boldsymbol{x}_{\mathrm{s}}|\boldsymbol{K}_{\boldsymbol{a}}=0}^{*}$ 条件下，可在不降低源-目的互信息量约束条件下寻找人工噪声信号的协方差矩阵。这一广义的迫零约束可表示为

$$\log\det\left[\boldsymbol{I}_{n_{\mathrm{s}}}+\boldsymbol{K}_{\boldsymbol{X}_{\mathrm{s}}|\boldsymbol{K}_{\boldsymbol{a}}=0}^{*}\boldsymbol{H}_{\mathrm{sd}}^{\mathrm{H}}\left(\boldsymbol{I}_{n_{\mathrm{d}}}+\boldsymbol{H}_{\mathrm{rd}}\boldsymbol{K}_{\boldsymbol{a}}\boldsymbol{H}_{\mathrm{rd}}^{\mathrm{H}}\right)^{-1}\boldsymbol{H}_{\mathrm{sd}}\right] \tag{4.78}$$

$$=\log\det\left[\boldsymbol{I}_{n_{\mathrm{s}}}+\boldsymbol{K}_{\boldsymbol{X}_{\mathrm{s}}|\boldsymbol{K}_{\boldsymbol{a}}=0}^{*}\boldsymbol{H}_{\mathrm{sd}}^{\mathrm{H}}\boldsymbol{H}_{\mathrm{sd}}\right] \tag{4.79}$$

$$=\log\det\left[\left(\boldsymbol{C}_1^{\mathrm{H}}\boldsymbol{C}_1\right)^{-1}\boldsymbol{\Lambda}_{\mathrm{d1}}\right] \tag{4.80}$$

式中最后一个等式关系可由式（3.24）得到。需要注意的是，为了满足式（4.78）中的广义迫零约束，不一定要求人工噪声信号位于中继-目的信道的零空间。

假设 n_{r} 大于信号的维度数 k（更多场景假设参见文献[13]），为了满足广义的迫零约束条件，考虑人工噪声信号的协方差矩阵可表示为

$$\boldsymbol{K}_{\boldsymbol{a}}=\boldsymbol{\Gamma}_{\boldsymbol{a}}\boldsymbol{\Pi}_{\boldsymbol{a}}\boldsymbol{\Gamma}_{\boldsymbol{a}}^{\mathrm{H}} \tag{4.81}$$

式中：$\boldsymbol{\Pi}_{\boldsymbol{a}}\in\mathbb{C}^{d\times d}$ 为正定矩阵；$\boldsymbol{\Gamma}_{\boldsymbol{a}}\in\mathbb{C}^{d\times d}$；$d$ 为人工噪声信号的维度数。令 d 为

$\boldsymbol{K}^{*}_{\boldsymbol{x}_{\mathrm{s}}|\boldsymbol{K}_{\boldsymbol{a}}=\boldsymbol{0}}\boldsymbol{H}^{\mathrm{H}}_{\mathrm{sd}}\boldsymbol{H}_{\mathrm{rd}}$ 零空间的维度数，$\boldsymbol{\varGamma}_{\boldsymbol{a}}$ 为零空间的右奇异矩阵，因此有 $\boldsymbol{K}^{*}_{\boldsymbol{x}_{\mathrm{s}}|\boldsymbol{K}_{\boldsymbol{a}}=\boldsymbol{0}}\boldsymbol{H}^{\mathrm{H}}_{\mathrm{sd}}\boldsymbol{H}_{\mathrm{rd}}\boldsymbol{\varGamma}_{\boldsymbol{a}}=\boldsymbol{0}$，进而可得

$$\log\det\left[\boldsymbol{I}_{n_{\mathrm{s}}}+\boldsymbol{K}^{*}_{X_{\mathrm{s}}|\boldsymbol{K}_{\boldsymbol{a}}=\boldsymbol{0}}\boldsymbol{H}^{\mathrm{H}}_{\mathrm{sd}}\left(\boldsymbol{I}_{n_{\mathrm{d}}}+\boldsymbol{H}_{\mathrm{rd}}\boldsymbol{K}_{\boldsymbol{a}}\boldsymbol{H}^{\mathrm{H}}_{\mathrm{rd}}\right)^{-1}\boldsymbol{H}_{\mathrm{sd}}\right] \tag{4.82}$$

$$=\log\det\left\{\boldsymbol{I}_{n_{\mathrm{s}}}+\boldsymbol{K}^{*}_{X_{\mathrm{s}}|\boldsymbol{K}_{\boldsymbol{a}}=\boldsymbol{0}}\boldsymbol{H}^{\mathrm{H}}_{\mathrm{sd}}\cdot\left[\boldsymbol{I}_{n_{\mathrm{d}}}-\boldsymbol{H}_{\mathrm{rd}}\boldsymbol{\varGamma}_{\boldsymbol{a}}\left(\boldsymbol{\varPi}^{-1}_{\boldsymbol{a}}+\boldsymbol{\varGamma}^{\mathrm{H}}_{\boldsymbol{a}}\boldsymbol{H}^{\mathrm{H}}_{\mathrm{rd}}\boldsymbol{H}_{\mathrm{rd}}\boldsymbol{\varGamma}_{\boldsymbol{a}}\right)^{-1}\boldsymbol{\varGamma}^{\mathrm{H}}_{\boldsymbol{a}}\boldsymbol{H}^{\mathrm{H}}_{\mathrm{rd}}\right]\boldsymbol{H}_{\mathrm{sd}}\right\} \tag{4.83}$$

$$=\log\det\left(\boldsymbol{I}_{n_{\mathrm{s}}}+\boldsymbol{K}^{*}_{X_{\mathrm{s}}|\boldsymbol{K}_{\boldsymbol{a}}=\boldsymbol{0}}\boldsymbol{H}^{\mathrm{H}}_{\mathrm{sd}}\boldsymbol{H}_{\mathrm{sd}}\right) \tag{4.84}$$

将 $\boldsymbol{K}_{\boldsymbol{a}}$ 代入式（4.81），由矩阵可逆定理可得第一个等式关系。这表明选择的 $\boldsymbol{\varGamma}_{\boldsymbol{a}}$ 能够满足式（4.80）中的广义迫零约束条件。因为式（4.74）中分子与 $\boldsymbol{K}_{\boldsymbol{a}}$ 无关，即与 $\boldsymbol{\varPi}_{\boldsymbol{a}}$ 无关，为最大化式（4.74）中的可达安全速率，需选择 $\boldsymbol{\varPi}_{\boldsymbol{a}}$ 使得分母最小化。式（4.74）中分母的对数可写为

$$\log\det\left[\boldsymbol{I}_{n_{\mathrm{s}}}+\boldsymbol{K}^{*}_{X_{\mathrm{s}}|\boldsymbol{K}_{\boldsymbol{a}}=\boldsymbol{0}}\boldsymbol{H}^{\mathrm{H}}_{\mathrm{se}}\left(\boldsymbol{I}_{n_{\mathrm{e}}}+\boldsymbol{H}_{\mathrm{re}}\boldsymbol{K}_{\boldsymbol{a}}\boldsymbol{H}^{\mathrm{H}}_{\mathrm{re}}\right)^{-1}\boldsymbol{H}_{\mathrm{se}}\right]$$

$$=\log\det\left(\boldsymbol{I}_{n_{\mathrm{e}}}+\boldsymbol{H}_{\mathrm{re}}\boldsymbol{K}_{\boldsymbol{a}}\boldsymbol{H}^{\mathrm{H}}_{\mathrm{re}}+\boldsymbol{H}_{\mathrm{se}}\boldsymbol{K}^{*}_{X_{\mathrm{s}}|\boldsymbol{K}_{\boldsymbol{a}}=\boldsymbol{0}}\boldsymbol{H}^{\mathrm{H}}_{\mathrm{se}}\right)-\log\det\left(\boldsymbol{I}_{n_{\mathrm{e}}}+\boldsymbol{H}_{\mathrm{re}}\boldsymbol{K}_{\boldsymbol{a}}\boldsymbol{H}^{\mathrm{H}}_{\mathrm{re}}\right)$$

若假设泄露给窃听者的信息（即 $\boldsymbol{H}_{\mathrm{se}}\boldsymbol{K}^{*}_{X_{\mathrm{s}}|\boldsymbol{K}_{\boldsymbol{a}}=\boldsymbol{0}}\boldsymbol{H}^{\mathrm{H}}_{\mathrm{se}}$）较于人工噪声信号在窃听者处造成的干扰很大，则原问题就近似于使上式中第二项最大化的问题。因此，该优化问题可以表示为

$$\min_{\boldsymbol{\varPi}_{\boldsymbol{a}}}\quad\log\det\left(\boldsymbol{I}_{n_{\mathrm{e}}}+\boldsymbol{H}_{\mathrm{re}}\boldsymbol{\varGamma}_{\boldsymbol{a}}\boldsymbol{\varPi}_{\boldsymbol{a}}\boldsymbol{\varGamma}^{\mathrm{H}}_{\boldsymbol{a}}\boldsymbol{H}^{\mathrm{H}}_{\mathrm{re}}\right) \tag{4.85a}$$

$$\text{subject to }\ \mathrm{tr}\left(\boldsymbol{\varPi}_{\boldsymbol{a}}\right)\leqslant\bar{P}_{\mathrm{r}} \tag{4.85b}$$

对 $\boldsymbol{\varGamma}^{\mathrm{H}}_{\boldsymbol{a}}\boldsymbol{H}^{\mathrm{H}}_{\mathrm{re}}\boldsymbol{H}_{\mathrm{re}}\boldsymbol{\varGamma}_{\boldsymbol{a}}$ 进行特征值分解，即

$$\boldsymbol{\varGamma}^{\mathrm{H}}_{\boldsymbol{a}}\boldsymbol{H}^{\mathrm{H}}_{\mathrm{re}}\boldsymbol{H}_{\mathrm{re}}\boldsymbol{\varGamma}_{\boldsymbol{a}}=\boldsymbol{UDU}^{\mathrm{H}} \tag{4.86}$$

式中：$\boldsymbol{U}\in\mathbb{C}^{d\times d}$ 为酉矩阵；$\boldsymbol{D}\in\mathbb{C}^{d\times d}$ 为对角矩阵。则原优化问题可简化为

$$\min_{\boldsymbol{\varPi}_{\boldsymbol{a}}}\quad\log\det\left(\boldsymbol{I}_{\mathrm{d}}+\boldsymbol{\varPi}_{\boldsymbol{a}}\boldsymbol{UDU}^{\mathrm{H}}\right) \tag{4.87}$$

$$\text{subject to }\ \mathrm{tr}\left(\boldsymbol{\varPi}_{\boldsymbol{a}}\right)\leqslant\bar{P}_{\mathrm{r}} \tag{4.88}$$

因此，该问题的解为 $\boldsymbol{\varPi}_{\boldsymbol{a}}=\boldsymbol{U\varDelta U}^{\mathrm{H}}$，其中 $\boldsymbol{\varDelta}=\left[\eta\boldsymbol{I}-\boldsymbol{D}^{-1}\right]^{+}$ 为注水算法所得解，η 取值需满足 $\mathrm{tr}\left(\boldsymbol{\varPi}_{\boldsymbol{a}}\right)=\mathrm{tr}\left(\boldsymbol{\varDelta}\right)=\bar{P}_{\mathrm{r}}$。

为了进一步解释该问题，考虑一种简单的特例，其中 $n_{\mathrm{s}}=n_{\mathrm{d}}=n_{\mathrm{e}}=1$，$d=1$，$n_{\mathrm{r}}>1$。此时，$\boldsymbol{\varGamma}_{\boldsymbol{a}}\in\mathbb{C}^{n_{\mathrm{r}}\times 1}$ 应位于 $\boldsymbol{h}_{\mathrm{rd}}$ 的零空间。在 $\boldsymbol{h}_{\mathrm{re}}$ 已知条件下，可令 $\boldsymbol{\varGamma}_{\boldsymbol{a}}$ 为 $\boldsymbol{h}_{\mathrm{re}}$ 在 $\boldsymbol{h}_{\mathrm{rd}}$ 零空间的投影，即

$$\boldsymbol{\Gamma}_{\boldsymbol{a}}=\frac{\left(\boldsymbol{I}-\frac{\boldsymbol{h}_{\mathrm{rd}}^{\mathrm{H}}\boldsymbol{h}_{\mathrm{rd}}}{\left\|\boldsymbol{h}_{\mathrm{rd}}\right\|^{2}}\right)\boldsymbol{h}_{\mathrm{re}}^{\mathrm{H}}}{\left\|\left(\boldsymbol{I}-\frac{\boldsymbol{h}_{\mathrm{rd}}^{\mathrm{H}}\boldsymbol{h}_{\mathrm{rd}}}{\left\|\boldsymbol{h}_{\mathrm{rd}}\right\|^{2}}\right)\boldsymbol{h}_{\mathrm{re}}^{\mathrm{H}}\right\|} \tag{4.89}$$

上述解可以最大化人工噪声信号对窃听节点的干扰作用。若$\boldsymbol{h}_{\mathrm{re}}$未知，可用**1**替换式（4.89）中的$\boldsymbol{h}_{\mathrm{re}}$。此时，最终的噪声协方差矩阵在$\boldsymbol{h}_{\mathrm{rd}}$零空间内均匀分布，则人工噪声信号协方差矩阵可写为$\boldsymbol{K}_{\boldsymbol{a}}=\bar{P}_{\mathrm{r}}\boldsymbol{\Gamma}_{\boldsymbol{a}}\boldsymbol{\Gamma}_{\boldsymbol{a}}^{\mathrm{H}}$。

此外，可考虑n_{r}个单天线中继节点（而不是一个配置n_{r}天线的中继节点）的场景。同样，假设源节点、目的节点、窃听节点都只装配有单根天线。假设各中继节点各自独立产生人工噪声信号，因此人工噪声信号协方差矩阵应为对角矩阵，可写为$\boldsymbol{K}_{\boldsymbol{a}}=\mathrm{diag}\left(\sigma_{a,1}^{2}\ \cdots\ \sigma_{a,n_{\mathrm{r}}}^{2}\right)$，其中$\sigma_{a,i}^{2}$为第$i$个中继节点处人工噪声信号方差。在这种情况下，无法使人工噪声信号对目的节点迫零，可达安全速率可以表示为

$$R_{CJ}=\log\left(1+\frac{P_{\mathrm{s}}\left|h_{\mathrm{sd}}\right|^{2}}{1+\sum_{i=1}^{n_{\mathrm{r}}}\left|h_{\mathrm{r}_{i},\mathrm{d}}\right|^{2}\sigma^{2}{}_{a,i}}\right)-\log\left(1+\frac{P_{\mathrm{s}}\left|h_{\mathrm{se}}\right|^{2}}{1+\sum_{i=1}^{n_{\mathrm{r}}}\left|h_{\mathrm{r}_{i},\mathrm{e}}\right|^{2}\sigma^{2}{}_{a,i}}\right) \tag{4.90}$$

令$I=\left\{i:\left|\boldsymbol{h}_{\mathrm{r}_{i},\mathrm{e}}\right|^{2}>\left|\boldsymbol{h}_{\mathrm{r}_{i},\mathrm{d}}\right|^{2}\right\}$为到窃听节点信道好于到目的节点信道的中继节点序号集合。各中继节点处人工噪声信号的方差可以设置为

$$\sigma_{a,i}^{2}=\begin{cases}\sigma_{a}^{2}, & \left|h_{\mathrm{r}_{i},\mathrm{e}}\right|^{2}>\left|h_{\mathrm{r}_{i},d}\right|^{2}\\ 0, & \text{其他}\end{cases} \tag{4.91}$$

这种情况下，可得可达安全速率为

$$R_{CJ}=\log\left(1+\frac{P_{\mathrm{s}}\left|h_{\mathrm{sd}}\right|^{2}}{1+\sigma_{a}^{2}\sum_{i\in\mathrm{I}}\left|h_{\mathrm{r}_{i},\mathrm{d}}\right|^{2}}\right)-\log\left(1+\frac{P_{\mathrm{s}}\left|h_{\mathrm{se}}\right|^{2}}{1+\sigma_{a}^{2}\sum_{i\in\mathrm{I}}\left|h_{\mathrm{r}_{i},\mathrm{e}}\right|^{2}}\right) \tag{4.92}$$

最优人工噪声信号的方差σ_{a}^{2}值可由线性搜索方法得到。在$\sigma_{a}^{2}=0$处对可达安全速率求导，可以证明当

$$\frac{1+1/P_{\mathrm{s}}\left|h_{\mathrm{sd}}\right|^{2}}{1+1/P_{\mathrm{s}}\left|h_{\mathrm{se}}\right|^{2}}>\frac{\sum_{i\in\mathrm{I}}\left|h_{\mathrm{r}_{i},\mathrm{d}}\right|^{2}}{\sum_{i\in\mathrm{I}}\left|h_{\mathrm{r}_{i},\mathrm{e}}\right|^{2}}$$

时，选择$\sigma_{a}^{2}>0$可获得更高的可达安全速率。

例 4.2 图 4.5 比较了可信中继场景和图 4.1 中的中继窃听信道场景的安全速率性能。其中，$n_{\mathrm{s}}=n_{\mathrm{d}}=n_{\mathrm{e}}=1$，$n_{\mathrm{r}}=2$。假设所有信道系数相互独立且都服

从零均值、单位方差的复高斯分布，路径损耗系数设为$\alpha = 2$。假设源节点、目的节点、窃听节点位置分别为（0, 0)、(1, 0）和（1.25, 0)。当发送信噪比固定为 10dB，中继位置从（0, 0.02）变化到（2, 0.02）时，图 4.5（a）给出了四种方案（即无中继辅助的 SISOSE，有 2 个译码转发中继的 SISOSE 和有 2 个放大转发中继的 SISOSE 和有 2 个协同干扰节点的 SISOSE）的可达安全速率对比。考虑源节点和中继节点受到总功率约束。从图中观察可知，当中继节点靠近源节点时，译码转发方案性能优于放大转发方案；当中继节点更靠近目的节点时，放大转发方案更优。此外，协同干扰方案的可达安全速率随着中继节点靠近窃听节点而单调上升。图 4.5（b）给出了中继节点位置固定在（0.5, 0.02）时可达安全速率随发送信噪比的变化情况。由图可知，协同干扰方案的可达安全速率随

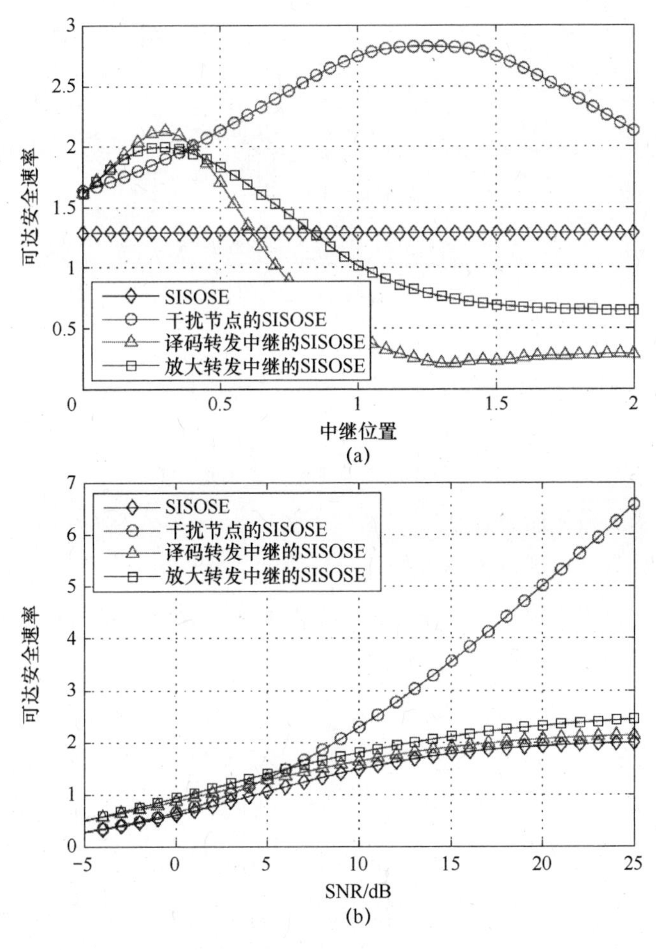

图 4.5　可信中继条件下四种传输方案的可达安全速率

信噪比增大迅速提升。这是因为这一方案可以在发送干扰信号恶化窃听节点处接收质量的同时，完全不干扰目的节点的接收。

4.3.2 中继节点同时传输信息和人工噪声

4.3.1 节中，假设中继节点只是单纯的协同干扰节点而不转发源节点信号。这一小节，假设中继节点在发送人工噪声信号恶化窃听节点处接收的同时，也辅助转发源节点信号。如图 4.6 所示，此时一次信号传输需要两个时隙。假设源节点和目的节点在各自不接收信号时都能发送人工噪声信号。

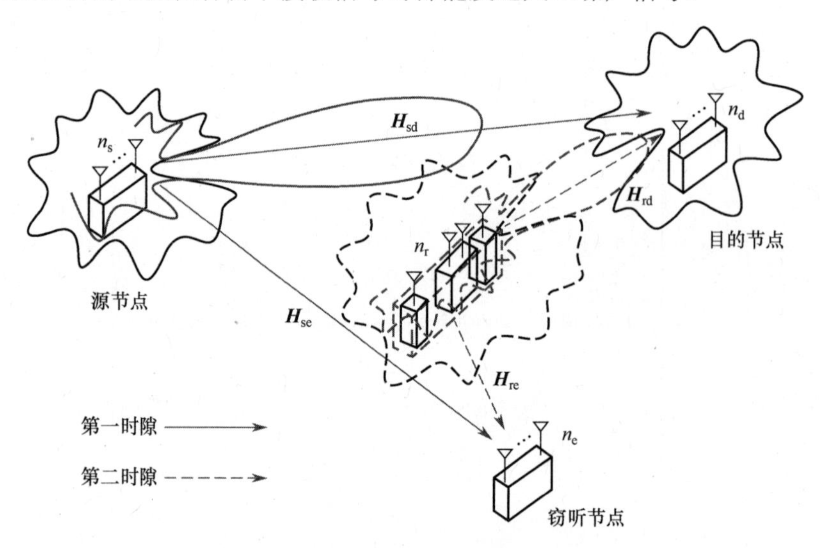

图 4.6 联合人工噪声的分布式波束赋形

考虑一个中继窃听信道模型，由一个源节点、一个中继节点、一个目的节点和一个窃听节点组成，各自天线数分别为 n_s、n_d、n_e 和 n_r。在第一时隙，源节点发送一个由携带信息的信号和人工噪声信号组成的混合信号，即

$$\boldsymbol{x}_s^{(1)} = \boldsymbol{s} + \boldsymbol{a}_s^{(1)} \tag{4.93}$$

式中：$\boldsymbol{s} \in \mathbb{C}^{n_s \times 1}$ 为携带信息的信号；$\boldsymbol{a}_s^{(1)} \in \mathbb{C}^{n_s \times 1}$ 为源节点发送的人工噪声信号。目的节点也在第一时隙中发送人工噪声信号 $\boldsymbol{a}_d \in \mathbb{C}^{n_d \times 1}$。此时，目的节点和窃听节点接收到的叠加信号可分别写为

$$\boldsymbol{y}_r = \boldsymbol{H}_{sr}\left(\boldsymbol{s} + \boldsymbol{a}_s^{(1)}\right) + \boldsymbol{H}_{dr}\boldsymbol{a}_d + \boldsymbol{w}_r \tag{4.94a}$$

$$\boldsymbol{y}_e^{(1)} = \boldsymbol{H}_{se}\left(\boldsymbol{s} + \boldsymbol{a}_s^{(1)}\right) + \boldsymbol{H}_{de}\boldsymbol{a}_d + \boldsymbol{w}_e^{(1)} \tag{4.94b}$$

式中$\boldsymbol{H}_{\mathrm{sr}}$和$\boldsymbol{H}_{\mathrm{se}}$的定义和前面一样，$\boldsymbol{H}_{\mathrm{dr}} \in \mathbb{C}^{n_{\mathrm{r}} \times n_{\mathrm{d}}}$和$\boldsymbol{H}_{\mathrm{de}} \in \mathbb{C}^{n_{\mathrm{e}} \times n_{\mathrm{d}}}$分别为目的–中继信道和目的–窃听信道矩阵。由于半双工约束，目的节点在第一时隙中发送人工噪声信号，因此不能进行信号接收。

在第二时隙，源节点和中继节点分别发送信号$\boldsymbol{x}_{\mathrm{s}}^{(2)}$和$\boldsymbol{x}_{\mathrm{r}}$。类似文献[11]中考虑，假设在第二时隙源节点发送的信号只包含人工噪声信号，即$\boldsymbol{x}_{\mathrm{s}}^{(2)} = \boldsymbol{a}_{\mathrm{s}}^{(2)}$，而中继节点发送信号为信息信号和人工噪声信号叠加的混合信号，即$\boldsymbol{x}_{\mathrm{r}} = \boldsymbol{s}_{\mathrm{r}} + \boldsymbol{a}_{\mathrm{r}}$。目的节点和窃听节点的接收信号可分别写为

$$\boldsymbol{y}_{\mathrm{d}} = \boldsymbol{H}_{\mathrm{sd}} \boldsymbol{a}_{\mathrm{s}}^{(2)} + \boldsymbol{H}_{\mathrm{rd}} \left(\boldsymbol{s}_{\mathrm{r}} + \boldsymbol{a}_{\mathrm{r}} \right) + \boldsymbol{w}_{\mathrm{d}} \tag{4.95a}$$

$$\boldsymbol{y}_{\mathrm{e}}^{(2)} = \boldsymbol{H}_{\mathrm{sd}} \boldsymbol{a}_{\mathrm{s}}^{(2)} + \boldsymbol{H}_{\mathrm{re}} \left(\boldsymbol{s}_{\mathrm{r}} + \boldsymbol{a}_{\mathrm{r}} \right) + \boldsymbol{w}_{\mathrm{e}}^{(2)} \tag{4.95b}$$

上述方案中，以源节点–目的节点间安全速率最大化为目标可以优化设计携带信息的信号$\boldsymbol{s}$和$\boldsymbol{s}_{\mathrm{r}}$、人工噪声信号$\boldsymbol{a}_{\mathrm{s}}^{(1)}$、$\boldsymbol{a}_{\mathrm{s}}^{(2)}$、$\boldsymbol{a}_{\mathrm{r}}$和$\boldsymbol{a}_{\mathrm{d}}$。在译码转发和放大转发系统中均可考虑上述优化设计问题。在译码转发系统中，中继节点需对第一时隙收到的信号进行译码，然后在第二时隙发送重新编码后的信号至目的节点。加入人工噪声信号后，中继节点的发送信号可写为$\boldsymbol{x}_{\mathrm{r}} = \boldsymbol{F}_{\mathrm{r}} \boldsymbol{u}_{\mathrm{r}} + \boldsymbol{a}_{\mathrm{r}}$，其中$\boldsymbol{F}_{\mathrm{r}} \in \mathbb{C}^{n_{\mathrm{r}} \times k_{\mathrm{r}}}$为中继节点预编码矩阵，$\boldsymbol{u}_{\mathrm{r}} \in \mathbb{C}^{k_{\mathrm{r}} \times 1}$为中继节点处重新编码后符号向量，$k_{\mathrm{r}}$为中继处信号维度数，$\boldsymbol{a}_{\mathrm{r}}$为人工噪声信号。在放大转发系统中，中继节点不进行译码，而是对接收到的信号进行线性放大后转发至目的节点。加入人工噪声信号后，中继节点的发送信号可写为$\boldsymbol{x}_{\mathrm{r}} = \boldsymbol{F}_{\mathrm{r}} \boldsymbol{y}_{\mathrm{r}} + \boldsymbol{a}_{\mathrm{r}}$，其中$\boldsymbol{F}_{\mathrm{r}}$为$n_{\mathrm{r}} \times n_{\mathrm{r}}$的预编码矩阵。预编码矩阵的设计，一方面要增强目的节点对携带信息信号的接收，另一方面要避免人工噪声信号影响目的节点。以放大转发中继系统为例，下面对文献[11]中提出预编码设计进行介绍。关于译码转发中继系统，读者可参阅文献[12]提出的基于广义奇异值分解方法的预编码设计。

考虑一个放大转发中继系统，其中$n_{\mathrm{s}} = n_{\mathrm{d}} = n_{\mathrm{e}} = M$，$n_{\mathrm{r}} = N$。根据文献[11]中所提的方法，在第一时隙，源节点发送的携带信息的信号可表示为$\boldsymbol{s} = \boldsymbol{F}_{\mathrm{s}} \boldsymbol{u}$，其中$\boldsymbol{F}_{\mathrm{s}} \in \mathbb{C}^{M \times k}$为源节点预编码矩阵，$\boldsymbol{u} \sim CN\left(\boldsymbol{0}, \boldsymbol{I}_k\right)$为编码后的符号向量，$k$为信号维度数，且假设$k < \min\left\{M, N\right\}$。此外，源节点和目的节点第一时隙发送的人工噪声信号可分别表示为$\boldsymbol{a}_{\mathrm{s}}^{(1)} = \boldsymbol{G}_{\mathrm{s}}^{(1)} \tilde{\boldsymbol{a}}_{\mathrm{s}}^{(1)}$和$\boldsymbol{a}_{\mathrm{d}} = \boldsymbol{G}_{\mathrm{d}} \tilde{\boldsymbol{a}}_{\mathrm{d}}$，其中，$\boldsymbol{G}_{\mathrm{s}}^{(1)} \in \mathbb{C}^{M \times (M-k)}$和$\boldsymbol{G}_{\mathrm{d}} \in \mathbb{C}^{M \times M}$分别为源节点和目的节点处的噪声预编码矩阵，$\tilde{\boldsymbol{a}}_{\mathrm{s}}^{(1)} \sim CN\left(\boldsymbol{0}, \boldsymbol{I}_{M-k}\right)$和$\tilde{\boldsymbol{a}}_{\mathrm{d}} \sim CN\left(\boldsymbol{0}, \boldsymbol{I}_M\right)$分别为源节点和目的节点产生的随机白噪声。将上述信号代入式（4.94），可得第一时隙中继节点和窃听节点的接收信号为

$$\boldsymbol{y}_{\mathrm{r}}=\boldsymbol{H}_{\mathrm{sr}}\boldsymbol{F}_{\mathrm{s}}\boldsymbol{u}+\boldsymbol{H}_{\mathrm{sr}}\boldsymbol{G}_{\mathrm{s}}^{(1)}\tilde{\boldsymbol{a}}_{\mathrm{s}}^{(1)}+\boldsymbol{H}_{\mathrm{dr}}\boldsymbol{G}_{\mathrm{d}}^{(1)}\tilde{\boldsymbol{a}}_{\mathrm{d}}+\boldsymbol{w}_{\mathrm{r}} \tag{4.96a}$$

$$\boldsymbol{y}_{\mathrm{e}}^{(1)}=\boldsymbol{H}_{\mathrm{se}}\boldsymbol{F}_{\mathrm{s}}\boldsymbol{u}+\boldsymbol{H}_{\mathrm{se}}\boldsymbol{G}_{\mathrm{s}}^{(1)}\tilde{\boldsymbol{a}}_{\mathrm{s}}^{(1)}+\boldsymbol{H}_{\mathrm{de}}\boldsymbol{G}_{\mathrm{d}}\tilde{\boldsymbol{a}}_{\mathrm{d}}+\boldsymbol{w}_{\mathrm{e}}^{(1)} \tag{4.96b}$$

中继节点处接收信号为携带信息信号和来自于源节点、目的节点的人工噪声信号的混合信号。注意到，对目的节点而言，$\tilde{\boldsymbol{a}}_{\mathrm{d}}$ 是已知的，因此当中继转发它到目的节点后，目的节点是可以消除的。因此，$\boldsymbol{G}_{\mathrm{d}}$ 的设计将不会影响可达安全速率。可以令 $\boldsymbol{G}_{\mathrm{d}}=\sqrt{\frac{P_{\mathrm{d}}}{M}}\boldsymbol{I}_M$ 在未知窃听信道信息时，这种设计是最优的。需要设计的预编码矩阵只剩下 $\boldsymbol{F}_{\mathrm{s}}$ 和 $\boldsymbol{G}_{\mathrm{s}}^{(1)}$。

对 $\boldsymbol{H}_{\mathrm{sr}}$ 进行奇异值分解，可得

$$\boldsymbol{H}_{\mathrm{sr}}=\boldsymbol{U}_{\mathrm{sr}}\boldsymbol{\Lambda}_{\mathrm{sr}}\boldsymbol{V}_{\mathrm{sr}}^{\mathrm{H}} \tag{4.97}$$

式中：$\boldsymbol{U}_{\mathrm{sr}}\in\mathbb{C}^{N\times N}$ 和 $\boldsymbol{V}_{\mathrm{sr}}\in\mathbb{C}^{M\times M}$ 均为酉矩阵；$\boldsymbol{\Lambda}_{\mathrm{sr}}$ 为对角矩阵，对角元素为 $\boldsymbol{H}_{\mathrm{sr}}$ 奇异值按降序排列。为利用 k 个最大奇异值对应信道进行数据传输，可选 $\boldsymbol{V}_{\mathrm{sr}}$ 的前 k 列组成的子矩阵作为源节点预编码矩阵 $\boldsymbol{F}_{\mathrm{s}}$ 为

$$\boldsymbol{F}_{\mathrm{s}}=\sqrt{\frac{P_{\mathrm{s}}}{M}}\boldsymbol{V}_{\mathrm{sr}}^{(1:k)} \tag{4.98}$$

式中 $\boldsymbol{V}_{\mathrm{sr}}^{(1:k)}$ 为 $\boldsymbol{V}_{\mathrm{sr}}$ 的前 k 列组成的矩阵。$\boldsymbol{V}_{\mathrm{sr}}$ 的剩余维度，即 $\boldsymbol{V}_{\mathrm{sr}}^{(k:M)}$ 用来传输人工噪声信号，即源节点处预编码矩阵 $\boldsymbol{G}_{\mathrm{s}}^{(1)}$ 为

$$\boldsymbol{G}_{\mathrm{s}}^{(1)}=\sqrt{\frac{P_{\mathrm{s}}}{M}}\boldsymbol{V}_{\mathrm{sr}}^{(k:M)} \tag{4.99}$$

由此，源节点发送功率可表示为 $\mathrm{tr}\left\{E\left[\boldsymbol{x}_{\mathrm{s}}^{(1)}\left(\boldsymbol{x}_{\mathrm{s}}^{(1)}\right)^{\mathrm{H}}\right]\right\}=\mathrm{tr}\left\{E\left[\left(\boldsymbol{F}_{\mathrm{s}}\boldsymbol{u}+\boldsymbol{G}_{\mathrm{s}}^{(1)}\tilde{\boldsymbol{a}}_{\mathrm{s}}^{(1)}\right)\right.\right.$ $\left.\left.\left(\boldsymbol{F}_{\mathrm{s}}\boldsymbol{u}+\boldsymbol{G}_{\mathrm{s}}^{(1)}\tilde{\boldsymbol{a}}_{\mathrm{s}}^{(1)}\right)^{\mathrm{H}}\right]\right\}=P_{\mathrm{s}}$。

在第二时隙，中继节点通过对接收信号乘以矩阵 $\boldsymbol{W}\in\mathbb{C}^{k\times N}$，首先消除来自源节点的人工噪声信号，$\boldsymbol{W}$ 必须满足以下条件[11]：

$$\boldsymbol{W}\boldsymbol{H}_{\mathrm{sr}}\boldsymbol{G}_{\mathrm{s}}^{(1)}=\boldsymbol{0}_{k\times(N-K)} \tag{4.100}$$

可以选择 $\boldsymbol{U}_{\mathrm{sr}}$ 前 k 列的共轭转置作为矩阵 $\boldsymbol{W}$，即

$$\boldsymbol{W}_{\mathrm{r}}=\left(\boldsymbol{U}_{\mathrm{sr}}^{(1:k)}\right)^{\mathrm{H}} \tag{4.101}$$

根据上面设计得到的信号和人工噪声预编码矩阵，可得中继节点的等效接收信号为

$$\boldsymbol{W}_{\mathrm{r}}\boldsymbol{y}_{\mathrm{r}}=\left(\boldsymbol{U}_{\mathrm{sr}}^{(1:k)}\right)^{\mathrm{H}}\boldsymbol{y}_{\mathrm{r}} \tag{4.102}$$

$$=\sqrt{\frac{P_{\mathrm{s}}}{M}}\boldsymbol{\Lambda}_{\mathrm{sr}}^{(1:k)}\boldsymbol{u}+\sqrt{\frac{P_{\mathrm{d}}}{M}}\left(\boldsymbol{U}_{\mathrm{sr}}^{(1:k)}\right)^{\mathrm{H}}\boldsymbol{H}_{\mathrm{dr}}\tilde{\boldsymbol{a}}_{\mathrm{d}}+\left(\boldsymbol{U}_{\mathrm{sr}}^{(1:k)}\right)^{\mathrm{H}}\boldsymbol{w}_{\mathrm{r}} \tag{4.103}$$

式中：$\boldsymbol{\Lambda}_{\mathrm{sr}}^{(1:k)} \in \mathbb{C}^{k\times k}$ 为对角矩阵，对角线上元素为信道矩阵 $\boldsymbol{H}_{\mathrm{sr}}$ 的 k 个最大奇异值。此处采用 $\boldsymbol{G}_{\mathrm{d}}=\sqrt{\dfrac{P_{\mathrm{d}}}{M}}\boldsymbol{I}_M$。需要注意的是，并未对目的节点发送的人工噪声信号做任何处理，因为这一干扰可在目的节点消除。

随后，中继节点的等效接收信号，即 $\boldsymbol{W}_{\mathrm{r}}\boldsymbol{y}_{\mathrm{r}}$，乘以对角矩阵 $\boldsymbol{D}_{\mathrm{r}}$，对各维度信号功率进行分配。这导致信号向量在信道 $\boldsymbol{H}_{\mathrm{rd}}$ 的 k 个最大奇异值对应的空间上传输。对 $\boldsymbol{H}_{\mathrm{rd}}$ 进行奇异值分解，即

$$\boldsymbol{H}_{\mathrm{rd}}=\boldsymbol{U}_{\mathrm{rd}}\boldsymbol{\Lambda}_{\mathrm{rd}}\boldsymbol{V}_{\mathrm{rd}}^{\mathrm{H}} \tag{4.104}$$

式中：$\boldsymbol{U}_{\mathrm{rd}} \in \mathbb{C}^{M\times M}$ 和 $\boldsymbol{V}_{\mathrm{rd}} \in \mathbb{C}^{N\times N}$ 均为酉矩阵；$\boldsymbol{\Lambda}_{\mathrm{rd}}$ 为对角矩阵，对角元素为 $\boldsymbol{H}_{\mathrm{rd}}$ 奇异值按降序排列。因此，中继节点处发送的携带信息信号为

$$\boldsymbol{s}_{\mathrm{r}}=\sqrt{\frac{P_{\mathrm{r}}}{N}}\boldsymbol{V}_{\mathrm{rd}}^{(1:k)}\boldsymbol{D}_{\mathrm{r}}\boldsymbol{W}_{\mathrm{r}}\boldsymbol{y}_{\mathrm{r}} \tag{4.105}$$

相应地，此时等效中继预编码矩阵为

$$\boldsymbol{F}_{\mathrm{r}}=\sqrt{\frac{P_{\mathrm{r}}}{N}}\boldsymbol{V}_{\mathrm{rd}}^{(1:k)}\boldsymbol{D}_{\mathrm{r}}\boldsymbol{W}_{\mathrm{r}} \tag{4.106}$$

由于只利用了 k 维空间进行信号传输，剩余的 $N-k$ 维用来传输人工噪声信号。中继节点在第二时隙发送的人工噪声信号可表示为 $\boldsymbol{a}_{\mathrm{r}}=\boldsymbol{G}_{\mathrm{r}}\tilde{\boldsymbol{a}}_{\mathrm{r}}$，其中 $\boldsymbol{G}_{\mathrm{r}} \in \mathbb{C}^{N\times(N-k)}$ 为人工噪声信号预编码矩阵，$\tilde{\boldsymbol{a}}_{\mathrm{r}} \sim CN\left(\boldsymbol{0},\boldsymbol{I}_{N\text{-}k}\right)$。具体而言，噪声预编码矩阵 $\boldsymbol{G}_{\mathrm{r}}$ 可设计为

$$\boldsymbol{G}_{\mathrm{r}}=\sqrt{\frac{P_{\mathrm{r}}}{N}}\boldsymbol{V}_{\mathrm{rd}}^{(k:N)} \tag{4.107}$$

即噪声预编码矩阵 $\boldsymbol{G}_{\mathrm{r}}$ 位于传输携带信息信号子空间的正交子空间。假设在信号传输的每个维度上等功率分配，则对角矩阵 $\boldsymbol{D}_{\mathrm{r}}$ 可写为

$$\left\{\boldsymbol{D}_{\mathrm{r}}\right\}_{\mathrm{m,m}}^{-2}=\frac{P_{\mathrm{s}}}{M}\lambda_{\mathrm{sr,m}}^{2}+\frac{P_{\mathrm{d}}}{M}\left\{\left(\boldsymbol{U}_{\mathrm{sr}}^{(1:k)}\right)^{\mathrm{H}}\boldsymbol{H}_{\mathrm{dr}}\boldsymbol{H}_{\mathrm{dr}}^{\mathrm{H}}\boldsymbol{U}_{\mathrm{sr}}^{(1:k)}\right\}_{\mathrm{m,m}}+1 \tag{4.108}$$

式中：$\left\{\boldsymbol{A}\right\}_{i,j}$ 为矩阵 $\boldsymbol{A}$ 的第 $\left(i,j\right)$ 个元素；$\lambda_{\mathrm{sr,m}}$ 为对角矩阵 $\boldsymbol{\Lambda}_{\mathrm{sr}}$ 对角线上第 m 个元素。此外，源节点在第二时隙可以发送新的人工噪声信号 $\boldsymbol{a}_{\mathrm{s}}^{(2)}=\boldsymbol{G}_{\mathrm{s}}^{(2)}\tilde{\boldsymbol{a}}_{\mathrm{s}}^{(2)}$，以弱化窃听节点接收性能。

将上述结果代入式（4.95），可得目的节点和窃听节点在第二时隙的接收信号为

$$\boldsymbol{y}_{\mathrm{d}}=\boldsymbol{H}_{\mathrm{sd}}\boldsymbol{G}_{\mathrm{s}}^{(2)}\tilde{\boldsymbol{a}}_{\mathrm{s}}^{(2)}+\boldsymbol{H}_{\mathrm{rd}}\boldsymbol{F}_{\mathrm{r}}\boldsymbol{y}_{\mathrm{r}}+\boldsymbol{H}_{\mathrm{rd}}\boldsymbol{G}_{\mathrm{r}}\tilde{\boldsymbol{a}}_{\mathrm{r}}+\boldsymbol{w}_{\mathrm{d}} \tag{4.109a}$$

$$\boldsymbol{y}_{\mathrm{e}}^{(2)}=\boldsymbol{H}_{\mathrm{se}}\boldsymbol{G}_{\mathrm{s}}^{(2)}\tilde{\boldsymbol{a}}_{\mathrm{s}}^{(2)}+\boldsymbol{H}_{\mathrm{re}}\boldsymbol{F}_{\mathrm{r}}\boldsymbol{y}_{\mathrm{r}}+\boldsymbol{H}_{\mathrm{re}}\boldsymbol{G}_{\mathrm{r}}\tilde{\boldsymbol{a}}_{\mathrm{r}}+\boldsymbol{w}_{\mathrm{e}}^{(2)} \tag{4.109b}$$

上面已经提到，目的节点第一时隙发送的人工噪声信号在中继节点处并没有消除，会在第二时隙转发回目的节点。但是，由于这一干扰信号是目的节点自己产生的，可以完全消除。此外，采用文献[11]中的干扰对齐技术，可以设计源节点处噪声预编码矩阵 $\boldsymbol{G}_{\mathrm{s}}^{(2)}$，使得第二时隙中源节点发送的人工噪声信号 $\boldsymbol{G}_{\mathrm{s}}^{(2)}\tilde{\boldsymbol{a}}_{\mathrm{s}}^{(2)}$ 和中继节点发送的人工噪声信号 $\boldsymbol{G}_{\mathrm{r}}\tilde{\boldsymbol{a}}_{\mathrm{r}}$ 到达目的节点时位于相同的子空间。详细的设计方法请参考文献[11]。这样，目的节点就能通过一个干扰消除矩阵 $\boldsymbol{W}_{\mathrm{d}}=\left(\boldsymbol{U}_{\mathrm{rd}}^{(1:k)}\right)^{\mathrm{H}}$ 同时消除来自源节点和中继节点的人工噪声。通过以上的干扰消除，目的节点处的等效接收信号为

$$
\begin{aligned}
\boldsymbol{W}_{\mathrm{d}}\boldsymbol{y}_{\mathrm{d}}&=\left(\boldsymbol{U}_{\mathrm{rd}}^{(1:k)}\right)^{\mathrm{H}}\boldsymbol{y}_{\mathrm{d}}\\
&=\sqrt{\frac{P_{\mathrm{r}}}{N}\frac{P_{\mathrm{s}}}{M}}\boldsymbol{\Lambda}_{\mathrm{rd}}^{(1:k)}\boldsymbol{D}_{\mathrm{r}}\boldsymbol{\Lambda}_{\mathrm{sr}}^{(1:k)}\boldsymbol{u}+\sqrt{\frac{P_{\mathrm{r}}}{N}}\boldsymbol{\Lambda}_{\mathrm{rd}}^{(1:k)}\boldsymbol{D}_{\mathrm{r}}\left(\boldsymbol{U}_{\mathrm{sr}}^{(1:k)}\right)^{\mathrm{H}}\boldsymbol{w}_{\mathrm{r}}+\left(\boldsymbol{U}_{\mathrm{rd}}^{(1:k)}\right)^{\mathrm{H}}\boldsymbol{w}_{\mathrm{d}}
\end{aligned}
$$

这表明源节点信息被加载到 $\boldsymbol{H}_{\mathrm{sr}}$ 和 $\boldsymbol{H}_{\mathrm{rd}}$ 的 k 个最大奇异值对应子空间进行传输，以使目的节点处的接收信噪比最大化。由此可得源-目的信道互信息量表达式为

$$
I\left(\boldsymbol{u},\boldsymbol{y}_{\mathrm{d}}^{(2)}\right)=\sum_{m=1}^{k}\log\left(1+\frac{P_{\mathrm{r}}}{N}\frac{P_{\mathrm{s}}}{M}\frac{\lambda_{\mathrm{rd},m}^{2}\lambda_{\mathrm{sr},m}^{2}}{\frac{P_{\mathrm{r}}}{N}\lambda_{\mathrm{rd},m}^{2}+\left\{\boldsymbol{D}_{\mathrm{r}}\right\}_{m,m}^{-2}}\right) \tag{4.110}
$$

式中 $\lambda_{\mathrm{sr},m}$ 和 $\lambda_{\mathrm{rd},m}$ 分别为对角矩阵 $\boldsymbol{\Lambda}_{\mathrm{sr}}$ 和 $\boldsymbol{\Lambda}_{\mathrm{rd}}$ 对角线上的第 m 个元素。

值得指出的是，这些设计的预编码矩阵使得人工噪声仅在目的节点处置零的，而不会在窃听节点处为零。因此，所有节点发送的人工噪声信号都将恶化窃听节点处的接收性能。将窃听节点在两个时隙的接收信号向量合并表示为

$$
\boldsymbol{y}_{\mathrm{e}}=\begin{pmatrix}\boldsymbol{y}_{\mathrm{e}}^{(1)}\\ \boldsymbol{y}_{\mathrm{e}}^{(2)}\end{pmatrix}=\underbrace{\begin{pmatrix}\sqrt{\frac{P_{\mathrm{s}}}{M}}\boldsymbol{H}_{\mathrm{se}}\boldsymbol{V}_{\mathrm{sr}}^{(1:k)}\\ \sqrt{\frac{P_{\mathrm{r}}}{N}\frac{P_{\mathrm{s}}}{M}}\boldsymbol{H}_{\mathrm{re}}\boldsymbol{V}_{\mathrm{rd}}^{(1:k)}\boldsymbol{D}_{\mathrm{r}}\boldsymbol{\Lambda}_{\mathrm{sr}}^{(1:k)}\end{pmatrix}}_{\tilde{\boldsymbol{H}}_{\mathrm{e}}}\boldsymbol{u}+\underbrace{\begin{pmatrix}\tilde{\boldsymbol{w}}_{\mathrm{e}}^{(1)}\\ \tilde{\boldsymbol{w}}_{\mathrm{e}}^{(2)}\end{pmatrix}}_{\tilde{\boldsymbol{w}}_{\mathrm{e}}} \tag{4.111}
$$

式中

$$
\tilde{\boldsymbol{w}}_{\mathrm{e}}^{(1)}=\sqrt{\frac{P_{\mathrm{s}}}{M}}\boldsymbol{H}_{\mathrm{se}}\boldsymbol{V}_{\mathrm{sr}}^{(k:M)}\tilde{\boldsymbol{a}}_{\mathrm{s}}^{(1)}+\sqrt{\frac{P_{\mathrm{d}}}{M}}\boldsymbol{H}_{\mathrm{de}}\tilde{\boldsymbol{a}}_{\mathrm{d}}+\boldsymbol{w}_{\mathrm{e}}^{(1)}
$$

和

$$\tilde{\boldsymbol{w}}_{\mathrm{e}}^{(2)}=\boldsymbol{H}_{\mathrm{se}}\boldsymbol{G}_{\mathrm{s}}^{(2)}\tilde{\boldsymbol{a}}_{\mathrm{s}}^{(2)}+\sqrt{\frac{P_{\mathrm{r}}}{N}}\sqrt{\frac{P_{\mathrm{d}}}{M}}\boldsymbol{H}_{\mathrm{re}}\boldsymbol{V}_{\mathrm{rd}}^{(1:k)}\boldsymbol{D}_{\mathrm{r}}\left(\boldsymbol{U}_{\mathrm{sr}}^{(1:k)}\right)^{\mathrm{H}}\boldsymbol{H}_{\mathrm{dr}}\tilde{\boldsymbol{a}}_{\mathrm{d}}$$
$$+\sqrt{\frac{P_{\mathrm{r}}}{N}}\boldsymbol{H}_{\mathrm{re}}\boldsymbol{V}_{\mathrm{rd}}^{(1:k)}\boldsymbol{D}_{\mathrm{r}}\left(\boldsymbol{U}_{\mathrm{sr}}^{(1:k)}\right)^{\mathrm{H}}\boldsymbol{w}_{\mathrm{r}}+\sqrt{\frac{P_{\mathrm{r}}}{N}}\boldsymbol{H}_{\mathrm{re}}\boldsymbol{V}_{\mathrm{rd}}^{(k:N)}\tilde{\boldsymbol{a}}_{\mathrm{r}}+\boldsymbol{w}_{\mathrm{e}}^{(2)}$$

为第一时隙和第二时隙窃听节点处的等效噪声。如式（4.111）中所示，$\tilde{\boldsymbol{H}}_{\mathrm{e}}$和$\tilde{\boldsymbol{w}}_{\mathrm{e}}$分别为窃听节点处的等效信道和等效噪声。因此，源—窃听信道互信息量可表示为

$$I\left(\boldsymbol{u};\boldsymbol{y}_{\mathrm{e}}\right)=\log\det\left(\boldsymbol{I}+\tilde{\boldsymbol{H}}_{\mathrm{e}}\tilde{\boldsymbol{H}}_{\mathrm{e}}^{\mathrm{H}}\boldsymbol{K}_{\tilde{w}_{\mathrm{e}}}^{-1}\right) \tag{4.112}$$

式中

$$\boldsymbol{K}_{\tilde{w}_{\mathrm{e}}}=E\left[\begin{pmatrix}\tilde{\boldsymbol{w}}_{\mathrm{e}}^{(1)}\\ \tilde{\boldsymbol{w}}_{\mathrm{e}}^{(2)}\end{pmatrix}\left(\left(\tilde{\boldsymbol{w}}_{\mathrm{e}}^{(1)}\right)^{\mathrm{H}},\left(\tilde{\boldsymbol{w}}_{\mathrm{e}}^{(2)}\right)^{\mathrm{H}}\right)\right] \tag{4.113}$$

为等效噪声的协方差矩阵。观察可知，随着P_{s}、P_{r}和P_{d}增大，热噪声变得可以忽略不计，而人工噪声逐渐占窃听节点处等效噪声的主体。因此，由于分子分母都随着发送功率增大而同时增大，源-窃听信道互信息量最终收敛于一个常数。与之相反，如式（4.110）所示，源-目的信道互信息量随发送功率增大可一直增大。所以随着发送功率增大，可达安全速率可增大到任意值。需要指出的是，以上是在未知窃听信道信息条件下得到的，上述所有预编码设计都只利用了源、中继、目的节点之间的信道信息。

4.4　小结与讨论

本章将上一章讨论的安全波束赋形/预编码技术扩展到了存在协同中继的场景中。利用中继节点的多天线提供的额外空间自由度，可以扩大主信道和窃听信道之间的信道差异，进而提升可达安全速率。然而，引入协同中继也产生了新的威胁：额外的源节点信号传输和中继节点的可靠性问题，这都需要加以解决。本章讨论都是基于广泛研究的译码转发和放大转发方式，在这些中继方式中完成一次完整的信号传输需要两个时隙。窃听节点在两个时隙都能进行窃听，需要通过合理的波束赋形/预编码设计避免源节点保密信息的泄露。首先，我们考虑了可信中继场景，利用其作为源节点的分布式多天线。然后，我们考虑非可信中继场景，此时将中继视为窃听者，而且由于不允许中继对信息译码，这一场景中只讨论了放大转发方式。

除了进行分布式波束赋形/预编码，中继节点还可以用来发送人工噪声信

号，恶化窃听节点的接收性能。本章考虑了两种场景：①中继节点作为纯协同干扰节点；②中继节点同时发送信息信号和人工噪声信号。在第一种场景中，由于中继不需要接收信息，仅需要一个时隙用于信号传输。在第二种场景中，考虑了一种更为普适的模型，即不仅是中继，源节点和目的节点也可发送人工噪声信号。在以上场景中不管是否发送人工噪声信号，最大化可达安全速率的中继预编码设计都是非常困难的。本章讨论了一些基于迫零波束赋形和广义奇异值分解的有效方案。

值得指出的是，本章中我们都假设系统中只有一个目的节点和窃听节点。但相关的结果也可扩展到第 3 章讨论过的多个目的节点和多个窃听节点的系统中。关于这一话题的更多内容，读者可参阅文献[3]。此外，本章内容假设所有节点已知信道状态信息矩阵。实际场景中，由于信道估计中的噪声和有限反馈，信道状态信息往往是有误差的，甚至窃听信道信息经常可能完全未知的。此时，可采用遍历安全速率或安全中断作为设计目标，相关内容请读者进一步参阅文献[11]。

参考文献

[1] Gomez-Cuba F, Asorey-Cacheda R, Gonzalez-Castano F (2012) A survey on cooperative diversity for wireless networks. IEEE Commun Surveys Tuts 14(3): 822–835

[2] He X, Yener A (2010) Cooperation with an untrusted relay: a secrecy perspective. IEEE Trans Inf Theory 56(8): 3807–3827

[3] Dong L, Han Z, Petropulu A, Poor H (2010) Improving wireless physical layer security via cooperating relays. IEEE Trans Signal Process 58(3): 1875–1888

[4] Zhang J, Gursoy M (2010) Collaborative relay beamforming for secrecy. In: Proceedings of IEEE International Conference on Communications (ICC)

[5] Horn R A, Johnson C R (1985) Matrix analysis. Cambridge Univerity Press, Cambridge

[6] Solis F J, Wets R J-B (1981) Minimization by random search techniques. Math Oper Res 6: 19–30

[7] Oohama Y (2001) Coding for relay channels with confidential messages. In: Proceedings of IEEE Information Theory, Workshop, 87–89

[8] Jeong C, Kim I-M, Kim D I (2012) Joint secure beamforming design at the source and the relay for an amplify-and-forward MIMO untrusted relay system. IEEE Trans Signal Process 60(1): 310–325

[9] Maio A D, Huang Y, Palomar D P, Zhang S, Farina A (2011) Fractional QCQP with applications in ML steering direction estimation for radar detection. IEEE Trans Signal Process 59(1): 172–185

[10] Rong Y, Gao F (2009) Optimal beamforming for non-regenerative MIMO relays with direct link. IEEE Commun Lett 13(12): 926–928

[11] Ding Z, Peng M, Chen H-H (2012) Ageneral relaying transmission protocol forMIMO secrecy communications.

IEEE Trans Commun 60(11): 3461–3471

[12] Huang J, Swindlehurst A L (2011) Cooperative jamming for secure communications in MIMO relay networks. IEEE Trans Signal Process 59(10): 4871–4884

[13] Fakoorian S, Swindlehurst A (2011) Solutions for the MIMO Gaussian wiretap channel with a cooperative jammer. IEEE Trans Signal Process 59(10): 5013–5022

第 5 章　多天线无线系统中增强安全性的信道估计

摘要：本章主要介绍一种在信道估计阶段增强物理层安全性能的训练及信道估计方案，称之为差别化信道估计方案。与先前章节中介绍的绝大部分研究都聚焦于数据传输不同，差别化信道估计方案关注信道估计阶段的训练信号设计，以期在目的节点和窃听节点处获得不同的信道估计性能。通过允许目的节点获得优于窃听节点的信道估计，两个接收机处接收信号质量的差别也将随之增大，从而可以为数据传输阶段的安全编码提供更多的增益。
关键词：信道估计；多入多出；导频信号；人工噪声；双向训练；安全性

前面章节中介绍了诸如安全波束赋形和预编码（包括采用人工噪声和不采用人工噪声）等数据传输阶段的信号处理技术，表明这些技术能有效地增大目的节点和窃听节点处信号质量的差异性。有趣的是，这样的信号质量差异性不仅可以在数据传输阶段获得，也可以通过在信道估计阶段采用合适的训练和信道估计方案设计获得。事实上，拙劣的信道估计质量会导致数据传输阶段较差的信号接收质量[1,2]。因此，通过让目的节点和窃听节点获得差别化的信道估计性能，在数据传输阶段两个接收机处接收信号质量的差别也将随之增大，从而可以为数据传输阶段的安全编码提供更多的空间。这促使文献[3,4]提出了所谓的差别化信道估计方案设计。由于差别化信道估计是在信道估计阶段采用的，因而它对于数据传输阶段的信号处理技术并没有限制。因此，前面章节中介绍的绝大部分技术都可以与差别化信道估计结合运用，进一步在物理层增强安全性能。

在传统的训练方案中[5]，源节点发送纯导频信号以便所有的接收机都能进行信道估计。对于不会要求在不同接收机处获得不同性能的大多数传统场景而言，这样的技术就足够了。然而，在安全应用中，希望在保证目的节点获得可靠信道估计性能的同时，恶化窃听节点或者未授权节点的信道估计性能。为了在差别化信道估计方案中获得这样的效果，我们向训练信号中插入人工噪声以掩盖导频矩阵的传输，这就类似于前面章节中数据传输阶段采用人工噪声或者干扰信号。然而，不同于数据传输过程，源节点不能获知信道信息，难以通过将人工噪声置于一个合适的子空间来避免对目的节点造成干扰。因此，就需要一个多阶段的操作，先为源节点提供主信道的初步估计，然后在估计的主信道的零空间上发送叠加人工噪声后的训练信号，以恶化窃听节点的信道估计性能。然而，要给源节点提供信道预估值的同时，不让窃听节点从中受益是很具挑战性的。为了实现这样的目标，人们提出了两种差别化信道估计方案，即反馈再训练差别化信道估计方案[3]和双向训练[4]差别化信道估计方案，这两种方案将在下面具体介绍。

5.1 反馈再训练差别化信道估计方案

本节将介绍文献[3]中提出的反馈再训练差别化信道估计方案。具体而言，一个基本的反馈再训练差别化信道估计方案包括两个阶段，即初步训练阶段和反馈再训练阶段。在初步训练阶段，源节点发送包含传统导频矩阵的训练信号，以便目的节点粗略估计信道。然后，在反馈再训练阶段，目的节点将这一粗略估计发送给源节点，源节点随后再发送一个新的训练信号，该信号内叠加了位于估计信道零空间上的人工噪声，以恶化窃听节点的接收性能。

特别地，让我们考虑一个如图 5.1 所示的 MIMOME 系统，其中源节点、目的节点和窃听节点分别配置n_{s}、n_{d}和n_{e}根天线。在此，我们假设源节点处的天线数要大于目的节点，即$n_{\mathrm{s}} > n_{\mathrm{d}}$。在初步训练阶段（阶段 0），源节点首先发送$n_{\mathrm{s}} \times T_0$的训练信号，即

$$\boldsymbol{X}_0 = \sqrt{\frac{P_0 T_0}{n_{\mathrm{s}}}} \boldsymbol{C}_0 \tag{5.1}$$

式中：P_0为导频信号功率；T_0为训练长度；$\boldsymbol{C}_0 \in \mathbb{C}^{n_s \times T_0}$为半酉导频矩阵，满足$\boldsymbol{C}_0 \boldsymbol{C}_0^{\mathrm{H}} = \boldsymbol{I}_{n_{\mathrm{s}}}$。$\boldsymbol{X}_0$的每一行表示从$n_{\mathrm{s}}$根发射天线中的一根发送出去的训练信号向量。目的节点和窃听节点收到的信号分别为

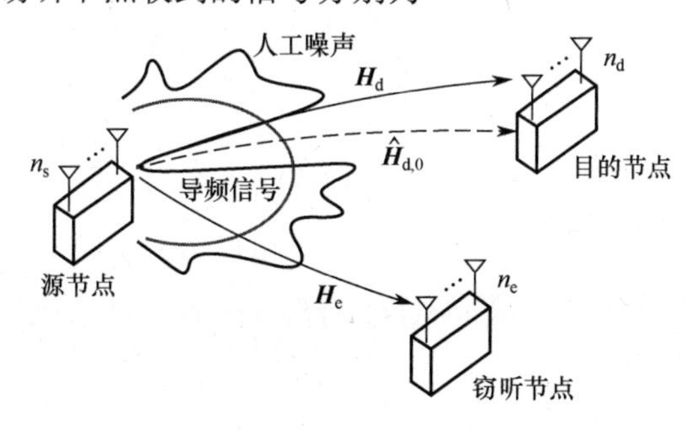

图 5.1　差别化信道估计方案中的人工噪声辅助训练示意图

$$\boldsymbol{Y}_0 = \boldsymbol{H}_{\mathrm{d}}\boldsymbol{X}_0 + \boldsymbol{W}_0 \tag{5.2}$$

$$\boldsymbol{Z}_0 = \boldsymbol{H}_{\mathrm{e}}\boldsymbol{X}_0 + \boldsymbol{V}_0 \tag{5.3}$$

式中：$\boldsymbol{H}_{\mathrm{d}} \in \mathbb{C}^{n_{\mathrm{d}} \times n_{\mathrm{s}}}$ 和 $\boldsymbol{H}_{\mathrm{e}} \in \mathbb{C}^{n_{\mathrm{e}} \times n_{\mathrm{s}}}$ 分别为主信道和窃听信道的信道矩阵；$\boldsymbol{W}_0 \in \mathbb{C}^{n_{\mathrm{d}} \times T_0}$ 和 $\boldsymbol{V}_0 \in \mathbb{C}^{n_{\mathrm{e}} \times T_0}$ 分别是目的节点和窃听节点处的加性高斯白噪声矩阵。$\boldsymbol{H}_{\mathrm{d}}$、$\boldsymbol{H}_{\mathrm{e}}$、$\boldsymbol{W}_0$ 和 $\boldsymbol{V}_0$ 中的元素是独立同分布的均值为 0，方差分别为 $\sigma_{h_{\mathrm{d}}}^2$、$\sigma_{h_{\mathrm{e}}}^2$、$\sigma_w^2$ 和 σ_v^2 的高斯随机变量。

在初步训练阶段，目的节点可以根据接收信号 $\boldsymbol{Y}_0$ 计算出信道矩阵 $\boldsymbol{H}_{\mathrm{d}}$ 的初步估计。通过采用线性最小均方误差（Linear Minimum Mean Square Error，LMMSE）估计器[6]，信道矩阵的估计可以表示为

$$\hat{\boldsymbol{H}}_{\mathrm{d},0} = \sigma_{h_{\mathrm{d}}}^2 \boldsymbol{Y}_0 \left(\sigma_{h_{\mathrm{d}}}^2 \boldsymbol{X}_0^{\mathrm{H}} \boldsymbol{X}_0 + \sigma_w^2 \boldsymbol{I}_{T_0}\right)^{-1} \boldsymbol{X}_0^{\mathrm{H}} \tag{5.4}$$

其中 $\boldsymbol{I}_{T_0}$ 是 $T_0 \times T_0$ 的单位矩阵。信道估计误差定义为 $\Delta\boldsymbol{H}_{\mathrm{d},0} \triangleq \hat{\boldsymbol{H}}_{\mathrm{d},0} - \boldsymbol{H}_{\mathrm{d}}$，其相关函数可以通过下式计算得到：

$$E\left[\Delta\boldsymbol{H}_{\mathrm{d},0}^{\mathrm{H}} \Delta\boldsymbol{H}_{\mathrm{d},0}\right] = n_{\mathrm{d}} \left(\frac{1}{\sigma_{h_{\mathrm{d}}}^2} \boldsymbol{I}_{n_{\mathrm{s}}} + \frac{P_0 T_0}{n_{\mathrm{s}} \sigma_w^2} \boldsymbol{C}_0 \boldsymbol{C}_0^{\mathrm{H}}\right)^{-1} \tag{5.5}$$

$$= n_{\mathrm{d}} \left(\frac{1}{\sigma_{h_{\mathrm{d}}}^2} + \frac{P_0 T_0}{n_{\mathrm{s}} \sigma_w^2}\right)^{-1} \boldsymbol{I}_{n_{\mathrm{s}}} \tag{5.6}$$

信道估计性能可以通过下式给出的归一化均方误差（Normalized Mean Square Error，NMSE）来衡量，即

$$\mathrm{NMSE}_{\mathrm{d}}^{(0)} \triangleq \frac{\mathrm{tr}\left(E\left[\Delta\boldsymbol{H}_{\mathrm{d},0}^{\mathrm{H}} \Delta\boldsymbol{H}_{\mathrm{d},0}\right]\right)}{n_{\mathrm{s}} n_{\mathrm{d}}} = \left(\frac{1}{\sigma_{h_{\mathrm{d}}}^2} + \frac{P_0 T_0}{n_{\mathrm{s}} \sigma_w^2}\right)^{-1} \tag{5.7}$$

即用估计参数个数归一化的均方误差。

值得指出的是，在初步训练阶段，训练信号仅仅包括导频矩阵，因此这也会让窃听节点处的信道估计同样受益。因此，在阶段 0，窃听节点也可以根据式（5.3）给出的接收信号 $\boldsymbol{Z}_0$ 计算出其信道的 LMMSE 估计，该估计值可以表示为

$$\hat{\boldsymbol{H}}_{\mathrm{e},0} = \sigma_{h_{\mathrm{e}}}^2 \boldsymbol{Z}_0 \left(\sigma_{h_{\mathrm{e}}}^2 \boldsymbol{X}_0^{\mathrm{H}} \boldsymbol{X}_0 + \sigma_v^2 \boldsymbol{I}_{T_0}\right)^{-1} \boldsymbol{X}_0^{\mathrm{H}} \tag{5.8}$$

相应地，窃听节点处的归一化均方误差可以表示为

$$\mathrm{NMSE}_{\mathrm{e}}^{(0)} \triangleq \frac{\mathrm{tr}\left(E\left[\Delta\boldsymbol{H}_{\mathrm{e},0}^{\mathrm{H}} \Delta\boldsymbol{H}_{\mathrm{e},0}\right]\right)}{n_{\mathrm{s}} n_{\mathrm{e}}} = \left(\frac{1}{\sigma_{h_{\mathrm{e}}}^2} + \frac{P_0 T_0}{n_{\mathrm{s}} \sigma_v^2}\right)^{-1} \tag{5.9}$$

在反馈再训练阶段，目的节点首先将在前一阶段获得的信道估计结果反馈给源节点。随后，源节点发送人工噪声掩盖后的新导频信号，以便源节点进行再一次训练，同时还要限制窃听节点的信道估计性能。有了前一阶段获得的初步信道估计，源节点可以将人工噪声置于所估计信道的零空间，以最小化其对目的节点的干扰。因为$n_{\mathrm{s}} > n_{\mathrm{d}}$，所以零空间的维度不为零。在反馈再训练阶段，发送的训练信号可以表示为

$$\boldsymbol{X}_1 = \sqrt{\frac{P_1 T_1}{n_{\mathrm{s}}}}\boldsymbol{C}_1 + \boldsymbol{N}_{\hat{\boldsymbol{H}}_{\mathrm{d},0}}\boldsymbol{A}_1 \tag{5.10}$$

式中：P_1为导频信号功率；T_1为训练长度；$\boldsymbol{C}_1 \in \mathbb{C}^{n_{\mathrm{s}}\times T_1}$为半酉导频矩阵，满足$\boldsymbol{C}_1\boldsymbol{C}_1^{\mathrm{H}} = \boldsymbol{I}_{n_{\mathrm{s}}}$；$\boldsymbol{N}_{\hat{\boldsymbol{H}}_{\mathrm{d},0}} \in \mathbb{C}^{n_{\mathrm{s}}\times(n_{\mathrm{s}}-n_{\mathrm{d}})}$为其各列构成$\hat{\boldsymbol{H}}_{\mathrm{d},0}$零空间正交基的矩阵；$\boldsymbol{A}_1 \in \mathbb{C}^{(n_{\mathrm{s}}-n_{\mathrm{d}})\times T_1}$为人工噪声矩阵，其元素是独立同分布的均值为0、方差为$\sigma_{a,1}^2$的复高斯变量。类似地，目的节点和窃听节点的接收信号可以表示为

$$\boldsymbol{Y}_1 = \boldsymbol{H}_{\mathrm{d}}\boldsymbol{X}_1 + \boldsymbol{W}_1 \tag{5.11}$$

$$\boldsymbol{Z}_1 = \boldsymbol{H}_{\mathrm{e}}\boldsymbol{X}_1 + \boldsymbol{V}_1 \tag{5.12}$$

式中：$\boldsymbol{W}_1 \in \mathbb{C}^{n_{\mathrm{d}}\times T_1}$和$\boldsymbol{V}_1 \in \mathbb{C}^{n_{\mathrm{e}}\times T_1}$为加性高斯白噪声矩阵，其元素是独立同分布的均值为0、方差分别为σ_w^2和σ_v^2的高斯变量。

在这一阶段，目的节点和窃听节点都可以通过两个阶段的接收信号来改善它们的信道估计。特别地，目的节点在阶段0和阶段1的接收信号可以形成如下的等效观测矩阵，即

$$\boldsymbol{Y} \triangleq [\boldsymbol{Y}_0, \boldsymbol{Y}_1] = \boldsymbol{H}_{\mathrm{d}}\bar{\boldsymbol{C}} + \bar{\boldsymbol{W}} \tag{5.13}$$

式中：$\bar{\boldsymbol{C}} \triangleq \left[\sqrt{\frac{P_0 T_0}{n_{\mathrm{s}}}}\boldsymbol{C}_0, \sqrt{\frac{P_1 T_1}{n_{\mathrm{s}}}}\boldsymbol{C}_1\right]$；$\bar{\boldsymbol{W}} \triangleq \left[\boldsymbol{W}_0, \boldsymbol{H}_{\mathrm{d}}\boldsymbol{N}_{\hat{\boldsymbol{H}}_{\mathrm{d},0}}\boldsymbol{A}_1 + \boldsymbol{W}_1\right]$。将$\boldsymbol{Y}$视作观测量，LMMSE估计可以计算为

$$\hat{\boldsymbol{H}}_{\mathrm{d},1} = n_{\mathrm{d}}\sigma_{h_{\mathrm{d}}}^2\boldsymbol{Y}\left(n_{\mathrm{d}}\sigma_{h_{\mathrm{d}}}^2\bar{\boldsymbol{C}}^{\mathrm{H}}\bar{\boldsymbol{C}} + \boldsymbol{R}_{\bar{\boldsymbol{W}}}\right)^{-1}\bar{\boldsymbol{C}}^{\mathrm{H}} \tag{5.14}$$

式中：$\boldsymbol{R}_{\bar{\boldsymbol{W}}} \triangleq E\left[\bar{\boldsymbol{W}}^{\mathrm{H}}\bar{\boldsymbol{W}}\right]$为$\bar{\boldsymbol{W}}$的相关矩阵。因为$\boldsymbol{W}_0$、$\boldsymbol{W}_1$和$\boldsymbol{A}_1$统计独立，并且$\boldsymbol{H}_{\mathrm{d}}\boldsymbol{N}_{\hat{\boldsymbol{H}}_{\mathrm{d},0}}\boldsymbol{A}_1 = -\Delta\boldsymbol{H}_{\mathrm{d},0}\boldsymbol{N}_{\hat{\boldsymbol{H}}_{\mathrm{d},0}}\boldsymbol{A}_1$，则相关矩阵可以记作

$$\boldsymbol{R}_{\bar{\boldsymbol{W}}} = \begin{bmatrix} n_{\mathrm{d}}\sigma_w^2\boldsymbol{I}_{T_0} & \boldsymbol{0} \\ \boldsymbol{0} & \left(E\left[\left\|\Delta\boldsymbol{H}_{\mathrm{d},0}\boldsymbol{N}_{\hat{\boldsymbol{H}}_{\mathrm{d},0}}\right\|_F^2\right]\sigma_{a,1}^2 + n_{\mathrm{d}}\sigma_w^2\right)\boldsymbol{I}_{T_1} \end{bmatrix} \tag{5.15}$$

式中：$\|\cdot\|_F^2$为矩阵的Frobenius范数操作。此外，根据正交性原则[6]，$\hat{\boldsymbol{H}}_{\mathrm{d},0}$和$\Delta\boldsymbol{H}_{\mathrm{d},0}$统计不相关，因此可以得到

$$E\left[\left\|\Delta\boldsymbol{H}_{\mathrm{d},0}\boldsymbol{N}_{\hat{\boldsymbol{H}}_{\mathrm{d},0}}\right\|_{\mathrm{F}}^{2}\right]=\operatorname{tr}\left(E\left[\boldsymbol{N}_{\hat{\boldsymbol{H}}_{\mathrm{d},0}}^{\mathrm{H}}\Delta\boldsymbol{H}_{\mathrm{d},0}^{\mathrm{H}}\Delta\boldsymbol{H}_{\mathrm{d},0}\boldsymbol{N}_{\hat{\boldsymbol{H}}_{\mathrm{d},0}}\right]\right) \tag{5.16}$$

$$=n_{\mathrm{d}}\left(n_{\mathrm{s}}-n_{\mathrm{d}}\right)\left(\frac{1}{\sigma_{h_{\mathrm{d}}}^{2}}+\frac{P_{0}T_{0}}{n_{\mathrm{s}}\sigma_{w}^{2}}\right)^{-1} \tag{5.17}$$

$$=n_{\mathrm{d}}\left(n_{\mathrm{s}}-n_{\mathrm{d}}\right)\mathrm{NMSE}_{\mathrm{d}}^{(0)} \tag{5.18}$$

上面的结果可以从式（5.6）和式（5.7）直接得到。相应的归一化均方误差可以表示为

$$\mathrm{NMSE}_{\mathrm{d}}^{(1)}\triangleq\frac{\operatorname{tr}\left(E\left[\Delta\boldsymbol{H}_{\mathrm{d},1}^{\mathrm{H}}\Delta\boldsymbol{H}_{\mathrm{d},1}\right]\right)}{n_{\mathrm{s}}n_{\mathrm{d}}}=\frac{\operatorname{tr}\left[\left(\frac{1}{n_{\mathrm{d}}\sigma_{h_{\mathrm{d}}}^{2}}\boldsymbol{I}_{n_{\mathrm{s}}}+\bar{\boldsymbol{C}}\boldsymbol{R}_{\bar{\boldsymbol{W}}}^{-1}\bar{\boldsymbol{C}}^{\mathrm{H}}\right)^{-1}\right]}{n_{\mathrm{s}}n_{\mathrm{d}}}$$
$$=\left(\frac{1}{\mathrm{NMSE}_{\mathrm{d}}^{(0)}}+\frac{P_{1}T_{1}/n_{\mathrm{s}}}{\mathrm{NMSE}_{\mathrm{d}}^{(0)}\cdot\left(n_{\mathrm{s}}-n_{\mathrm{d}}\right)\sigma_{a,1}^{2}+\sigma_{w}^{2}}\right)^{-1} \tag{5.19}$$

与此类似，窃听节点在两个阶段接收到的信号也可以联合表示为如下矩阵形式

$$\boldsymbol{Z}=\left[\boldsymbol{Z}_{0},\boldsymbol{Z}_{1}\right]=\boldsymbol{H}_{\mathrm{e}}\bar{\boldsymbol{C}}+\bar{\boldsymbol{V}} \tag{5.20}$$

式中：$\bar{\boldsymbol{C}}$ 的定义与式（5.13）一样，$\bar{\boldsymbol{V}}\triangleq\left[\boldsymbol{V}_{0},\boldsymbol{H}_{\mathrm{e}}\boldsymbol{N}_{\hat{\boldsymbol{H}}_{\mathrm{d},0}}\boldsymbol{A}_{1}+\boldsymbol{V}_{1}\right]$。将 $\boldsymbol{Z}$ 视作观测量，LMMSE 估计可以计算为

$$\hat{\boldsymbol{H}}_{\mathrm{e},1}=n_{\mathrm{e}}\sigma_{h_{\mathrm{e}}}^{2}\boldsymbol{Z}\left(n_{\mathrm{e}}\sigma_{h_{\mathrm{e}}}^{2}\bar{\boldsymbol{C}}^{\mathrm{H}}\bar{\boldsymbol{C}}+\boldsymbol{R}_{\bar{\boldsymbol{V}}}\right)^{-1}\bar{\boldsymbol{C}}^{\mathrm{H}} \tag{5.21}$$

式中 $\boldsymbol{R}_{\bar{\boldsymbol{V}}}\triangleq E\left[\bar{\boldsymbol{V}}^{\mathrm{H}}\bar{\boldsymbol{V}}\right]$ 为 $\bar{\boldsymbol{V}}$ 的相关矩阵。因为 $\boldsymbol{H}_{\mathrm{e}}$ 和 $\hat{\boldsymbol{H}}_{\mathrm{d},0}$ 互相独立，相关矩阵可以表示为

$$\boldsymbol{R}_{\bar{\boldsymbol{V}}}=\begin{bmatrix}n_{\mathrm{e}}\sigma_{v}^{2}\boldsymbol{I}_{T_{0}} & \boldsymbol{0}\\ \boldsymbol{0} & n_{\mathrm{e}}\left[\left(n_{\mathrm{s}}-n_{\mathrm{d}}\right)\sigma_{a,1}^{2}\sigma_{h_{\mathrm{e}}}^{2}+\sigma_{v}^{2}\right]\boldsymbol{I}_{T_{1}}\end{bmatrix} \tag{5.22}$$

因此，窃听节点处信道估计结果 $\hat{\boldsymbol{H}}_{\mathrm{e},1}$ 的归一化均方误差可以表示为

$$\mathrm{NMSE}_{\mathrm{e}}^{(1)}\triangleq\frac{\operatorname{tr}\left(E\left[\Delta\boldsymbol{H}_{\mathrm{e},1}^{\mathrm{H}}\Delta\boldsymbol{H}_{\mathrm{e},1}\right]\right)}{n_{\mathrm{s}}n_{\mathrm{e}}}=\frac{\operatorname{tr}\left[\left(\frac{1}{n_{\mathrm{e}}\sigma_{h_{\mathrm{e}}}^{2}}\boldsymbol{I}_{n_{\mathrm{s}}}+\bar{\boldsymbol{C}}\boldsymbol{R}_{\bar{\boldsymbol{V}}}^{-1}\bar{\boldsymbol{C}}^{\mathrm{H}}\right)^{-1}\right]}{n_{\mathrm{s}}n_{\mathrm{d}}}$$
$$=\left(\frac{1}{\mathrm{NMSE}_{\mathrm{e}}^{(0)}}+\frac{P_{1}T_{1}/n_{\mathrm{s}}}{\left(n_{\mathrm{s}}-n_{\mathrm{d}}\right)\sigma_{a,1}^{2}\sigma_{h_{\mathrm{e}}}^{2}+\sigma_{v}^{2}}\right)^{-1} \tag{5.23}$$

式中 $\mathrm{NMSE}_{\mathrm{e}}^{(0)}$ 由式（5.9）给出。

从式（5.19）和式（5.23）可以发现，目的节点和窃听节点处的信道估计性能都会受到人工噪声的影响。但是，这一影响在目的节点处可以通过改善阶段 0 的信道估计，亦即减小 $\mathrm{NMSE}_{\mathrm{d}}^{(0)}$ 来降低，但是在窃听节点处却不能。然而，为了减小 $\mathrm{NMSE}_{\mathrm{d}}^{(0)}$，阶段 0 的导频信号功率必须要增大，而这同样也会让窃听节点获益。因此，两个阶段中的导频和人工噪声的功率分配会对差别化信道估计的性能产生显著的影响，故而需要慎重确定。

根据文献[3]，导频和人工噪声之间的最优功率分配可以通过在窃听节点处归一化均方误差和总功率双重约束下，最小化目的节点处的归一化均方误差来确定。这一问题可以表示为

$$\min_{P_0,P_1,\sigma_{a,1}^2} \mathrm{NMSE}_{\mathrm{d}}^{(1)} \tag{5.24a}$$

$$\text{subject to} \quad \mathrm{NMSE}_{\mathrm{e}}^{(1)} \geqslant \gamma \tag{5.24b}$$

$$P_0T_0 + P_1T_1 + \sigma_{a,1}^2\left(n_{\mathrm{s}} - n_{\mathrm{d}}\right)T_1 \leqslant \bar{P}_{\mathrm{ave}}\left(T_0 + T_1\right) \tag{5.24c}$$

式中：γ 为窃听节点处所能达到的最小归一化均方误差约束；$\bar{P}_{\mathrm{ave}}$ 为平均功率约束。

需要注意的是式（5.24b）中的约束条件只有在下面这种情况下才有意义，即

$$\left(\frac{1}{\sigma_{h_{\mathrm{e}}}^2} + \frac{\bar{P}_{\mathrm{ave}}\left(T_0 + T_1\right)}{n_{\mathrm{s}}\sigma_v^2}\right)^{-1} \leqslant \gamma \leqslant \sigma_{h_{\mathrm{e}}}^2 \tag{5.25}$$

上式中下界是当所有功率都用于发送导频、不发送人工噪声时，窃听节点所能获得的最好归一化均方误差，而上界是窃听节点所能获得的最差归一化均方误差（即将 $\boldsymbol{H}_{\mathrm{e}}$ 的均值视作其估计值时所获得的归一化均方误差）。式（5.24b）中的约束在 γ 小于前者时是无意义的，而在 γ 大于后者时是不可行的。

定义 $\varepsilon_0 \triangleq P_0T_0$ 和 $\varepsilon_1 \triangleq P_1T_1$ 分别为阶段 0 和阶段 1 导频信号的能量，定义 $\tilde{\gamma} \triangleq \left(\frac{1}{\gamma} - \frac{1}{\sigma_{h_{\mathrm{e}}}^2}\right)^{-1} n_{\mathrm{s}}\sigma_v^2$ 为等效门限约束。在这种情况下，式（5.25）中的不等式就等效于

$$0 \leqslant \tilde{\gamma} \leqslant \bar{\varepsilon}_{\mathrm{tot}} \triangleq \bar{P}_{\mathrm{ave}}\left(T_0 + T_1\right) \tag{5.26}$$

将上面的变量代入式（5.24），并将 $\mathrm{NMSE}_{\mathrm{d}}^{(1)}$ 和 $\mathrm{NMSE}_{\mathrm{e}}^{(1)}$ 分别用式（5.19）和式（5.23）中的值代替，优化问题可以简洁地表示为

$$\max_{\varepsilon_0,\varepsilon_1,\sigma_{a,1}^2 \geqslant 0} \varepsilon_0 + \frac{\left(n_{\mathrm{s}}\sigma_w^2 + \sigma_{h_{\mathrm{d}}}^2\varepsilon_0\right)\varepsilon_1}{n_{\mathrm{s}}\sigma_w^2 + \sigma_{h_{\mathrm{d}}}^2\varepsilon_0 + n_{\mathrm{s}}\left(n_{\mathrm{s}} - n_{\mathrm{d}}\right)\sigma_{h_{\mathrm{d}}}^2\sigma_{a,1}^2} \tag{5.27a}$$

$$\text{subject to} \quad \varepsilon_0 + \frac{\sigma_v^2 \varepsilon_1}{\left(n_s - n_d\right)\sigma_{h_e}^2 \sigma_{a,1}^2 + \sigma_v^2} \leqslant \tilde{\gamma} \tag{5.27b}$$

$$\varepsilon_0 + \varepsilon_1 + \left(n_s - n_d\right)\sigma_{a,1}^2 T_1 \leqslant \bar{\varepsilon}_{\text{tot}} \tag{5.27c}$$

文献[3]指出，当$\eta \triangleq n_s \left(\frac{\sigma_v^2}{\sigma_{h_e}^2} - \frac{\sigma_w^2}{\sigma_{h_d}^2} \right) > \tilde{\gamma}$时，式（5.27b）中的约束无需采用人工噪声就可以满足。在这种情况下，最优值就是$\left(\sigma_{a,1}^2\right)^* = 0$，另外$\varepsilon_0$和$\varepsilon_1$的最优值$\varepsilon_0^*$和$\varepsilon_1^*$要满足$\varepsilon_0^* + \varepsilon_1^* = \tilde{\gamma}$。当$\eta \leqslant \tilde{\gamma}$时，优化问题可以转化为如下的单变量优化问题，即

$$\max_{\varepsilon_0} \varepsilon_0 + \frac{\left(n_s \sigma_w^2 + \sigma_{h_d}^2 \varepsilon_0\right) \cdot \varepsilon_1\left(\varepsilon_0\right)}{n_s \sigma_w^2 + n_s\left(n_s - n_d\right)\sigma_{h_d}^2 \cdot \sigma_{a,1}^2\left(\varepsilon_0\right) + \sigma_{h_d}^2 \varepsilon_0} \tag{5.28a}$$

$$\text{subject to} \quad \max\{\eta, 0\} \leqslant \varepsilon_0 \leqslant \tilde{\gamma} \tag{5.28b}$$

式中

$$\sigma_{a,1}^2\left(\varepsilon_0\right) = \frac{\bar{\varepsilon}_{\text{tot}} - \tilde{\gamma}}{\left(n_s - n_d\right)\left[T_1 + \sigma_{h_e}^2\left(\tilde{\gamma} - \varepsilon_0\right) / \sigma_v^2\right]} \tag{5.29}$$

$$\varepsilon_1\left(\varepsilon_0\right) = \sigma_{h_e}^2 \left(\frac{\tilde{\gamma} - \varepsilon_0}{\sigma_v^2} \right) \left(n_s - n_d\right)\sigma_{a,1}^2\left(\varepsilon_0\right) + \tilde{\gamma} - \varepsilon_0 \tag{5.30}$$

ε_0的最优值可以通过在有限区间$\max\{\eta, 0\} \leqslant \varepsilon_0 \leqslant \tilde{\gamma}$上的一维线性搜索获得，$\varepsilon_1$和$\sigma_{a,1}^2$的最优值分别为$\varepsilon_1\left(\varepsilon_0^*\right)$和$\sigma_{a,1}^2\left(\varepsilon_0^*\right)$。

前文中的η可被视作是主信道和窃听信道质量差异程度的度量。当$\eta > \tilde{\gamma}$时，主信道的质量较之窃听信道足够好，因而两个接收机处需要的信道估计性能差异可以自然获得（无需采用人工噪声）。当$\eta \leqslant \tilde{\gamma}$时，信道质量差异较小，因而就需要采用人工噪声来获得对于窃听节点处归一化均方误差的约束。详细的证明参见文献[3]。

从式（5.24）（或许式（5.28）更为直观）中的优化问题可以发现，阶段 0 中用于发送导频的功率，即P_0（或者等效为ε_0），受限于窃听节点处的归一化均方误差约束。然而，如果P_0不够大，（反馈到源节点的）目的节点处的初步信道估计就不足以支持精确的人工噪声，目的节点通过两阶段训练所获得的归一化均方误差性能也会因此受到限制。有趣的是，这个缺点可以通过多次重复反馈再训练过程，逐步改善目的节点（和源节点）处的信道估计来克服，而且不会打破窃听节点处的归一化均方误差约束。

源节点发送人工噪声掩盖后的新导频信号，以便源节点进行再一次训练，同时还要限制窃听节点的信道估计性能。有了前一阶段获得的初步信道

估计，源节点可以将人工噪声置于所估计信道的零空间，以最小化其对目的节点的干扰。

具体而言，在阶段k（$k \geqslant 1$），源节点类似地发送训练信号，其包含导频矩阵和置于估计信道矩阵零空间中的人工噪声。给定了阶段$k-1$获得的信道估计结果$\hat{\boldsymbol{H}}_{\mathrm{d},k-1}$，该训练信号可以表示为

$$\boldsymbol{X}_k = \sqrt{\frac{P_k T_k}{n_{\mathrm{s}}}}\boldsymbol{C}_k + \boldsymbol{N}_{\hat{\boldsymbol{H}}_{\mathrm{d},k-1}}\boldsymbol{A}_k \tag{5.31}$$

式中：P_k为导频信号功率；T_k为阶段k的训练长度；$\boldsymbol{C}_k \in \mathbb{C}^{n_{\mathrm{s}} \times T_k}$为半酉导频矩阵，满足$\boldsymbol{C}_k\boldsymbol{C}_k^{\mathrm{H}} = \boldsymbol{I}_{n_{\mathrm{s}}}$；$\boldsymbol{N}_{\hat{\boldsymbol{H}}_{\mathrm{d},k-1}} \in \mathbb{C}^{n_{\mathrm{s}} \times (n_{\mathrm{s}} - n_{\mathrm{d}})}$为各列构成$\hat{\boldsymbol{H}}_{\mathrm{d},k-1}$零空间正交基的矩阵；$\boldsymbol{A}_1 \in \mathbb{C}^{(n_{\mathrm{s}} - n_{\mathrm{d}}) \times T_1}$为人工噪声矩阵，其元素是独立同分布的均值为0、方差为$\sigma_{a,k}^2$的复高斯变量。目的节点和窃听节点的接收信号可以记作：

$$\boldsymbol{Y}_k = \boldsymbol{H}_{\mathrm{d}}\boldsymbol{X}_k + \boldsymbol{W}_k \tag{5.32}$$

$$\boldsymbol{Z}_k = \boldsymbol{H}_{\mathrm{e}}\boldsymbol{X}_k + \boldsymbol{V}_k \tag{5.33}$$

式中：$\boldsymbol{W}_k \in \mathbb{C}^{n_{\mathrm{d}} \times T_k}$和$\boldsymbol{V}_k \in \mathbb{C}^{n_{\mathrm{e}} \times T_k}$为加性高斯白噪声矩阵，其元素是独立同分布的均值为0、方差分别为σ_w^2和σ_v^2的高斯变量。

跟式（5.19）和式（5.23）的推导一样，经过k个阶段的反馈再训练，目的节点和窃听节点处的归一化均方误差可以表示为

$$\mathrm{NMSE}_{\mathrm{d}}^{(k)} = \left(\frac{1}{\mathrm{NMSE}_{\mathrm{d}}^{(k-1)}} + \frac{P_k T_k / n_{\mathrm{s}}}{\mathrm{NMSE}_{\mathrm{d}}^{(k-1)} \cdot (n_{\mathrm{s}} - n_{\mathrm{d}})\sigma_{a,k}^2 + \sigma_w^2}\right)^{-1} \tag{5.34}$$

$$\mathrm{NMSE}_{\mathrm{e}}^{(k)} = \left(\frac{1}{\mathrm{NMSE}_{\mathrm{e}}^{(k-1)}} + \frac{P_k T_k / n_{\mathrm{s}}}{(n_{\mathrm{s}} - n_{\mathrm{d}})\sigma_{a,k}^2\sigma_{h_{\mathrm{e}}}^2 + \sigma_v^2}\right)^{-1} \tag{5.35}$$

$$= \left(\frac{1}{\sigma_{h_{\mathrm{e}}}^2} + \frac{P_0 T_0}{n_{\mathrm{s}}\sigma_v^2} + \sum_{l=1}^{k}\frac{P_l T_l / n_{\mathrm{s}}}{(n_{\mathrm{s}} - n_{\mathrm{d}})\sigma_{a,l}^2\sigma_{h_{\mathrm{e}}}^2 + \sigma_v^2}\right)^{-1} \tag{5.36}$$

从式（5.34）不难发现，对于目的节点而言，可以通过减少之前k–1个阶段的最小均方误差来降低人工噪声在阶段k的影响，但对于窃听节点而言，从式（5.36）可以发现，它并不能获得这一好处。

假设经历了K个反馈再训练阶段，这样导频信号和人工噪声的最优功率$\{P_k\}_{k=0}^{K}$和$\{\sigma_{a,k}^2\}_{k=1}^{K}$可以在窃听节点处归一化均方误差$\mathrm{NMSE}_{\mathrm{e}}^{(K)}$下界和总功率双重约束下，最小化$K$个反馈再训练阶段后目的节点处的归一化均方误差$\mathrm{NMSE}_{\mathrm{d}}^{(K)}$获得。这一优化问题可以表示为

$$\min_{\{P_k\}_{k=0}^K,\{\sigma_{a,k}^2\}_{k=0}^K} \quad \mathrm{NMSE}_{\mathrm{d}}^{(K)} \tag{5.37a}$$

$$\text{subject to} \quad \mathrm{NMSE}_{\mathrm{e}}^{(K)} \geqslant \gamma \tag{5.37b}$$

$$P_0 T_0 + \sum_{k=1}^{K}\left[P_k T_k + \sigma_{a,k}^2\left(n_{\mathrm{s}} - n_{\mathrm{d}}\right)T_k\right] \leqslant \bar{P}_{\mathrm{ave}} T_{\mathrm{tot}} \tag{5.37c}$$

式中：$T_{\mathrm{tot}} \triangleq \sum_{k=0}^{K} T_k$ 为总的训练长度；$\bar{P}_{\mathrm{ave}}$ 为平均功率约束；γ 为窃听节点处所能达到的最小归一化均方误差约束。这一优化问题是非凸的，很难精确求解。然而，可以采用单项逼近和缩聚法（即采用连续凸逼近将问题转化为一系列几何规划问题）[7]得到近似解，详见文献[3]。

例 5.1 考虑文献[3]中给出的一个例子，其中源节点、目的节点和窃听节点分别配置 $n_{\mathrm{s}} = 4$、$n_{\mathrm{d}} = 2$ 和 $n_{\mathrm{e}} = 2$ 根天线。信道矩阵 $\boldsymbol{H}_{\mathrm{d}}$ 和 $\boldsymbol{H}_{\mathrm{e}}$ 中的元素是独立同分布的均值为 0、方差为 $\sigma_{h_{\mathrm{d}}}^2 = \sigma_{h_{\mathrm{e}}}^2 = 1$ 的高斯变量。加性高斯白噪声矩阵 $\boldsymbol{W}_0$，$\boldsymbol{W}_1$，…，$\boldsymbol{W}_K$ 中的元素是独立同分布的均值为 0、方差为 $\sigma_w^2 = 1$ 的高斯变量。训练长度表示为 $T_0 = T_1 = \cdots T_K = \dfrac{300}{K+1}$，其中 K 为反馈再训练的阶段数。

图 5.2（a）给出了不同的窃听节点约束下，即 $\gamma = 0.1$ 和 $\gamma = 0.03$ 时，目的节点和窃听节点处的归一化均方误差随总功率约束 $\bar{P}_{\mathrm{ave}}$ 的变化曲线。反馈再训练的阶段数为 $K = 11$。可以发现，目的节点处的归一化均方误差随着总发射功率的增加而降低，而窃听节点处的归一化均方误差则受限于 γ 的约束，与 $\bar{P}_{\mathrm{ave}}$ 的大小无关。图 5.2（b）给出了 $K = 11$ 时每个阶段导频信号功率和人工噪声的最优功率。从图中可以发现，导频信号功率和人工噪声的最优功率都随着阶段深

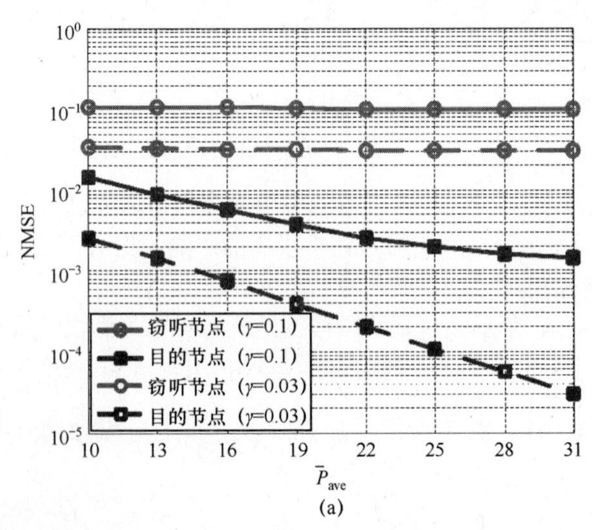

(a)

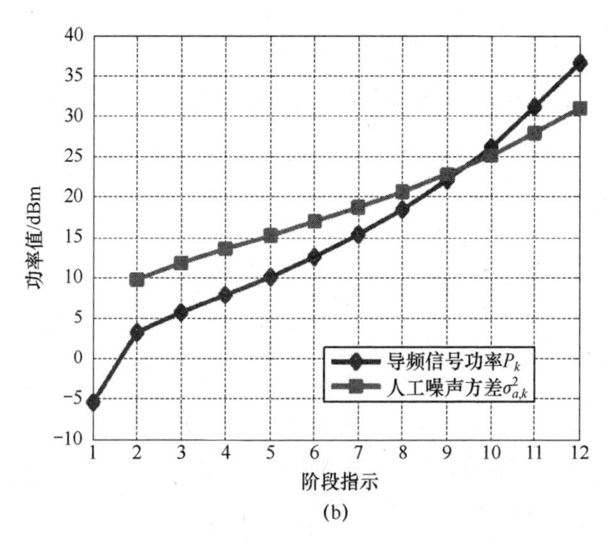

图 5.2　$K=11$ 时差别化信道估计方案的归一化均方误差性能及相应的功率分配

（a）归一化均方误差性能；（b）导频信号功率和人工噪声的功率分配。

入逐步上升。这是因为，随着阶段深入，源节点可以逐步完善其信道信息，因而可以逐步将人工噪声置于更精确的子空间以掩盖导频的传输，因此，源节点也就更有信心在随后的阶段中用更多的功率来训练。

5.2　双向训练差别化信道估计方案

在 5.1 节所述的方案中，需要多个反馈再训练阶段来逐步改善源节点处的信道信息。获得较好性能所需要的阶段数会随着对窃听节点约束的加强而增加，从而会造成较大的训练开销，这个问题在快衰落信道中会尤为突出。有趣的是，这种问题可以通过采用双向训练差别化信道估计方案来克服。在双向训练差别化信道估计方案中，目的节点也参与到导频信号传输中来。具体而言，在双向训练差别化信道估计方案中[4]，目的节点发送初步训练信号以便源节点能直接进行信道估计。如果信道是互易的[8]，那么源节点就能从它对反向信道（即目的节点到源节点的信道）的估计中推断出其前向信道。随后，在下一阶段发送叠加人工噪声的训练信号。这样，期望的性能差异只需要两个阶段就可以获得。如果信道不是互易的，只需要在原来两个阶段的基础上再增加一个往返训练阶段就能获得期望的性能差异。双向训练差别化信道估计方案能克服前一节所述方案的低效问题，这是因为由目的节点发送初步训练信号，在这一阶段窃听节点就无法估计源—窃听信道信息。双向训练在传统的非安全应用中已有研究，如文献[9]，但是由于上述原因，它在安全应用场景中特别有效。下面将针对信道互易和非互易的情况分别介绍双向训练差别化信道估计方案。

5.2.1 互易信道下的双向训练差别化信道估计方案

首先考虑所有信道都是互易情况下的双向训练差别化信道估计方案。具体而言，如图 5.3 所示，假设 $\boldsymbol{H}_{\mathrm{sd}} \in \mathbb{C}^{n_{\mathrm{d}} \times n_{\mathrm{s}}}$ 为源节点到目的节点的信道（即前向信道），$\boldsymbol{H}_{\mathrm{ds}} \in \mathbb{C}^{n_{\mathrm{s}} \times n_{\mathrm{d}}}$ 为目的节点到源节点的信道（即反向信道）。当信道互易时，前向信道等于反向信道的转置，即 $\boldsymbol{H}_{\mathrm{d}} \triangleq \boldsymbol{H}_{\mathrm{sd}} = \boldsymbol{H}_{\mathrm{ds}}^{\mathrm{T}}$，因此如果源节点能估计出反向信道，那它就可以直接推断出前向信道信息。因此，当信道互易时，双向训练差别化信道估计方案只需要两个阶段，即目的节点发送初步训练信号给源节点的反向训练阶段和源节点发送被人工噪声掩盖的导频信号以获得信道估计性能差异（类似于反馈再训练方案中的再训练过程）的前向训练阶段。

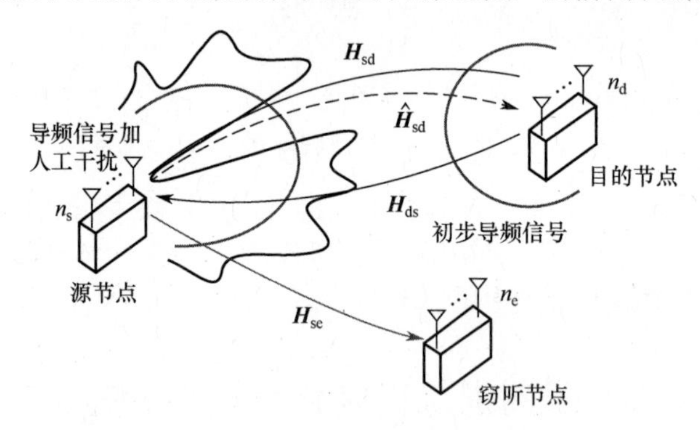

图 5.3 双向训练差别化信道估计方案示意图

具体而言，在反向训练阶段（阶段 0），目的节点发送如下的 $n_{\mathrm{d}} \times T_0$ 的训练信号，即

$$\boldsymbol{X}_0 = \sqrt{\frac{P_0 T_0}{n_{\mathrm{d}}}} \boldsymbol{C}_0 \tag{5.38}$$

式中：P_0 为导频信号功率；T_0 为训练长度；$\boldsymbol{C}_0 \in \mathbb{C}^{n_{\mathrm{d}} \times T_0}$ 为半酉导频矩阵，满足 $\boldsymbol{C}_0 \boldsymbol{C}_0^{\mathrm{H}} = \boldsymbol{I}_{n_{\mathrm{d}}}$。源节点收到的信号为

$$\tilde{\boldsymbol{Y}}_0 = \boldsymbol{H}_{\mathrm{d}}^{\mathrm{T}} \boldsymbol{X}_0 + \boldsymbol{U}_0 \tag{5.39}$$

式中：$\boldsymbol{U}_0 \in \mathbb{C}^{n_{\mathrm{s}} \times T_0}$ 为源节点处的加性高斯白噪声矩阵，其元素是独立同分布的均值为 0、方差为 σ_u^2 的高斯变量；$\boldsymbol{H}_{\mathrm{d}}^{\mathrm{T}}$ 为目的节点到源节点的信道，其元素是独立同分布的均值为 0、方差为 $\sigma_{h_{\mathrm{d}}}^2$ 高斯变量。源节点利用目的节点发送的反向训练信号获得反向信道的估计，然后求转置获得前向信道的估计。因此，源节点处 $\boldsymbol{H}_{\mathrm{d}}$ 的 LMMSE 估计可以表示为

$$\hat{\boldsymbol{H}}_{\mathrm{d},0}=\left[\sigma_{h_{\mathrm{d}}}^{2}\tilde{\boldsymbol{Y}}_{0}\left(\sigma_{h_{\mathrm{d}}}^{2}\boldsymbol{X}_{0}^{\mathrm{H}}\boldsymbol{X}_{0}+\sigma_{u}^{2}\boldsymbol{I}_{T_{0}}\right)^{-1}\boldsymbol{X}_{0}^{\mathrm{H}}\right]^{\mathrm{T}} \tag{5.40}$$

信道估计误差定义为$\Delta\boldsymbol{H}_{\mathrm{d},0}=\hat{\boldsymbol{H}}_{\mathrm{d},0}-\boldsymbol{H}_{\mathrm{d}}$，其相关函数可以通过下式计算得到，即

$$E\left[\Delta\boldsymbol{H}_{\mathrm{d},0}^{\mathrm{H}}\Delta\boldsymbol{H}_{\mathrm{d},0}\right]=n_{\mathrm{d}}\left(\frac{1}{\sigma_{h_{\mathrm{d}}}^{2}}+\frac{P_{0}T_{0}}{n_{\mathrm{d}}\sigma_{u}^{2}}\right)^{-1}\boldsymbol{I}_{n_{\mathrm{s}}} \tag{5.41}$$

因此，类似于式（5.7），相应的归一化均方误差可以由下式给出，即

$$\mathrm{NMSE}_{\mathrm{d}}^{(0)}=\left(\frac{1}{\sigma_{h_{\mathrm{d}}}^{2}}+\frac{P_{0}T_{0}}{n_{\mathrm{d}}\sigma_{u}^{2}}\right)^{-1} \tag{5.42}$$

随后，在前向训练阶段，源节点发送新的训练信号，其中叠加了置于信道估计$\hat{\boldsymbol{H}}_{\mathrm{d},0}$零空间中的人工噪声，以干扰窃听节点的接收。类似于式（5.10）和式（5.31），前向训练信号可以表示为

$$\boldsymbol{X}_{1}=\sqrt{\frac{P_{1}T_{1}}{n_{\mathrm{s}}}}\boldsymbol{C}_{1}+\boldsymbol{N}_{\hat{\boldsymbol{H}}_{\mathrm{d},0}}\boldsymbol{A}_{1} \tag{5.43}$$

式中：P_1为导频信号功率；T_1为训练长度；$\boldsymbol{C}_{1}\in\mathbb{C}^{n_{\mathrm{s}}\times T_{1}}$为半酉导频矩阵；$\boldsymbol{N}_{\hat{\boldsymbol{H}}_{\mathrm{d},0}}\in\mathbb{C}^{n_{\mathrm{s}}\times(n_{\mathrm{s}}-n_{\mathrm{d}})}$为各列构成$\hat{\boldsymbol{H}}_{\mathrm{d},0}$零空间正交基的矩阵；$\boldsymbol{A}_{1}\in\mathbb{C}^{(n_{\mathrm{s}}-n_{\mathrm{d}})\times T_{1}}$为人工噪声矩阵，其元素是独立同分布的均值为 0、方差为$\sigma_{a,1}^{2}$的复高斯变量。目的节点和窃听节点的接收信号可以记作

$$\boldsymbol{Y}_{1}=\boldsymbol{H}_{\mathrm{d}}\boldsymbol{X}_{1}+\boldsymbol{W}_{1}=\sqrt{\frac{P_{1}T_{1}}{n_{\mathrm{s}}}}\boldsymbol{H}_{\mathrm{d}}\boldsymbol{C}_{1}+\boldsymbol{H}_{\mathrm{d}}\boldsymbol{N}_{\hat{\boldsymbol{H}}_{\mathrm{d},0}}\boldsymbol{A}_{1}+\boldsymbol{W}_{1} \tag{5.44}$$

$$\boldsymbol{Z}_{1}=\boldsymbol{H}_{\mathrm{e}}\boldsymbol{X}_{1}+\boldsymbol{V}_{1}=\sqrt{\frac{P_{1}T_{1}}{n_{\mathrm{s}}}}\boldsymbol{H}_{\mathrm{e}}\boldsymbol{C}_{1}+\boldsymbol{H}_{\mathrm{e}}\boldsymbol{N}_{\hat{\boldsymbol{H}}_{\mathrm{d},0}}\boldsymbol{A}_{1}+\boldsymbol{V}_{1} \tag{5.45}$$

式中：$\boldsymbol{W}_{1}\in\mathbb{C}^{n_{\mathrm{d}}\times T_{1}}$和$\boldsymbol{V}_{1}\in\mathbb{C}^{n_{\mathrm{e}}\times T_{1}}$分别为目的节点和窃听节点处的加性高斯白噪声矩阵，其元素是独立同分布的均值为 0、方差分别为σ_{w}^{2}和σ_{v}^{2}的高斯变量。随后，目的节点和窃听节点分别根据其在阶段 1 的接收信号$\boldsymbol{Y}_1$和$\boldsymbol{Z}_1$来估计信道。需要注意的是，这不同于反馈再训练差别化信道估计方案，在反馈再训练差别化信道估计方案中，需要用到两个阶段的接收信号来进行信道估计。

具体而言，定义$\bar{\boldsymbol{C}}\triangleq\sqrt{\frac{P_{1}T_{1}}{n_{\mathrm{s}}}}\boldsymbol{C}_{1}$为等效的导频矩阵，$\bar{\boldsymbol{W}}\triangleq\boldsymbol{H}_{\mathrm{d}}\boldsymbol{N}_{\hat{\boldsymbol{H}}_{\mathrm{d},0}}\boldsymbol{A}_{1}+\boldsymbol{W}_{1}=-\Delta\boldsymbol{H}_{\mathrm{d},0}\boldsymbol{N}_{\hat{\boldsymbol{H}}_{\mathrm{d},0}}\boldsymbol{A}_{1}+\boldsymbol{W}_{1}$和$\bar{\boldsymbol{V}}\triangleq\boldsymbol{H}_{\mathrm{e}}\boldsymbol{N}_{\hat{\boldsymbol{H}}_{\mathrm{d},0}}\boldsymbol{A}_{1}+\boldsymbol{V}_{1}$分别为目的节点和窃听节点处的等效噪声。因此，目的节点处的 LMMSE 估计可以表示为

$$\hat{\boldsymbol{H}}_{\mathrm{d},1}=n_{\mathrm{d}}\sigma_{h_{\mathrm{d}}}^{2}\boldsymbol{Y}_{1}\left(n_{\mathrm{d}}\sigma_{h_{\mathrm{d}}}^{2}\bar{\boldsymbol{C}}^{\mathrm{H}}\bar{\boldsymbol{C}}+\boldsymbol{R}_{\bar{\boldsymbol{W}}}\right)^{-1}\bar{\boldsymbol{C}}^{\mathrm{H}} \tag{5.46}$$

式中

$$\boldsymbol{R}_{\bar{\boldsymbol{W}}}\triangleq E\left[\bar{\boldsymbol{W}}^{\mathrm{H}}\bar{\boldsymbol{W}}\right]=\left(E\left[\left\|\Delta\boldsymbol{H}_{\mathrm{d},0}\boldsymbol{N}_{\hat{\boldsymbol{H}}_{\mathrm{d},0}}\right\|_{F}^{2}\right]\sigma_{a,1}^{2}+n_{\mathrm{d}}\sigma_{w}^{2}\right)\boldsymbol{I}_{T_{1}} \tag{5.47}$$

$$=\left[n_{\mathrm{d}}\left(n_{\mathrm{s}}-n_{\mathrm{d}}\right)\left(\frac{1}{\sigma_{h_{\mathrm{d}}}^{2}}+\frac{P_{0}T_{0}}{n_{\mathrm{d}}\sigma_{\mathrm{u}}^{2}}\right)^{-1}\sigma_{a,1}^{2}+n_{\mathrm{d}}\sigma_{w}^{2}\right]\boldsymbol{I}_{T_{1}} \tag{5.48}$$

$$=\left[n_{\mathrm{d}}\left(n_{\mathrm{s}}-n_{\mathrm{d}}\right)\mathrm{NMSE}_{\mathrm{d}}^{(0)}\sigma_{a,1}^{2}+n_{\mathrm{d}}\sigma_{w}^{2}\right]\boldsymbol{I}_{T_{1}} \tag{5.49}$$

是$\bar{\boldsymbol{W}}$的相关矩阵。相应的归一化均方误差可以表示为

$$\mathrm{NMSE}_{\mathrm{d}}^{(1)}\triangleq\frac{\mathrm{tr}\left(E\left[\Delta\boldsymbol{H}_{\mathrm{d},1}^{\mathrm{H}}\Delta\boldsymbol{H}_{\mathrm{d},1}\right]\right)}{n_{\mathrm{s}}n_{\mathrm{d}}}=\frac{\mathrm{tr}\left[\left(\frac{1}{n_{\mathrm{d}}\sigma_{h_{\mathrm{d}}}^{2}}\boldsymbol{I}_{n_{\mathrm{s}}}+\bar{\boldsymbol{C}}\boldsymbol{R}_{\bar{\boldsymbol{W}}}^{-1}\bar{\boldsymbol{C}}^{\mathrm{H}}\right)^{-1}\right]}{n_{\mathrm{s}}n_{\mathrm{d}}} \tag{5.50}$$

$$=\left(\frac{1}{\sigma_{h_{\mathrm{d}}}^{2}}+\frac{P_{1}T_{1}/n_{\mathrm{s}}}{\mathrm{NMSE}_{\mathrm{d}}^{(0)}\cdot\left(n_{\mathrm{s}}-n_{\mathrm{d}}\right)\sigma_{a,1}^{2}+\sigma_{w}^{2}}\right)^{-1}$$

类似地，窃听节点处的 LMMSE 估计可以表示为

$$\hat{\boldsymbol{H}}_{\mathrm{e},1}=n_{\mathrm{e}}\sigma_{h_{\mathrm{e}}}^{2}\boldsymbol{Z}_{1}\left(n_{\mathrm{e}}\sigma_{h_{\mathrm{e}}}^{2}\bar{\boldsymbol{C}}^{\mathrm{H}}\bar{\boldsymbol{C}}+\boldsymbol{R}_{\bar{\boldsymbol{V}}}\right)^{-1}\bar{\boldsymbol{C}}^{\mathrm{H}} \tag{5.51}$$

式中$\bar{\boldsymbol{V}}\triangleq\boldsymbol{H}_{\mathrm{e}}\boldsymbol{N}_{\hat{\boldsymbol{H}}_{\mathrm{d},0}}\boldsymbol{A}_{1}+\boldsymbol{V}_{1}$是等效噪声矩阵。$\boldsymbol{R}_{\bar{\boldsymbol{V}}}\triangleq E\left[\bar{\boldsymbol{V}}^{\mathrm{H}}\bar{\boldsymbol{V}}\right]=n_{\mathrm{e}}\left[\left(n_{\mathrm{s}}-n_{\mathrm{d}}\right)\sigma_{a,1}^{2}\sigma_{h_{\mathrm{e}}}^{2}+\sigma_{v}^{2}\right]\boldsymbol{I}_{T_{1}}$是$\bar{\boldsymbol{V}}$的相关矩阵。窃听节点处信道估计的归一化均方误差可以表示为

$$\mathrm{NMSE}_{\mathrm{e}}^{(1)}=\left(\frac{1}{\sigma_{h_{\mathrm{e}}}^{2}}+\frac{P_{1}T_{1}/n_{\mathrm{s}}}{\left(n_{\mathrm{s}}-n_{\mathrm{d}}\right)\sigma_{a,1}^{2}\sigma_{h_{\mathrm{e}}}^{2}+\sigma_{v}^{2}}\right)^{-1} \tag{5.52}$$

从式（5.50）和式（5.52）可以看出，阶段 0 的训练过程中，能通过降低目的节点收到的干扰来使其信道估计受益，而不让窃听节点从中受益。因此，当源节点和目的节点仅仅受到独立功率约束时，目的节点可以把所有的资源都用于反向训练而不必担心让窃听节点从中受益。然而，当约束变为总功率约束时，增加反向训练阶段的导频信号功率就意味着要降低前向训练阶段用于发送导频和人工噪声的功率。根据上节和文献[4]采用的方法，最优功率分配可以通过在窃听节点处归一化均方误差下界约束下，最小化目的节点处的归一化均方误差获得。

将$\varepsilon_{0}\triangleq P_{0}T_{0}$和$\varepsilon_{1}\triangleq P_{1}T_{1}$分别定义为（目的节点处）阶段 0 和阶段 1 的导频信号能量。优化问题可以表示为

$$\min_{\varepsilon_0,\varepsilon_1,\sigma_{a,1}^2\geqslant 0} \mathrm{NMSE}_{\mathrm{d}}^{(1)} \tag{5.53a}$$

$$\text{subject to} \quad \mathrm{NMSE}_{\mathrm{e}}^{(1)}\geqslant\gamma \tag{5.53b}$$

$$\varepsilon_0+\varepsilon_1+(n_{\mathrm{s}}-n_{\mathrm{d}})\sigma_{a,1}^2T_1\leqslant\overline{\varepsilon}_{\mathrm{tot}} \tag{5.53c}$$

$$\varepsilon_0\leqslant\overline{\varepsilon}_{\mathrm{d}} \tag{5.53d}$$

$$\varepsilon_1+(n_{\mathrm{s}}-n_{\mathrm{d}})\sigma_{a,1}^2T_1\leqslant\overline{\varepsilon}_{\mathrm{s}} \tag{5.53e}$$

式中：γ 为窃听节点所能达到的最小归一化均方误差约束；$\tilde{\varepsilon}_{\mathrm{tot}}$ 为总能量约束；$\tilde{\varepsilon}_{\mathrm{d}}$ 和 $\tilde{\varepsilon}_{\mathrm{s}}$ 分别为目的节点和源节点处的独立能量约束。与反馈再训练的差别化信道估计方案类似，最小归一化均方误差约束的选择应该满足

$$\left(\frac{1}{\sigma_{h_{\mathrm{e}}}^2}+\frac{\min\{\overline{\varepsilon}_{\mathrm{s}},\overline{\varepsilon}_{\mathrm{tot}}\}}{n_{\mathrm{s}}\sigma_v^2}\right)^{-1}\leqslant\gamma\leqslant\sigma_{h_{\mathrm{e}}}^2 \tag{5.54}$$

式中左边的值是当所有功率都用于源节点发送导频时，窃听节点所能达到的最好归一化均方误差，而右边的值是窃听节点所能获得的最差归一化均方误差。

定义 $\tilde{\gamma}\triangleq\left(\frac{1}{\gamma}-\frac{1}{\sigma_{h_{\mathrm{e}}}^2}\right)^{-1}n_{\mathrm{s}}\sigma_v^2$，则式（5.54）中的条件等价于

$$0\leqslant\tilde{\gamma}\leqslant\min\{\overline{\varepsilon}_{\mathrm{s}},\overline{\varepsilon}_{\mathrm{tot}}\} \tag{5.55}$$

并且式（5.53b）中窃听节点处的归一化均方误差约束可以表示为

$$\frac{\sigma_v^2\varepsilon_1}{(n_{\mathrm{s}}-n_{\mathrm{d}})\sigma_{h_{\mathrm{e}}}^2\sigma_{a,1}^2+\sigma_v^2}\leqslant\tilde{\gamma} \tag{5.56}$$

或者，等效表示为

$$\varepsilon_1\leqslant\tilde{\gamma}\left[(n_{\mathrm{s}}-n_{\mathrm{d}})\sigma_{h_{\mathrm{e}}}^2\sigma_{a,1}^2/\sigma_v^2+1\right] \tag{5.57}$$

首先考虑独立功率约束（或者总功率约束是额外约束）的场景。文献[4]表明，当主信道和窃听信道之间的信道质量差异足够大时，即

$$\eta\triangleq n_{\mathrm{d}}\left(\frac{\sigma_v^2}{\sigma_{h_{\mathrm{e}}}^2}\frac{\sigma_u^2}{\sigma_w^2}-\frac{\sigma_u^2}{\sigma_{h_{\mathrm{d}}}^2}\right)>\overline{\varepsilon}_{\mathrm{d}} \tag{5.58}$$

目的节点处的归一化均方误差和窃听节点处的约束无需采用人工噪声（因而也无需反向训练）即可满足。在这种情况下，只需要在前向训练阶段将最优反向训练能量和最优人工噪声功率设为 0 即可，亦即 $\varepsilon_0^*=0$ 和 $(\sigma_{a,1}^2)^*=0$。则前向训练所用的最优导频信号能量为 $\varepsilon_1^*=\tilde{\gamma}$。另一方面，当 $\eta\leqslant\overline{\varepsilon}_{\mathrm{d}}$ 时，采用人工噪声有助于获得期望的性能差异，并且将目的节点可用的所有能量都用于反向训练可以最大化其效能，亦即最优反向训练能量为 $\varepsilon_0^*=\overline{\varepsilon}_{\mathrm{d}}$。在这种情况下，前向训

练中的最优导频信号能量和人工噪声功率应该分别表示为

$$\varepsilon_1^* = \overline{\varepsilon}_s - \frac{(\overline{\varepsilon}_s - \tilde{\gamma})T_1}{T_1 + \tilde{\gamma}\sigma_{h_e}^2 / \sigma_v^2} \tag{5.59}$$

$$\left(\sigma_{a,1}^2\right)^* = \frac{\overline{\varepsilon}_s - \tilde{\gamma}}{\left(T_1 + \tilde{\gamma}\sigma_{h_e}^2 / \sigma_v^2\right)(n_s - n_d)} \tag{5.60}$$

现在，让我们考虑总功率约束的场景（即$\max\{\overline{\varepsilon}_s, \overline{\varepsilon}_d\} \leqslant \overline{\varepsilon}_{tot} \leqslant \overline{\varepsilon}_s + \overline{\varepsilon}_d$的情况）。文献[4]也表明，与前一场景类似，当信道差异足够大，即$\eta > \min\{\overline{\varepsilon}_d, \overline{\varepsilon}_{tot} - \tilde{\gamma}\}$时，不需要采用人工噪声，最优功率值为$\varepsilon_0^* = 0$，$\left(\sigma_{a,1}^2\right)^* = 0$，$\varepsilon_1^* = \tilde{\gamma}$。另一方面，当$\eta \leqslant \min\{\overline{\varepsilon}_d, \overline{\varepsilon}_{tot} - \tilde{\gamma}\}$时，问题可以转化为一个与式（5.28）类似的一维优化问题。该一维优化问题可以表示为

$$\max_{\varepsilon_0} \frac{\left(n_d\sigma_u^2 + \sigma_{h_d}^2\varepsilon_0\right)\cdot\varepsilon_1(\varepsilon_0)}{n_d\sigma_u^2 + \sigma_{h_d}^2\varepsilon_0 + n_d(n_s - n_d)\sigma_{h_d}^2\dfrac{\sigma_u^2}{\sigma_w^2}\cdot\sigma_{a,1}^2(\varepsilon_0)} \tag{5.61a}$$

$$\text{subject to} \quad \max\{0, \eta, \overline{\varepsilon}_{tot} - \overline{\varepsilon}_s\} \leqslant \varepsilon_0 \leqslant \min\{\overline{\varepsilon}_d, \overline{\varepsilon}_{tot} - \tilde{\gamma}\} \tag{5.61b}$$

其中

$$\varepsilon_1(\varepsilon_0) \triangleq \tilde{\gamma}\left(\frac{\sigma_{h_e}^2}{\sigma_v^2}\frac{\overline{\varepsilon}_{tot} - \tilde{\gamma} - \varepsilon_0}{T_1 + \sigma_{h_e}^2\tilde{\gamma}/\sigma_v^2} + 1\right) \tag{5.62}$$

$$\sigma_{a,1}^2(\varepsilon_0) \triangleq \frac{1}{n_s - n_d}\cdot\frac{\tilde{\varepsilon}_{tot} - \tilde{\gamma} - \tilde{\varepsilon}_0}{T_1 + \sigma_{h_e}^2\tilde{\gamma}/\sigma_v^2} \tag{5.63}$$

最优反向训练能量ε_0^*可以通过在式（5.61b）给出的有限区间上进行线性搜索获得。进而，可以得到最优导频能量和人工噪声功率，分别为$\varepsilon_1^*\left(\varepsilon_0^*\right)$和$\left(\sigma_{a,1}^2\right)^*\left(\varepsilon_0^*\right)$。

例 5.2 考虑文献[4]中给出的一个例子，其中源节点、目的节点和窃听节点分别配置$n_s = 4$、$n_d = 2$和$n_e = 2$根天线。信道矩阵$\boldsymbol{H}_d$和$\boldsymbol{H}_e$中的元素是独立同分布的均值为 0、方差为$\sigma_{h_d}^2 = \sigma_{h_e}^2 = 1$的高斯变量。加性高斯白噪声矩阵中的元素是独立同分布的均值为 0、方差为$\sigma_u^2 = \sigma_w^2 = \sigma_v^2 = 1$的高斯变量。训练长度为$T_0 = n_d = 2$和$T_1 = n_s = 4$，因此源节点和目的节点发送的训练信号的总长度分别为$T_{s,tot} = T_1 = 4$和$T_{d,tot} = T_0 = 2$。设$\overline{P}_{ave} \triangleq \overline{\varepsilon}_{tot} / \left(T_{s,tot} + T_{d,tot}\right)$为总平均功率约束。此外，设$\overline{P}_s \triangleq \overline{\varepsilon}_s / T_{s,tot} = 30\text{dB}$和$\overline{P}_d \triangleq \overline{\varepsilon}_d / T_{d,tot} = 20\text{dB}$（相对于噪声方差）分别为源节点和目的节点处的平均功率约束。

图 5.4（a）给出了不同总平均功率$\overline{P}_{ave}$约束下目的节点和窃听节点处的归

一化均方误差。图中给出了窃听节点处两种不同归一化均方误差约束场景下的曲线，即 $\gamma=0.1$ 和 $\gamma=0.03$ 两种场景。可以发现在窃听节点处的归一化均方误差被成功限制在 γ 之上的同时，目的节点处的归一化均方误差随 $\bar{P}_{\mathrm{ave}}$ 的增加而改善。然而，由于源节点和目的节点处存在独立功率约束，目的节点处的归一化均方误差最终趋于饱和。图 5.4（b）给出了不同 $\bar{P}_{\mathrm{ave}}$ 下相应的导频信号功率，即 P_0 和 P_1，以及人工噪声功率 $\left(n_{\mathrm{s}}-n_{\mathrm{d}}\right)\sigma_{a,1}^{2}$ 的变化曲线。可以发现，随着窃听节

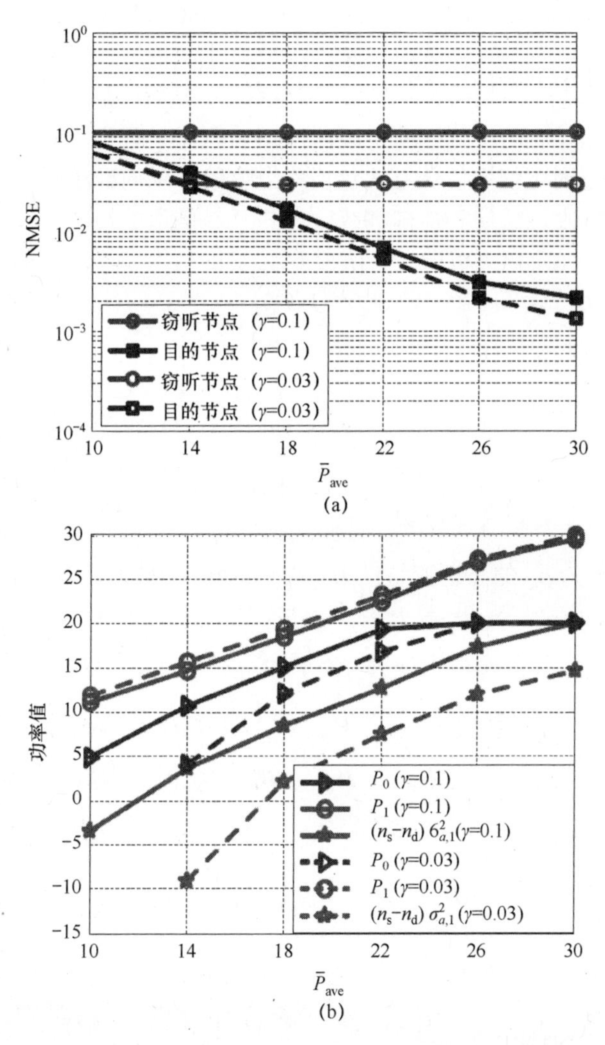

图 5.4 互易信道下双向差别化信道估计方案的归一化均方误差性能及相应的功率分配

（a）归一化均方误差性能；（b）导频信号功率和人工噪声的功率分配。

点处归一化均方误差约束趋于严格，应该提高人工噪声的功率，用于初步训练的功率（即阶段 0 的功率）也应该提高，以便获得更好的初步信道估计。

5.2.2 非互易信道下的双向训练差别化信道估计方案

当信道非互易时，源节点就无法直接从反向训练阶段获得的反向信道估计中推断出前向信道信息。在这种情况下，就必须额外进行一次往返训练。具体而言，在往返训练阶段，源节点发送一个随机的导频矩阵给目的节点，随后目的节点采用放大转发的策略将信号发回源节点。从该信号中，源节点就能够获得反向和前向信道混合信道的估计，即 $\boldsymbol{H}_{\mathrm{ds}}\boldsymbol{H}_{\mathrm{sd}}$。然后，联合反向训练阶段获得的反向信道 $\boldsymbol{H}_{\mathrm{ds}}$ 的估计，就能计算出前向信道 $\boldsymbol{H}_{\mathrm{sd}}$ 的估计。因此，非互易信道下的双向训练差别化信道估计方案包括三个阶段：反向训练阶段、往返训练阶段和前向训练阶段。反向和前向训练阶段与互易信道的情况类似。

具体而言，在反向训练阶段（阶段 0），目的节点发送如下的训练信号，即

$$\boldsymbol{X}_0=\sqrt{\frac{P_0T_0}{n_{\mathrm{d}}}}\boldsymbol{C}_0 \tag{5.64}$$

式中：P_0 为导频信号功率；T_0 为反向训练长度；$\boldsymbol{C}_0\in\mathbb{C}^{n_{\mathrm{d}}\times T_0}$ 为半酉导频矩阵，满足 $\boldsymbol{C}_0\boldsymbol{C}_0^{\mathrm{H}}=\boldsymbol{I}_{n_{\mathrm{d}}}$。源节点收到的信号为

$$\tilde{\boldsymbol{Y}}_0=\boldsymbol{H}_{\mathrm{ds}}\boldsymbol{X}_0+\boldsymbol{U}_0 \tag{5.65}$$

式中：$\boldsymbol{U}_0\in\mathbb{C}^{n_{\mathrm{s}}\times T_0}$ 为源节点处的加性高斯白噪声矩阵，其元素是独立同分布的均值为 0、方差为 σ_u^2 的高斯变量；$\boldsymbol{H}_{\mathrm{ds}}$ 为目的节点到源节点的信道，其元素是独立同分布的均值为 0、方差为 $\sigma_{h_{\mathrm{ds}}}^2$ 高斯变量。源节点能从接收信号 $\tilde{\boldsymbol{Y}}_0$ 中获得反向信道 $\boldsymbol{H}_{\mathrm{ds}}$ 的估计。源节点处 $\boldsymbol{H}_{\mathrm{ds}}$ 的 LMMSE 估计可以表示为

$$\hat{\boldsymbol{H}}_{\mathrm{ds},0}=\sigma_{h_{\mathrm{ds}}}^2\tilde{\boldsymbol{Y}}_0\left(\sigma_{h_{\mathrm{ds}}}^2\boldsymbol{X}_0^{\mathrm{H}}\boldsymbol{X}_0+\sigma_u^2\boldsymbol{I}_{T_0}\right)^{-1}\boldsymbol{X}_0^{\mathrm{H}} \tag{5.66}$$

信道估计误差定义为 $\Delta\boldsymbol{H}_{\mathrm{ds},0}=\hat{\boldsymbol{H}}_{\mathrm{ds},0}-\boldsymbol{H}_{\mathrm{ds}}$，其相关函数可以通过下式计算得到

$$E\left[\Delta\boldsymbol{H}_{\mathrm{ds},0}^{\mathrm{H}}\Delta\boldsymbol{H}_{\mathrm{ds},0}\right]=n_{\mathrm{s}}\left(\frac{1}{\sigma_{h_{\mathrm{ds}}}^2}+\frac{P_0T_0}{n_{\mathrm{d}}\sigma_u^2}\right)^{-1}\boldsymbol{I}_{n_{\mathrm{d}}} \tag{5.67}$$

因此，类似于式（5.42），相应的归一化均方误差可以由下式给出

$$\mathrm{NMSE}_{\mathrm{ds}}^{(0)}=\frac{\mathrm{tr}\left(E\left[\Delta\boldsymbol{H}_{\mathrm{ds},0}^{\mathrm{H}}\Delta\boldsymbol{H}_{\mathrm{ds},0}\right]\right)}{n_{\mathrm{s}}n_{\mathrm{d}}}=\left(\frac{1}{\sigma_{h_{\mathrm{ds}}}^2}+\frac{P_0T_0}{n_{\mathrm{d}}\sigma_u^2}\right)^{-1} \tag{5.68}$$

需要注意的是，当信道非互易时，源节点不能从 $\boldsymbol{H}_{\mathrm{ds}}$ 的估计中推断出前向

信道 $\boldsymbol{H}_{\mathrm{sd}}$。因此，就需要一个往返训练阶段来为源节点提供前向信道的信息。

在往返训练阶段（即阶段 1），源节点首先发送一个仅自己知道的随机训练信号。随后，目的节点采用放大转发的策略将信号发回源节点。源节点在阶段 1 发送的训练信号可以表示为

$$\boldsymbol{X}_{\mathrm{s}1}=\sqrt{\frac{P_{\mathrm{s}1}T_1}{n_{\mathrm{s}}}}\boldsymbol{C}_1 \tag{5.69}$$

式中：$P_{\mathrm{s}1}$ 为源节点在阶段 1 的发送功率；T_1 为反向训练长度。为了方便，选择 $T_1=n_{\mathrm{s}}$，并选择 $\boldsymbol{C}_1\in\mathbb{C}^{n_{\mathrm{s}}\times n_{\mathrm{s}}}$ 为随机生成的酉导频矩阵，满足 $\boldsymbol{C}_1\boldsymbol{C}_1^{\mathrm{H}}=\boldsymbol{C}_1^{\mathrm{H}}\boldsymbol{C}_1=\boldsymbol{I}_{n_{\mathrm{s}}}$。目的节点收到的信号为

$$\boldsymbol{Y}_1=\boldsymbol{H}_{\mathrm{sd}}\boldsymbol{X}_{\mathrm{s}1}+\boldsymbol{W}_1 \tag{5.70}$$

式中：$\boldsymbol{W}_1\in\mathbb{C}^{n_{\mathrm{d}}\times T_1}$ 为目的节点处的加性高斯白噪声矩阵，其元素是独立同分布的均值为 0、方差为 σ_w^2 的高斯变量。目的节点收到 $\boldsymbol{Y}_1$ 后，放大转发该接收信号给源节点。发送信号可以表示为

$$\boldsymbol{X}_{\mathrm{d}1}=\alpha\boldsymbol{Y}_1 \tag{5.71}$$

式中

$$\alpha=\sqrt{\frac{P_{\mathrm{d}1}T_1}{P_{\mathrm{s}1}T_1n_{\mathrm{d}}\sigma_{h_{\mathrm{sd}}}^2+T_1n_{\mathrm{d}}\sigma_w^2}} \tag{5.72}$$

是放大增益，$P_{\mathrm{d}1}$ 是目的节点在阶段 1 的发送功率。源节点的接收信号可以表示为

$$\tilde{\boldsymbol{Y}}_1=\boldsymbol{H}_{\mathrm{ds}}\boldsymbol{X}_{\mathrm{d}1}+\boldsymbol{U}_1 \tag{5.73}$$

$$=\alpha\boldsymbol{H}_{\mathrm{ds}}\boldsymbol{H}_{\mathrm{sd}}\boldsymbol{X}_{\mathrm{s}1}+\alpha\boldsymbol{H}_{\mathrm{ds}}\boldsymbol{W}_1+\boldsymbol{U}_1 \tag{5.74}$$

$$=\alpha\left(\hat{\boldsymbol{H}}_{\mathrm{ds},0}-\Delta\boldsymbol{H}_{\mathrm{ds},0}\right)\boldsymbol{H}_{\mathrm{sd}}\boldsymbol{X}_{\mathrm{s}1}+\alpha\left(\hat{\boldsymbol{H}}_{\mathrm{ds},0}-\Delta\boldsymbol{H}_{\mathrm{ds},0}\right)\boldsymbol{W}_1+\boldsymbol{U}_1 \tag{5.75}$$

式中：$\boldsymbol{U}_1\in\mathbb{C}^{n_{\mathrm{s}}\times T_1}$ 为阶段 1 源节点处的加性高斯白噪声矩阵，其元素是独立同分布的均值为 0、方差为 σ_u^2 的高斯变量；$\Delta\boldsymbol{H}_{\mathrm{ds},0}\triangleq\hat{\boldsymbol{H}}_{\mathrm{ds},0}-\boldsymbol{H}_{\mathrm{ds}}$ 为阶段 0 的估计误差。估计误差和加性高斯白噪声可以合并为如下的等效噪声项：

$$\bar{\boldsymbol{U}}_1\triangleq\alpha\hat{\boldsymbol{H}}_{\mathrm{ds},0}\boldsymbol{W}_1-\Delta\boldsymbol{H}_{\mathrm{ds},0}\boldsymbol{H}_{\mathrm{sd}}\boldsymbol{X}_{\mathrm{s}1}-\alpha\Delta\boldsymbol{H}_{\mathrm{ds},0}\boldsymbol{W}_1+\boldsymbol{U}_1 \tag{5.76}$$

因此，源节点处的接收信号可以等效表示为

$$\tilde{\boldsymbol{Y}}_1=\alpha\hat{\boldsymbol{H}}_{\mathrm{ds},0}\boldsymbol{H}_{\mathrm{sd}}\boldsymbol{X}_{\mathrm{s}1}+\bar{\boldsymbol{U}}_1 \tag{5.77}$$

需要注意的是，由于乘上了 $\boldsymbol{H}_{\mathrm{sd}}$，源节点处每根天线上的接收信号都包含了前向信道矩阵 $\boldsymbol{H}_{\mathrm{sd}}$ 所有元素的信息。因此，在计算 $\boldsymbol{H}_{\mathrm{sd}}$ 中每个元素时都必须考虑接收信号 $\tilde{\boldsymbol{Y}}_1$ 中的所有元素。

定义 $\tilde{\boldsymbol{y}}_1\triangleq\mathrm{vec}\left(\tilde{\boldsymbol{Y}}_1\right)$，$\boldsymbol{h}_{\mathrm{sd}}\triangleq\mathrm{vec}\left(\boldsymbol{H}_{\mathrm{sd}}\right)$，$\boldsymbol{w}_1=\mathrm{vec}\left(\boldsymbol{W}_1\right)$ 和 $\boldsymbol{u}_1=\mathrm{vec}\left(\boldsymbol{U}_1\right)$ 分别为 $\tilde{\boldsymbol{Y}}_1$、

$\boldsymbol{H}_{\mathrm{sd}}$、$\boldsymbol{W}_1$和$\boldsymbol{U}_1$的向量化形式，可以通过对相应矩阵进行列向量化操作得到。因为$\mathrm{vec}(\boldsymbol{ABC})=(\boldsymbol{C}^{\mathrm{T}}\otimes\boldsymbol{A})\mathrm{vec}(\boldsymbol{B})$，其中$\otimes$表示 Kronecker 积[10]，式（5.77）中的接收信号可以改写为

$$\begin{aligned}\tilde{\boldsymbol{y}}_{\mathrm{t}1}&=\alpha\left(\boldsymbol{X}_{\mathrm{s}1}^{\mathrm{T}}\otimes\hat{\boldsymbol{H}}_{\mathrm{ds},0}\right)\boldsymbol{h}_{\mathrm{sd}}+\alpha\left(\boldsymbol{I}_{T_1}\otimes\hat{\boldsymbol{H}}_{\mathrm{ds},0}\right)\boldsymbol{w}_1\\&\quad-\alpha\left(\boldsymbol{X}_{\mathrm{s}1}^{\mathrm{T}}\otimes\Delta\boldsymbol{H}_{\mathrm{ds},0}\right)\boldsymbol{h}_{\mathrm{sd}}-\alpha\left(\boldsymbol{I}_{T_1}\otimes\Delta\boldsymbol{H}_{\mathrm{ds},0}\right)\boldsymbol{w}_1+\boldsymbol{u}_1\end{aligned}\tag{5.78}$$

给定$\hat{\boldsymbol{H}}_{\mathrm{ds},0}$的情况下，阶段 1 中$\boldsymbol{H}_{\mathrm{sd}}$的 LMMSE 可以计算为[4]

$$\hat{\boldsymbol{h}}_{\mathrm{sd},1}=\frac{1}{\alpha\sigma_w^2}\left(\frac{1}{\sigma_{h_{\mathrm{sd}}}^2}+\frac{P_{\mathrm{s}1}T_1}{n_{\mathrm{s}}\sigma_w^2}\right)^{-1}\left[\boldsymbol{X}_{\mathrm{s}1}^{*}\otimes\hat{\boldsymbol{H}}_{\mathrm{ds},0}^{\mathrm{H}}\left(\hat{\boldsymbol{H}}_{\mathrm{ds},0}\hat{\boldsymbol{H}}_{\mathrm{ds},0}^{\mathrm{H}}+\beta\boldsymbol{I}_{n_{\mathrm{s}}}\right)^{-1}\right]\tilde{\boldsymbol{y}}_1\tag{5.79}$$

其中

$$\beta\triangleq n_{\mathrm{d}}\left(\frac{1}{\sigma_{h_{\mathrm{ds}}}^2}+\frac{P_0T_0}{n_{\mathrm{d}}\sigma_u^2}\right)^{-1}+\frac{\sigma_u^2}{\alpha^2\sigma_{h_{\mathrm{sd}}}^2\sigma_w^2}\left(\frac{1}{\sigma_{h_{\mathrm{sd}}}^2}+\frac{P_{\mathrm{s}1}T_1}{n_{\mathrm{s}}\sigma_w^2}\right)^{-1}\tag{5.80}$$

估计结果也可以用如下的原始矩阵形式表示为

$$\hat{\boldsymbol{H}}_{\mathrm{sd},1}=\frac{1}{\alpha\sigma_w^2}\left(\frac{1}{\sigma_{h_{\mathrm{sd}}}^2}+\frac{P_{\mathrm{s}1}T_1}{n_{\mathrm{s}}\sigma_w^2}\right)^{-1}\hat{\boldsymbol{H}}_{\mathrm{ds},0}^{\mathrm{H}}\left(\hat{\boldsymbol{H}}_{\mathrm{ds},0}\hat{\boldsymbol{H}}_{\mathrm{ds},0}^{\mathrm{H}}+\beta\boldsymbol{I}_{n_{\mathrm{s}}}\right)^{-1}\tilde{\boldsymbol{Y}}_1\boldsymbol{X}_{\mathrm{s}1}^{\mathrm{H}}\tag{5.81}$$

在给定$\hat{\boldsymbol{H}}_{\mathrm{ds},0}$的条件下，$\Delta\boldsymbol{h}_{\mathrm{sd},1}$的相关函数可以表示为

$$E\left[\Delta\boldsymbol{h}_{\mathrm{sd},1}\Delta\boldsymbol{h}_{\mathrm{sd},1}^{\mathrm{H}}\middle|\hat{\boldsymbol{H}}_{\mathrm{ds},0}\right]=\boldsymbol{I}_{n_{\mathrm{s}}}\otimes\left\{\sigma_{h_{\mathrm{sd}}}^2\boldsymbol{I}_{n_{\mathrm{d}}}-\frac{\sigma_{h_{\mathrm{sd}}}^4P_{\mathrm{s}1}T_1}{\sigma_{h_{\mathrm{sd}}}^2P_{\mathrm{s}1}T_1+n_{\mathrm{s}}\sigma_w^2}\left[\left(\frac{1}{\beta}\hat{\boldsymbol{H}}_{\mathrm{ds},0}^{\mathrm{H}}\hat{\boldsymbol{H}}_{\mathrm{ds},0}\right)^{-1}+\boldsymbol{I}_{n_{\mathrm{d}}}\right]^{-1}\right\}\tag{5.82}$$

最终，在前向训练阶段（阶段 2），源节点发送一个新的训练信号，其中包含置于估计信道矩阵$\hat{\boldsymbol{H}}_{\mathrm{sd},1}$零空间中的人工噪声。类似于式（5.10）和式（5.43），前向训练信号可以表示为

$$\boldsymbol{X}_2=\sqrt{\frac{P_2T_2}{n_{\mathrm{s}}}}\boldsymbol{C}_2+\boldsymbol{N}_{\hat{\boldsymbol{H}}_{\mathrm{sd},1}}\boldsymbol{A}_2\tag{5.83}$$

式中：P_2为导频信号功率；T_2为前向训练长度；$\boldsymbol{C}_2\in\mathbb{C}^{n_{\mathrm{s}}\times T_1}$为半酉导频矩阵，满足$\boldsymbol{C}_2\boldsymbol{C}_2^{\mathrm{H}}=\boldsymbol{I}_{n_{\mathrm{s}}}$，$\boldsymbol{N}_{\hat{\boldsymbol{H}}_{\mathrm{sd},1}}\in\mathbb{C}^{n_{\mathrm{s}}\times(n_{\mathrm{s}}-n_{\mathrm{d}})}$是各列构成$\hat{\boldsymbol{H}}_{\mathrm{sd},1}$零空间正交基的矩阵；$\boldsymbol{A}_2\in\mathbb{C}^{(n_{\mathrm{s}}-n_{\mathrm{d}})\times T_1}$为人工噪声矩阵，其元素是独立同分布的均值为 0、方差为$\sigma_{a,2}^2$的复高斯变量。需要注意的是，与阶段 1 不同，这里假设所有终端都知道阶段 2 发送的导频矩阵$\boldsymbol{C}_2$。目的节点和窃听节点的接收信号可以记作：

$$\boldsymbol{Y}_2=\boldsymbol{H}_{\mathrm{sd}}\boldsymbol{X}_2+\boldsymbol{W}_2=\sqrt{\frac{P_2T_2}{n_{\mathrm{s}}}}\boldsymbol{H}_{\mathrm{sd}}\boldsymbol{C}_2+\boldsymbol{H}_{\mathrm{sd}}\boldsymbol{N}_{\hat{\boldsymbol{H}}_{\mathrm{sd},1}}\boldsymbol{A}_2+\boldsymbol{W}_2 \tag{5.84}$$

$$\boldsymbol{Z}_2=\boldsymbol{H}_{\mathrm{se}}\boldsymbol{X}_2+\boldsymbol{V}_2=\sqrt{\frac{P_2T_2}{n_{\mathrm{s}}}}\boldsymbol{H}_{\mathrm{se}}\boldsymbol{C}_2+\boldsymbol{H}_{\mathrm{se}}\boldsymbol{N}_{\hat{\boldsymbol{H}}_{\mathrm{sd},1}}\boldsymbol{A}_2+\boldsymbol{V}_2 \tag{5.85}$$

式中：$\boldsymbol{W}_2\in\mathbb{C}^{n_{\mathrm{d}}\times T_2}$ 和 $\boldsymbol{V}_2\in\mathbb{C}^{n_{\mathrm{e}}\times T_2}$ 为加性高斯白噪声矩阵，其元素是独立同分布的均值为 0、方差分别为 σ_w^2 和 σ_v^2 的高斯变量。

为了评估目的节点处 LMMSE 估计的性能，定义 $\boldsymbol{y}_2\triangleq\mathrm{vec}(\boldsymbol{Y}_2)$，$\boldsymbol{h}_{\mathrm{sd}}\triangleq\mathrm{vec}(\boldsymbol{H}_{\mathrm{sd}})$，$\Delta\boldsymbol{h}_{\mathrm{sd},1}\triangleq\mathrm{vec}(\Delta\boldsymbol{H}_{\mathrm{sd},1})$ 和 $\boldsymbol{w}_2=\mathrm{vec}(\boldsymbol{W}_2)$，分别是相应矩阵的向量化形式。定义 $\bar{\boldsymbol{C}}_2\triangleq\sqrt{\frac{P_2T_2}{n_{\mathrm{s}}}}\boldsymbol{C}_2$，由于 $\boldsymbol{H}_{\mathrm{sd}}\boldsymbol{N}_{\hat{\boldsymbol{H}}_{\mathrm{sd},1}}\boldsymbol{A}_2=-\Delta\boldsymbol{H}_{\mathrm{sd},1}\boldsymbol{N}_{\hat{\boldsymbol{H}}_{\mathrm{sd},1}}\boldsymbol{A}_2$，目的节点接收信号的向量表示可以记为

$$\boldsymbol{y}_2=\left(\bar{\boldsymbol{C}}_2^{\mathrm{T}}\otimes\boldsymbol{I}_{n_{\mathrm{d}}}\right)\boldsymbol{h}_{\mathrm{sd}}-\left(\boldsymbol{A}_2^{\mathrm{T}}\boldsymbol{N}_{\hat{\boldsymbol{H}}_{\mathrm{sd},1}}^{\mathrm{T}}\otimes\boldsymbol{I}_{n_{\mathrm{d}}}\right)\Delta\boldsymbol{h}_{\mathrm{sd},1}+\boldsymbol{w}_2 \tag{5.86}$$

在阶段 2，目的节点处 $\boldsymbol{h}_{\mathrm{sd}}$ 的 LMMSE 估计以及相应的误差协方差矩阵可以分别表示为

$$\hat{\boldsymbol{h}}_{\mathrm{sd},2}=\boldsymbol{R}_{\boldsymbol{h}_{\mathrm{sd}}\boldsymbol{y}_2}\boldsymbol{R}_{\boldsymbol{y}_2\boldsymbol{y}_2}^{-1}\boldsymbol{y}_2 \tag{5.87}$$

$$E\left[\Delta\boldsymbol{h}_{\mathrm{sd},2}\Delta\boldsymbol{h}_{\mathrm{sd},2}^{\mathrm{H}}\right]=\sigma_{h_{\mathrm{sd}}}^2\boldsymbol{I}_{n_{\mathrm{d}}\times n_{\mathrm{s}}}-\boldsymbol{R}_{\boldsymbol{h}_{\mathrm{sd}}\boldsymbol{y}_2}\boldsymbol{R}_{\boldsymbol{y}_2\boldsymbol{y}_2}^{-1}\boldsymbol{R}_{\boldsymbol{h}_{\mathrm{sd}}\boldsymbol{y}_2}^{\mathrm{H}} \tag{5.88}$$

式中

$$\boldsymbol{R}_{\boldsymbol{h}_{\mathrm{sd}}\boldsymbol{y}_2}=E\left[\boldsymbol{h}_{\mathrm{sd},2}\boldsymbol{y}_2^{\mathrm{H}}\right]=\sigma_{h_{\mathrm{sd}}}^2\left(\bar{\boldsymbol{C}}_2^*\otimes\boldsymbol{I}_{n_{\mathrm{d}}}\right) \tag{5.89}$$

$$\begin{aligned}\boldsymbol{R}_{\boldsymbol{y}_2\boldsymbol{y}_2}=&E\left[\boldsymbol{y}_2\boldsymbol{y}_2^{\mathrm{H}}\right]=\sigma_{h_{\mathrm{sd}}}^2\left(\bar{\boldsymbol{C}}_2^{\mathrm{T}}\bar{\boldsymbol{C}}_2^*\otimes\boldsymbol{I}_{n_{\mathrm{d}}}\right)\\&+E\left[\left(\boldsymbol{A}_2^{\mathrm{T}}\boldsymbol{N}_{\hat{\boldsymbol{H}}_{\mathrm{sd},1}}^{\mathrm{T}}\otimes\boldsymbol{I}_{n_{\mathrm{d}}}\right)\Delta\boldsymbol{h}_{\mathrm{sd},1}\Delta\boldsymbol{h}_{\mathrm{sd},1}^{\mathrm{H}}\left(\boldsymbol{A}_2^{\mathrm{T}}\boldsymbol{N}_{\hat{\boldsymbol{H}}_{\mathrm{sd},1}}^{\mathrm{T}}\otimes\boldsymbol{I}_{n_{\mathrm{d}}}\right)^{\mathrm{H}}\right]+\sigma_w^2\left(\boldsymbol{I}_{T_2}\otimes\boldsymbol{I}_{n_{\mathrm{d}}}\right)\end{aligned} \tag{5.90}$$

当信道非互易时，由于式（5.90）第二项中的期望运算，LMMSE 估计及相应的归一化均方误差均无法获得闭式表达式。该期望运算需要对源节点在阶段 0 和阶段 1 的信道估计 $\hat{\boldsymbol{H}}_{\mathrm{ds},0}$ 和 $\hat{\boldsymbol{H}}_{\mathrm{sd},1}$ 求平均。为了获得归一化均方误差的闭式表达，在此考虑如下的简化假设[4]：①给定 $\hat{\boldsymbol{H}}_{\mathrm{ds},0}$，LMMSE 估计 $\hat{\boldsymbol{H}}_{\mathrm{sd},1}$ 与其误差矩阵 $\Delta\boldsymbol{H}_{\mathrm{sd},1}$ 统计独立；②源节点和目的节点处的天线数足够多，亦即 n_{s}、$n_{\mathrm{d}}\gg 1$。有了这样的假设，式（5.90）中的相关矩阵可以近似为

$$\boldsymbol{R}_{\boldsymbol{y}_2\boldsymbol{y}_2}\approx\left\{\sigma_{h_{\mathrm{sd}}}^2\bar{\boldsymbol{C}}_2^{\mathrm{T}}\bar{\boldsymbol{C}}_2^*+\left[\left(n_{\mathrm{s}}-n_{\mathrm{d}}\right)\sigma_{a,2}^2\left(\sigma_{h_{\mathrm{sd}}}^2-\frac{\sigma_{h_{\mathrm{sd}}}^4P_{\mathrm{s}1}T_1}{\sigma_{h_{\mathrm{sd}}}^2P_{\mathrm{s}1}T_1+n_{\mathrm{s}}\sigma_w^2}\frac{n_{\mathrm{s}}\mu}{\beta+n_{\mathrm{s}}\mu}\right)+\sigma_w^2\right]\boldsymbol{I}_{T_2}\right\}\otimes\boldsymbol{I}_{n_{\mathrm{d}}} \tag{5.91}$$

式中 $\mu \triangleq \dfrac{\sigma_{h_{\mathrm{ds}}}^4 P_0 T_0}{\sigma_{h_{\mathrm{ds}}}^2 P_0 T_0 + n_{\mathrm{d}} \sigma_u^2}$。采用上面的近似，令 $T_2 = n_{\mathrm{s}}$，并选择 $\boldsymbol{C}_2$ 满足 $\boldsymbol{C}_2^{\mathrm{H}} \boldsymbol{C}_2 = \boldsymbol{C}_2 \boldsymbol{C}_2^{\mathrm{H}} = \boldsymbol{I}_{n_{\mathrm{s}}}$，目的节点处的归一化均方误差可以近似为

$$\mathrm{NMSE}_{\mathrm{d}}^{(2)} = \frac{\mathrm{tr}\left(E\left[\Delta \boldsymbol{h}_{\mathrm{sd},2} \Delta \boldsymbol{h}_{\mathrm{sd},2}^{\mathrm{H}}\right]\right)}{n_{\mathrm{s}} n_{\mathrm{d}}} \tag{5.92}$$

$$\approx \left(\frac{1}{\sigma_{h_{\mathrm{sd}}}^2} + \frac{P_2 T_2 / n_{\mathrm{s}}}{(n_{\mathrm{s}} - n_{\mathrm{d}}) \sigma_{a,2}^2 \left(\sigma_{h_{\mathrm{sd}}}^2 - \dfrac{\sigma_{h_{\mathrm{sd}}}^4 P_{\mathrm{s}1} T_1}{\sigma_{h_{\mathrm{sd}}}^2 P_{\mathrm{s}1} T_1 + n_{\mathrm{s}} \sigma_w^2} \dfrac{n_{\mathrm{s}} \mu}{\beta + n_{\mathrm{s}} \mu} \right) + \sigma_w^2} \right)^{-1} \tag{5.93}$$

跟信道互易情况下的计算过程一样，窃听节点处的归一化均方误差可以表示为

$$\mathrm{NMSE}_{\mathrm{e}}^{(2)} = \left(\frac{1}{\sigma_{h_{\mathrm{se}}}^2} + \frac{P_2 T_2 / n_{\mathrm{s}}}{(n_{\mathrm{s}} - n_{\mathrm{d}}) \sigma_{a,2}^2 \sigma_{h_{\mathrm{se}}}^2 + \sigma_v^2} \right)^{-1} \tag{5.94}$$

有了式（5.92）和式（5.94）给出的归一化均方误差，训练和人工噪声之间的功率分配可以通过在窃听节点处归一化均方误差的约束下，最小化目的节点处的归一化均方误差来确定。定义 $\varepsilon_0 \triangleq P_0 T_0$，$\varepsilon_{\mathrm{s}1} \triangleq P_{\mathrm{s}1} T_1$，$\varepsilon_{\mathrm{d}1} \triangleq P_{\mathrm{d}1} T_1$，和 $\varepsilon_2 \triangleq P_2 T_2$，优化问题可以表示为

$$\min_{\varepsilon_0, \varepsilon_{\mathrm{s}1}, \varepsilon_{\mathrm{d}1}, \varepsilon_2, \sigma_{a,2}^2 \geqslant 0} \mathrm{NMSE}_{\mathrm{d}}^{(2)} \tag{5.95a}$$

$$\text{subject to} \quad \mathrm{NMSE}_{\mathrm{e}}^{(2)} \geqslant \gamma \tag{5.95b}$$

$$\varepsilon_0 + \varepsilon_{\mathrm{s}1} + \varepsilon_{\mathrm{d}1} + \varepsilon_2 + (n_{\mathrm{s}} - n_{\mathrm{d}}) \sigma_{a,2}^2 T_2 \leqslant \bar{\varepsilon}_{\mathrm{tot}} \tag{5.95c}$$

$$\varepsilon_0 + \varepsilon_{\mathrm{d}1} \leqslant \bar{\varepsilon}_{\mathrm{d}} \tag{5.95d}$$

$$\varepsilon_{\mathrm{s}1} + \varepsilon_2 + (n_{\mathrm{s}} - n_{\mathrm{d}}) \sigma_{a,2}^2 T_2 \leqslant \bar{\varepsilon}_{\mathrm{s}} \tag{5.95e}$$

该问题是非凸的，但跟前面的情况一样，也可以采用单项近似和缩聚法[7]来高效求解。

例 5.3 考虑例 5.2 中相同的场景，在信道非互易的情况下，选取训练长度为 $T_0 = 2$ 和 $T_1 = T_2 = 4$，源节点和目的节点发送训练信号的总长度分别为 $T_{\mathrm{s,tot}} = T_1 + T_2 = 8$ 和 $T_{\mathrm{d,tot}} = T_0 + T_1 = 6$。设 $\bar{P}_{\mathrm{ave}} \triangleq \bar{\varepsilon}_{\mathrm{tot}} / (T_{\mathrm{s,tot}} + T_{\mathrm{d,tot}})$ 为总平均发射功率约束。此外，设 $\bar{P}_{\mathrm{s}} \triangleq \bar{\varepsilon}_{\mathrm{s}} / T_{\mathrm{s,tot}} = 30\mathrm{dB}$ 和 $\bar{P}_{\mathrm{d}} \triangleq \bar{\varepsilon}_{\mathrm{d}} / T_{\mathrm{d,tot}} = 20\mathrm{dB}$（相对于噪声方差）分别为源节点和目的节点的平均功率约束。图 5.5（a）给出了不同总平均功率 $\bar{P}_{\mathrm{ave}}$ 约束下目的节点和窃听节点处的归一化均方误差。图中画出了窃听节点处两种不同归一化均方误差约束场景下的曲线，即 $\gamma = 0.1$ 和 $\gamma = 0.03$ 两种场景。

与例 5.2 一样，可以发现窃听节点处的归一化均方误差被成功限制在 γ 之上，同时目的节点处的归一化均方误差随 $\overline{P}_{\text{ave}}$ 的增加而改善。图 5.5b 给出了不同 $\overline{P}_{\text{ave}}$ 下的导频信号功率，即 P_0、P_{s1}、P_{d1} 和 P_2，以及人工噪声功率 $(n_{\text{s}}-n_{\text{d}})\sigma_{a,2}^2$ 的变化曲线。同样可以发现，为了获得更好的初步信道估计和人工噪声效果，应该提高阶段 0 和阶段 1 中的导频信号功率。

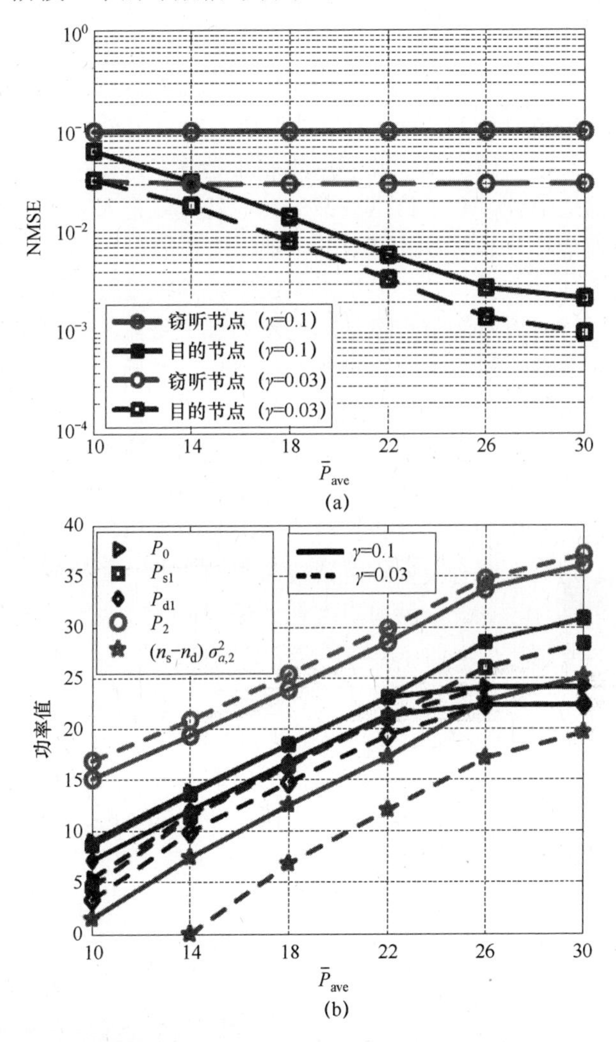

图 5.5 非互易信道下双向差别化信道估计方案的归一化均方误差性能及相应的功率分配

（a）归一化均方误差性能；（b）导频信号功率和人工噪声的功率分配。

5.3 小结与讨论

本章介绍了通过训练和信道估计来增强物理层安全的差别化信道估计方案，该方案不同于前面章节介绍的主要考虑数据传输阶段信号设计的方案。我们介绍了两种差别化信道估计方案，即反馈再训练和双向训练差别化信道估计方案。具体而言，基本的反馈再训练差别化信道估计方案包括两个阶段，即初步训练阶段和反馈再训练阶段。在初步训练阶段，源节点首先发送纯导频信号，以便目的节点粗略估计源节点-目的节点信道。在反馈再训练阶段，目的节点将这一粗略估计反馈给源节点，源节点随后发送叠加人工噪声的训练信号以改善目的节点的信道估计。有了信道反馈信息，就可以将人工噪声置于估计信道的零空间，以便最小化其对目的节点的干扰。若需要在目的节点和窃听节点处获得更大的信道估计差异，则要多次重复反馈再训练过程。该方案的一个缺点是，窃听节点同样可以从源节点发送的初步训练中受益，因此除非经过多个阶段的反馈再训练，要不然很难获得理想的信道估计差异。在双向差别化信道估计方案中，目的节点发送初步训练信号以便源节点能直接进行信道估计。如果信道是互易的，那么源节点就能从它对反向信道的估计中推断出其前向信道的信息，并利用这一信息确定在随后的前向训练阶段中的人工噪声。如果信道不是互易的，就需要一个额外的往返训练阶段来为源节点提供反向和前向信道混合信道的信息。这样，联合反向训练阶段获得的反向信道估计，源节点就能计算出前向信道的估计，如此，就可以类似地进行人工噪声辅助的前向训练。

反馈再训练差别化信道估计方案需要多个阶段的反馈再训练，尤其是在窃听节点处有严格的归一化均方误差约束时，这对于快衰落的场景可能是不够高效的。但是，该方案的优点是它能够简单拓展到多目的节点多窃听节点的场景[3]。双向训练差别化信道估计方案由于只需要两个或者三个阶段，因而也就更为高效。然而，该方案的性能取决于目的节点所能获得的资源，当存在多个目的节点时，其性能就可能会下降（因为每个目的节点都需要单独进行初步训练）。可以这么认为，尽管在数据传输和信道估计阶段都可以采用信号处理技术来增强安全性，但因为每个相干时间间隔（而非每个码元周期）内只需要用一次资源，将资源（如采用人工噪声）聚焦于信道估计阶段就显得更为高效。

差别化信道估计方案的原始结论（见文献[3,4]和本章）是基于 LMMSE 准则推导得到的，然而，窃听节点实际上并不一定采用 LMMSE 估计器。因此，当采用克拉美罗下界（Crámer Rao Lower Bound，CRLB）来衡量窃听节点处的性能时，研究差别化信道估计方案的性能就很有意义。此外，本章介绍的差别化信道估计方案采用的是正交的或者半酉的导频矩阵，并且通常假设训练长度与发送天线数相等，这样的导频结构在传统的点对点系统中经常采用，但对于人工噪声辅助的训练而言未必是最优的。另外，在本章介绍的方案中，假设源节点的天线数多于目的节点和窃听节点，当实际情况并非如此时，可以设计训练序列，一次仅估计目的节点处天线的一个子集。差别化信道估计方案中的最优导频矩阵设计是未来该领域里一个很有前景的研究方向。

参考文献

[1] Hassibi B, Hochwald B (2003) How much training is needed in multiple-antenna wireless links? IEEE Trans Inf Theory 49(4): 951–963

[2] Yoo T, Goldsmith A (2006) Capacity and power allocation for fading MIMO channels with channel estimation error. IEEE Trans Inf Theory 52: 2203–2214

[3] Chang T-H, Chiang W-C, Hong Y-WP, Chi C-Y (2010) Training sequence design for discriminatory channel estimation in wireless MIMO systems. IEEE Trans Signal Processing 58(12): 6223–6237

[4] Huang C-W, Chang T-H, Zhou X, Hong Y-W P (2013) Two-way training for discriminatory channel estimation in wireless MIMO systems. IEEE Trans Signal Processing 61(10): 2724–2738

[5] Barhumi I, Leus G, Moonen M (2003) Optimal training design for MIMO OFDM systems in mobile wireless channels. IEEE Trans Signal Processing 51(6): 1615–1624

[6] Kay SM (1993) Fundamentals of statistical signal processing: estimation theory. Prentice Hall, Upper Saddle River

[7] Boyd S, Kim S-J, Vandenberghe L, Hassibi A (2007) A tutorial on geometric programming. Optim Eng 8: 67–127

[8] Stüber GL (2011) Principles of mobile communication. Springer, Berlin

[9] Zhou X, Lamahewa T, Sadeghi P, Durrani S (2010) Two-way training: optimal power allocation for pilot and data transmission. IEEE Trans Wireless Commun 9(2): 564–569

[10] Horn R A, Johnson C R (1991) Topics in matrix analysis. Cambridge University Press, Cambridge

第6章 现代无线通信系统中物理层安全增强

摘要：本章简要介绍物理层安全技术在现代无线系统中的最新发展和应用，包括认知无线电、正交频分复用系统、无线自组织多跳网络和蜂窝网络。给出了这些领域中的一些工作进展情况，并提出了一些挑战性的开放问题，可以作为下一步的研究方向。
关键词：安全；认知无线电；正交频分复用系统；自组织多跳网络；蜂窝网络

6.1 认知无线网络中的安全问题

认知无线网络中用户能够感知频谱的可用性，从环境中学习，并基于这些信息调整自己的行为。由于具有这些能力，非授权用户（或称为次用户）可以通过利用识别到的频谱空洞进行机会传输、辅助主用户之间通信、或者最小化主用户接收机处的干扰三种频谱接入模式，使用授权用户（或称为主用户）的频段进行通信，而不干扰主用户通信。但是，次用户的存在必将影响主用户之间的信息传输安全，反之主用户也必将影响次用户。因此，必须采用相应的技术保障主用户系统和次用户系统的安全，如图 6.1 所示。

在认知无线网络中，有两类不同的安全问题：①在存在次用户传输的情况下，如何增强主用户之间传输的安全性；②在考虑主用户的约束下，如何实现次用户间的安全传输。在第一类问题中，次用户通常可以设计其信号，用于干扰窃听节点，或作为中继增强主用户接收机的接收性能。在第二类问题中，次用户间的安全传输必须在满足主用户 QoS 约束的前提下进行，甚至需要防止主用户的窃听。

具体而言，在第一类问题中，保密信息在主用户收发信机间传输，防止存在被动窃听节点。最近文献[2,3]研究了这种场景，未知主用户发送信息，次用户发射机可以作为友好的干扰节点，通过发送人工噪声掩盖主用户发送的私密信息。这种场景构成了存在窃听节点的干扰信道，但主、次用户的目的是不同的[4]。主用户发送端的目标是最大化其到主用户接收端的可达安全速率，而次用户发送端的目标是最大化其到次用户接收端的信息速率。当已知精确的信道状态信息时，主、次用户可以通过分配发送功率实现主网络安全速率和次网络

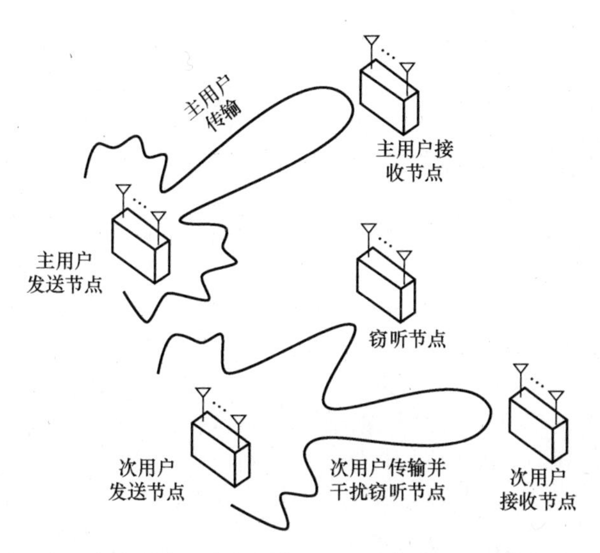

图 6.1 利用次用户传输作为对窃听节点的干扰来增强主用户间的物理层安全

传统信息速率之间的均衡[2]。甚至，如果次网络发送端能够解码主网络发送的私密信息，则它可以中继传输该信息，通过这种方式，进一步改进主网络的安全性能。值得指出的是，在传统认知系统中，主用户通常是无法从次用户频谱共享中获利的，反而是由于次用户的存在，会导致冲突或额外的干扰造成性能下降。但是，正如文献[2]指出的，对于主用户传输私密信息而言，次用户的频谱共享可能对于主用户安全性能来说是有益的。

在第二类安全问题中，私密信息在次用户间传输，但必须保证主网络接收端的 QoS 约束或安全约束。最近，文献[5-7]研究了这类问题。特别地，文献[5]从信息论角度讨论了这一问题，推导了发送私密信息的认知安全信道的安全容量域。在这一问题中，主用户发送端发送自己的信息，同时次用户发送端发送自己的私密信息并中继主用户信息。主用户信息可能被主用户接收端和次用户接收端解码，而次用户发送的保密信息必须防止主用户接收端的窃听，即在这一场景中将主用户接收端视为窃听节点，窃听次用户私密信息。在文献[6,7]中考虑了次用户配置多天线的场景。假设存在额外的窃听节点，在满足主网络接收端处干扰功率约束和窃听节点处安全约束下，设计了最大化次网络接收端处安全速率的安全波束赋形方案。文中提出的安全波束赋形方案可以看作是第 3 章相关技术的扩展。使用人工噪声进一步增强次网络的安全性也是一个令人感兴趣的研究方向。

6.2 正交频分复用和正交频分多址接入系统中的安全问题

正交频分复用（Orthogonal Frequency Division Multiplexing，OFDM）技术

由于其高效的频谱利用、简单的执行复杂度和对抗频率选择性衰落的能力受到关注。正交频分复用将频谱划分成多个子载波，其中每个子载波信道的频率响应接近平坦，信息在每个子载波上独立地传输。在接收端，正交频分复用解调器去除循环前缀和快速傅里叶变换，正交频分复用系统的输入输出关系可以建模成一系列并行高斯信道。通过这样建模，文献[8,9]研究了系统的安全容量和各子载波上相应的功率分配问题。如图 6.2 所示，这些研究中，仅利用那些到目的节点信道优于到窃听节点信道的子载波进行安全传输。但是，研究中窃听节点也采用正交频分复用接收机结构这一基本假设限制了窃听节点的能力，因此，可能会高估系统的可达安全速率。文献[10,11]放宽了这一假设，信道输入输出关系被建模成广义多输入多输出高斯窃听信道。在信道已知的情况下，在不同的子载波上进行安全预编码，可以增强到目的节点的信号，或是使得朝向窃听节点的信号为零。文献[11]推导了不考虑窃听节点是正交频分复用接收机结构约束下安全容量的减少量。

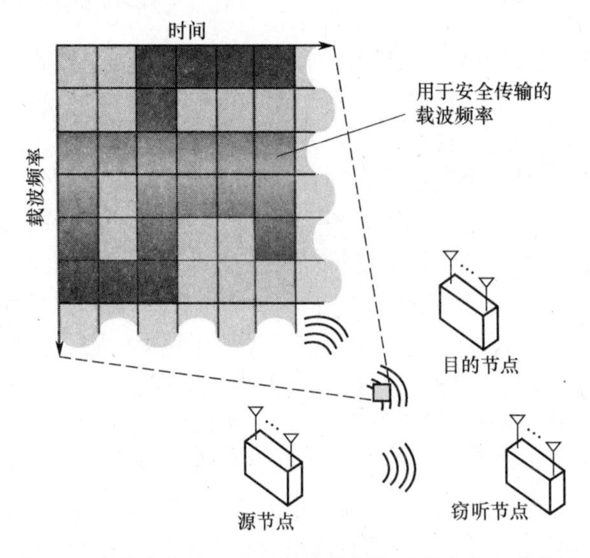

图 6.2 考虑安全的正交频分复用系统子载波分配示意图

正交频分多址接入（Orthogonal Frequency Division Multiple Access，OFDMA）被认为是下一代多用户高速无线通信网络的优选技术，包括第三代合作计划 3GPP（Third Generation Partnership Project），长期演进（Long Term Evolution，LTE），IEEE802.16 全球微波接入（Worldwide Interoper ability for Microwave Access，WiMAX），和 IEEE 802.22 无线局域网（Wireless Regional Area Network，WRAN）。在这些系统中，各种数据流和 QoS 需求可以通过执行功率、子载波和/或比特分配得到有效满足[12]。文献[13]中提出了功率和子载波分配策

略，最大化两用户安全广播信道的和安全容量。在文献[14]中，这类问题被推广到同时存在安全用户和普通用户的一般系统，其中安全用户需要传输私密信息，而普通用户仅传输传统的数据。在保证每个安全用户平均安全速率的同时，基于最大化全部普通用户和信息速率的准则，提出了优化的功率和子载波分配策略。文献[15]从提高能量效率的角度出发研究了类似的问题。文献[16,17]将正交频分复用系统中物理层安全的研究推广到中继系统，这些研究中除了功率、子载波和比特分配外，每个子载波的中继策略也需要选择。这些研究也考虑了利用中继节点发送人工噪声信号来增强物理层安全性能。

6.3 自组织和多跳网络中的安全问题

无线自组织网络由众多的无线节点构成，它们在没有固定基础设施或预先建立的通信链路的情况下互联通信。在直接传输范围之外的节点相互间通过多跳联接，这种联接由多个中间节点中继传输构成。由于具有易于布设、高稳健性、分布式等优点，这种系统极具价值。但是，多跳传输增加了系统被窃听的风险，而且缺乏中心结构也使得安全密钥的分发和管理较为困难。因此，对于无线自组织网络中私密信息传输和安全密钥共享来说，物理层安全技术是一种有效的选择。

对于多跳传输来说，安全传输路径的确定是至关重要的。文献[21]中，作者用累积安全泄露的概念，研究了无线多跳网络中存在多个窃听节点的影响。在考虑每条路由累积安全泄露的情况下，提出了一种路由选择算法。此外，文献[22]利用树形成理论，研究了物理层安全需求对多跳传输的影响，在存在窃听节点的情况下，多个合法节点通过搜索得到去一个共同目的节点的最安全路径。合法节点之间的交互被建模成树形成博弈，其中每个节点通过优化安全性能指标，决定它自己到基站的优选路径，该指标反映了被选路径的安全程度。根据窃听信道状态信息是否已知，考虑两种安全性能指标：信道状态信息已知情况下的路径安全速率瓶颈，和信道状态信息未知情况下的路径合格概率（该路径上实现某给定目标安全速率的概率）。基于博弈理论建模，文献[22]提出了一种分布式算法来完成用户间交互，并确定它们之间的传输路径。

此外，最近的文献[23-26]研究了安全需求对大规模随机网络性能的影响。特别地，通过采用随机几何和图染色理论等数学工具，文献[23]指出即使窃听节点的密度很小，也会显著影响网络连接性。这里认为窃听节点不能译码信息则能确保信息安全。注意到，相对于典型窃听信道模型中考虑的安全约束来说，如安全疑义速率约束，这种要求是不够严格的。文献[25,26]提出了一种更强的安全指标，称为基本安全通信图（iS-graph），它是一种描述大规模网络中能够安全建立连接的随机图。文章中用节点度和孤立概率来表征泊松基本安全通信图的局部连接性，并推导了可达安全速率表达式。上面的研究主要针对窃听信道增益精确已知的大规模网络。文献[24]研究了窃听者信息不确定的情况。

进一步地，近期的文献[27,28]推导了大规模自组织网络的安全容量刻度。该网络如图 6.3 所示，由多个合法和非法节点构成。特别地，文献[27]考虑了两种特例：①非法节点仅作为被动窃听节点，仅试图窃听传输的信息；②非法节点主动篡改和发送伪造信息，攻击目的节点。文献[27,28]指出，如果窃听节点的数目低于某个阈值，则安全容量刻度性能将不会损失。该阈值能够由理论推导得到，且当非法节点进行主动攻击时该阈值更低。

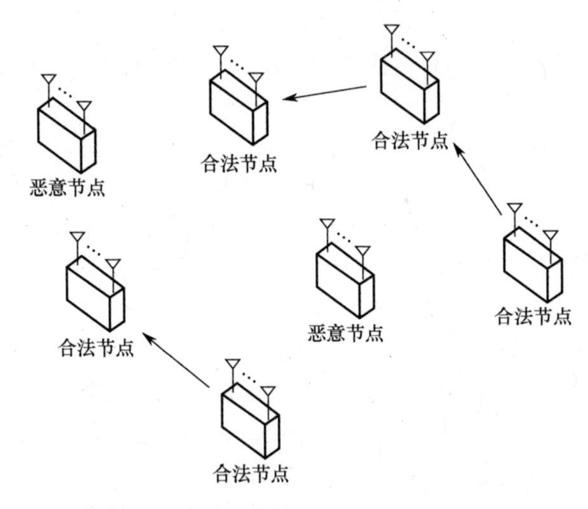

图 6.3　存在被动窃听节点的自组织网络

6.4　蜂窝网络中的安全问题

在蜂窝网络中，下行和上行传输物理层安全可以分别建模成传统的广播和多址接入窃听信道。前面各章讨论的编码和信号处理技术，例如安全预编码和人工噪声，都可以用来增强系统的安全性。但是从网络整体角度来看，设计能够支持或利用物理层安全传输方案的网络层协议十分重要，如调度和流控制。特别地，文献[29]将安全性作为一种 QoS 指标，设计了单跳上行蜂窝网络调度算法，如图 6.4 中所示。其中假设每个节点对其他广播私密信息的节点来说都是窃听节点，提出了一种动态联合流控制、用户调度和私密编码方案来优化可达的普通和私密信息速率。文献[30]考虑了一种多小区网络场景，其中两个基站通过有限容量的回传链路通信。为了实现上行传输安全通信，一个基站发送下行信号作为干扰以保护上行安全传输。接收基站通过回传链路协作，能够消除来自干扰基站发送的干扰信号。

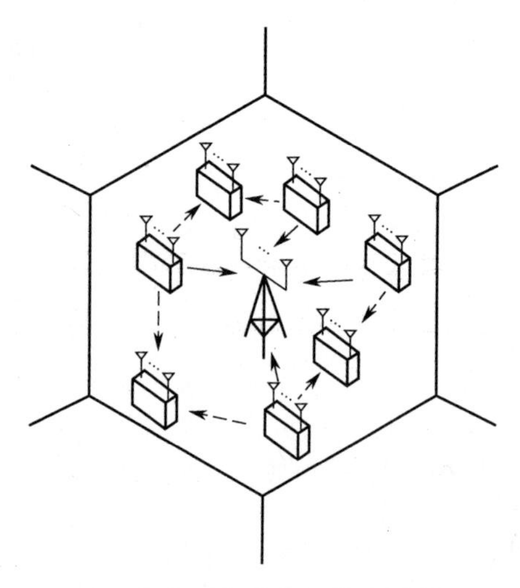

图 6.4　考虑存在被动窃听的蜂窝网络

参考文献

[1] Haykin S (2005) Govnitive radio: brain-empowered wireless communications. IEEE J Sel Areas Commun 23(2): 201–213

[2] Wu Y, Liu K J (2011) An information secrecy game in cognitive radio network. IEEE Trans Inf Forensics Secur 6(3): 831–842

[3] Gabry F, Schrammar N, Girnyk M, Li N, Thobaben R, Rasmussen L K (2012) Cooperation for secure broadcasting in cognitive radio networks. In: Proceedings of IEEE International Conference on Communications, June 2012, pp 5613–5618

[4] Tang X, Liu R, Spasojevic P, Poor H V (2011) Interference assisted secret communication. IEEE Trans Inf Theor 57(5): 3153–3167

[5] Liang Y, Somekh-Baruch A, Poor H V, Shamai S, Verdu S (2009) Capacity of cognitive interference channels with and without secrecy. IEEE Trans Inf Theory 55(2): 604–619

[6] PeiY, LiangY-C, Zhang L, Teh K C, Li K H (2010) Secure communication overMISO cognitive radio channels. IEEE Trans Wireless Commun 9(4): 1494–1502

[7] PeiY, LiangY-C, The K C, Li K H(2011) Secure communication inmultiantenna cognitive radio networks with imperfect channel state information. IEEE Trans Signal Process 59(4): 1683–1693

[8] Li Z, Yates R, Trappe W (2006) Secrecy capacity of independent parallel channels. In: Proceedings of the 44th annual Allerton Conference on Communication, Control, and Computing

[9] Rodrigues M R D, Almeida P D M (2008) Filter design with secrecy constraints: the degraded parallel Gaussian wiretap channel. In: Proceeings of IEEE GlobalCommunications Conference (GLOBECOM), December 2008

[10] Kobayashi M, Debbah M, Shamai S (2009) Secured communication over frequency-selective fading channels: A practical Vandermonde precoding. EURASIP J Wireless Commun Netw 2009:1–19. In (2012), 2009(4): 1354–1367

[11] Renna F, Laurenti N, Poor H V (2012) Physical-layer Secrecy for OFDM transmissions over fading channels. IEEE Trans Inf Forensics Secur 7(4): 1354–1367

[12] Wong C Y, Cheng R S, Lataief K B, MurchR D (1999) MultiuserOFDMwith adaptive subcarrier, bit, and power allocation. IEEE J Sel Areas Commun 17(10): 1747–1758

[13] Jorswieck E A, Wolf A (2008) Resource allocation for the wire-tap multi-carrier broadcast channel. In: Proceedings of International Conference on Telecommunications (ICT)

[14] Wang X, Tao M, Mo J, Xu Y (2011) Power and subcarrier allocation for physical-layer security in OFDMA-based broadband wireless networks. IEEE Trans Inf Forensics Secur 6(3): 693–702

[15] Ng D W K, Lo E S, Schober R (2012) Energy-efficient resource allocation for secure OFDMA systems. IEEE Trans Veh Technol 61(6): 2572–2585

[16] Jeong C, Kim I-M (2011) Optimal power allocation for secure multicarrier relay systems. IEEE Trans Signal Process 59(11): 5428–5442

[17] Ng D W K, Lo E S, Schober R (2011) Secure resource allocation and scheduling for OFDMA decode-and-forward relay networks. IEEE Trans Wireless Commun 10(10): 3528–3540

[18] Royer E M, Toh C-K (1999) A review of current routing protocols for ad hoc mobile wireless networks. IEEE Pers Commun 6(2): 46–55

[19] Goldsmith A J, Wicker S B (2002) Design challenges for energy-constrained ad hoc wireless networks. IEEE Wirel Commun 9(4): 8–27

[20] Ramanathan R, Redi J (2002) A brief overview of ad hoc networks: challenges and directions. IEEE Commun Mag 40(5): 20–22

[21] Bashar S, Ding Z (2009) Optimum routing protection against cumulative eavesdropping in multihop wireless networks. In: Proceedings of the IEEE Military Communications Conference (MILCOM)

[22] Saad W, Zhou X, Maham B, Basar T, Poor H V (2012) Tree formation with physical layer security considerations in wireless multi-hop networks. IEEE Trans Wireless Commun 11(10): 3980–3991

[23] Haenggi M (2008) The secrecy graph and some of its properties. In: Proceedings of the IEEE International Symposium on Information Theory (ISIT), pp 539–543

[24] Goel S, Aggarwal V, Yener A, Calderbank A R (2011) The effect of eavesdroppers on network connectivity: a secrecy graph approach. IEEE Trans Inf Forensics Secur 6(3): 712–724

[25] Pinto PC, Barros J, Win M Z (2012) Secure communication in stochastic wireless networks-part I: connectivity. IEEE Trans Inf Forensics Secur 7(i): 125–138

[26] Pinto PC, Barros J, Win M Z (2012) Secure communication in stochastic wireless networks-part II: maximum rate and collusion. IEEE Trans Inf Forensics Secur 7(1): 139–147

[27] Liang Y, Poor H V, Ying L (2011) Secrecy throughput of MANETs under passive and active attacks. IEEE Trans Inf Theory 10(57): 6692–6720

[28] Koyluoglu O O, Koksal C E, Gamal H E (2012) On secrecy capacity scaling in wireless networks. IEEE Trans Inf Theory 58(5): 3000–3015

[29] Koksal C E, Ercetin O, Sarikaya Y (2013) Control of wireless networks with secrecy. IEEE/ACM Trans Netw 21(1): 324–337

[30] Popovski P (2009) Wireless secrecy in cellular systems with infrastructure-aided cooperation. IEEE Trans Inf Forensics Secur 4(2): 242–256